지구교통계획 매뉴얼

생활도로의 존 대책

일반사단법인 교통공학연구회 편저
정병두 · 권영인 · 정현정 · 김준용 역

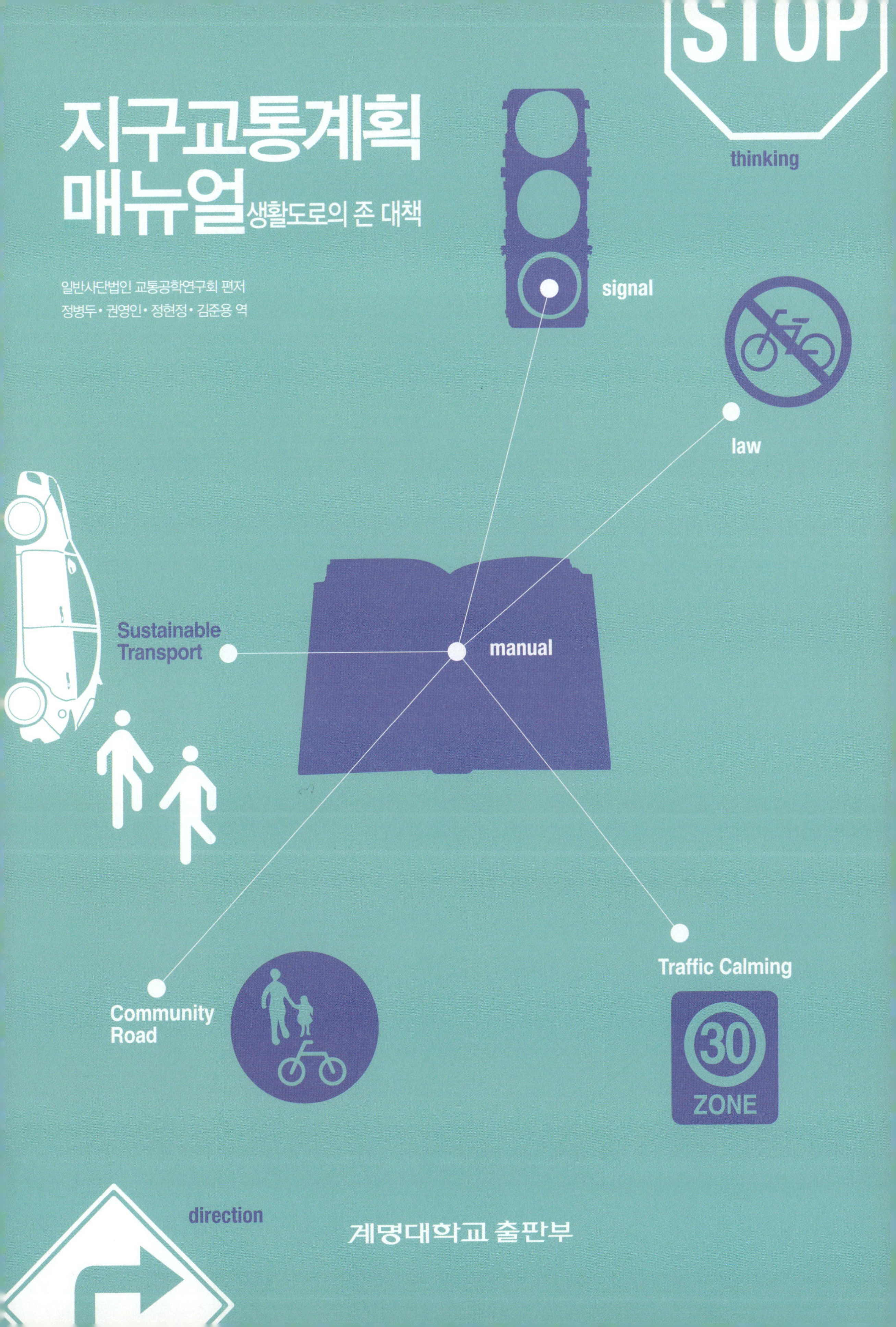

계명대학교 출판부

역자의 글

1980년대 후반부터 교통정온화(Traffic Calming)는 유럽의 각국에서 지구교통관리기법으로 다양하게 적용되어 왔으며, 이제는 교통공학의 한 분야로써 자리메김하고 있다. 그리고 생활도로정비의 주된 개념을 확장하여 환경적으로 지속 가능한 교통(EST: Environmentally Sustainable Transport)으로 그 영역을 점차 확장해 나가고 있는 추세이다.

국내에서는 지구교통환경 개선 차원에서 지난 1994년부터 자치구 교통개선사업으로 시행되면서 교통정온화 기법이 처음 적용되기 시작하였고, 그 후 어린이 보호구역 개선사업, Green Parking, 생활권 교통개선사업, 교통약자의 이동편의증진법에 의한 보행우선구역 지정 등 일련의 생활권 도로에 대한 종합적인 정비사업 등이 꾸준히 추진되어 왔다. 최근에는 「보행안전 및 편의증진에 관한 법률(2013)」이 제정됨에 따라 보행권을 보장하고 증진하기 위한 계획 수립과 보행환경 개선사업 등이 이제 의무적으로 시행하기에 이르렀다.

한편 일본에서는 이미 오래전부터 생활도로에 대한 지구교통관리 대책으로써 종합적인 교통안전시책-커뮤니티 존 형성을 주목하면서 1996년부터 커뮤니티 존 사업이 시작되었다. 그 당시 교통공학연구회에서 「커뮤니티 존 형성 매뉴얼(1996)」을 발간하게 되었고, 그 이후 각지의 실제 사례를 소개하기 위한 「커뮤니티 존 실전 매뉴얼(2000)」, 그리고 7년간에 걸쳐 진행되었던 커뮤니티 존의 성과를 평가하기 위하여 「커뮤니티 존의 평가와 금후의 지구교통안전(2004)」이 출간된 바 있다.
본 「생활도로의 존 대책 매뉴얼(2011)」은 이제까지 우수사례를 소개하고 교통규제나 물리적 기법의 적용성 등을 구체적으로 제시하고 있다.

이와 같이 일본에서 커뮤니티 존 사업이 시작된 지 15년이 경과한 시점에서 생활도로 대책에 있어서 세계적으로 앞서가는 일본만의 탁월한 시민참여, 사회실험 등은 국내에서도 향후 지속적으로 생활권 종합교통 개선사업을 추진하는 데 있어서 잘 이해하고, 이의 적용 가능성을 검토하는 데 본 매뉴얼이 매우 유용한 지침서로 활용될 수 있을 것으로 판단된다.

지난 1년여 동안 일본 생활도로 소위원회의 각 저자들의 파일을 입수하고 연락하면서 번역진 가운데, 정현정과 김준용은 사이타마 대학교의 쿠보타 히사시 교수 연구실 일원으로 보낸 대학시절을 되돌아보며 추억에 잠길 수 있는 기회가 되었고, 다소 시간이 소요되는 작업을 거치면서 힘들었지만 우리는 이 책이 독자 여러분에게 조금이라도 도움이 되거나 지속 가능한 도시를 만드는 데 기여하게 된다면 큰 보람으로 생각하고 싶다.

마지막으로 이 책을 출간하게 허락해 주신 일본 교통공학연구회 회장을 비롯하여, 번역 작업을 수행하는 데 있어 물심양면으로 도움을 주신 생활도로 소위원회 위원장이신 쿠보타 히사시 교수님께 진심으로 감사의 말씀을 전해드리고 싶다. 그 외에도 코지마 아야 조교수, 도시교통연구실 일원 분들과 일본어판 매뉴얼 집필 시 한국을 직접 방문해 주셨던 교통공학연구회 생활도로 소위원회 위원 분들께도 그저 감사하는 마음뿐이다.

그리고 오랜 기간에 걸쳐 작업을 도와준 나홍엽, 김상태 군에게 고마움을 전하며, 지구교통계획 매뉴얼이 출판되기까지 협조해주신 계명대학교 출판부와 한빛기획인쇄시스템에 감사드린다.

2013년 6월

정병두, 권영인, 정현정, 김준용

「생활도로의 존 대책 매뉴얼」

한국어판 출간에 즈음하여

이번 「생활도로의 존 대책 매뉴얼」의 한국어판 번역이 완성되어 출간되게 된 점 진심으로 축하의 말씀을 드리고 싶습니다. 본 매뉴얼은 교통공학연구회가 일본의 생활도로에 대한 안전대책을 목적으로 2011년에 출간한 책입니다. 일본과 한국 모두 보행자의 사망률이 높은 점에서 미루어 보면 양국 교통사고 상황에는 유사한 부분이 많을 것으로 사료됨으로써, 본 매뉴얼은 한국에서도 충분히 활용될 수 있을 것이라고 확신하고 있습니다.

한국과 일본 모두 생활도로의 안전문제를 국가적 과제로 판단하여 그 해결을 위한 다양한 노력을 수행하고 있습니다. 일본에서는 1996년에 「커뮤니티 존 형성 사업」을 시작으로, 교통규제와 도로대책의 연계, 주민참가 등 그 당시까지 수행된 적이 없는 새로운 대책들을 시작하였습니다. 당시 교통공학연구회에서는 「커뮤니티 존 형성 매뉴얼」을 출간하였으며, 그때에도 한국에서는 번역서가 출간된 바 있습니다.

최근 한국에서는 생활도로에 대한 대책에 커다란 진전이 있다고 들려오고 있습니다. 초등학교, 유치원 반경 500m 내를 대상으로 한 「어린이보호구역」의 일반화나 과속방지턱의 일반적인 보급 등 일본을 월등히 뛰어넘는 수준의 대책들이 진행되고 있습니다. 이번 매뉴얼 안에도 한국에서의 이와 같은 생활도로 안전대책에 대해 소개하고 있으며, 이는 일본 내 관계자들에게 자극이 될 것으로 기대하고 있습니다.

이와 같이 한국과 일본은 서로 정보를 교환하고 좋은 의미의 자극을 주고받으며 생활도로의 개선을 수행해온 역사가 있습니다.
본 매뉴얼의 한국어판 출간을 계기로 양국 간 관계가 보다 양호한 방향으로 발전하기를 진심으로 기원합니다.

일반사단법인 교통공학연구회

회장 **아사쿠라 야스오**

시작하며

1996년에 시작된 커뮤니티 존 사업으로 인하여 일본 내 생활도로대책은 새로운 시대에 접어들게 되었다. 커뮤니티 존 사업을 시행함에 있어 ① 존 단위의 대책 시행, ② 도로관리와 교통관리의 연계, ③ 시민참가와 같은 개념은 교통안전 대책을 추진하는 데 있어서 매우 일반화되어서 이제 완전하게 정착하게 되었다.

일본 교통공학연구회에서는 지금까지 다음 3권의 매뉴얼을 출판하며, 커뮤니티 존을 시작으로 생활도로 존 대책의 추진을 위해 노력해왔다.
「커뮤니티 존 형성 매뉴얼」(1996)
「커뮤니티 존 형성 매뉴얼」(2000)
「커뮤니티 존의 평가와 향후 지구교통안전」(2004)

지금까지의 수행 성과와 과제를 바탕으로 새로운 시대의 요구에 응답하기 위하여 새로운 「생활도로 존 대책 매뉴얼」을 출판하게 되었다. 본 매뉴얼은 지금까지 실시된 우수한 사례를 소개함과 동시에 교통규제나 물리적 디바이스 등의 국내 적용가능성을 고려하여 소개하고 있다.

커뮤니티 존 사업의 시작으로부터 15년이 경과한 지금, 일본의 생활도로 대책은 엄청난 진화를 이루었다. 워크숍 방식의 정착을 통해 시민의 적극적인 참여는 이제는 당연한 일이 되어버렸고 「시민참여」는 단어 자체가 오히려 어색한 수준에 이르렀다. 또한 교통시뮬레이션, 사회실험 등 세계적으로도 뛰어난 대응체계와 수법을 갖추게 되었다.

그러나 존 대책의 실시사례 건수를 보면 존 30이 보급된 유럽과 비교하여 현저히 적은 수임은 부정할 수가 없다. 어쩌면, 생활도로 개선을 통해 고령자와 어린이가 안심하고 사용할 수 있도록 하기 위한 강한 의사, 그리고 그것을 실현하기 위한 체계상에 아직 과제가 남아있는지도 모른다.

본 매뉴얼은 그러한 점에 고려하여 시민이나 정부가 생활도로 대책에 효과적으로 착수하기 위한 노하우를 상세하게 해설하고 있다.
이 책을 통해 한 명이라도 많은 분들이 안전하고 쾌적한 생활도로를 되찾기 위한 노력을 「자! 시작하자!」라고 생각하면서 실제 행동으로 옮길 수 있기를 마음속 깊이 기대해 본다.

2011년 12월
생활도로에 관한 검토 소위원회
위원장 **쿠보타 히사시**

목 차

제II부 수법편

제Ⅲ부 TPO편

"관계없는 차량이 생활도로를 샛길로 이용하고 있다"

"생활도로인데 속도를 내는 차량이 있다"

당신 주변의 생활도로에서

「차량이 무섭다」

라고 느낀다면...

"대형차가 생활도로를 주행하여 소음과 진동, 대기오염이 걱정이다"

"노상주차가 보행자나 자전거의 방해가 되고 있다"

생활도로에서는 지름길을 이용하는 차량이나 속도가 높은 차량으로 인해 교통사고의 발생 및 안심할 수 있고 조용한 생활환경의 저해와 같은 문제가 발생하고 있다. 향후, 시민 생활환경에 대한 요구는 점점 다양화될 것으로 예상된다. 예를 들면 고령사회를 맞이하여 교통약자를 배려한 교통환경의 정비가 요구될 것이고 커뮤니티의 재생이나 지역활성화를 도모하기 위한 요구도 많아질 것이다. 따라서 생활도로에 현재 발생하고 있는 문제는 물론, 앞으로 다양화될 요구에 대응해 나갈 필요가 있다.

생활도로란

「생활도로」란 지역에 사는 사람이 지역 내 이동 혹은 지역으로부터 간선도로(주로 국도나 현도와 같이 이동기능이 높은 도로)를 연결하는 도로이다.
이 책에서는 도로를 「간선도로」와 「생활도로」로 분류하고 있으며, 주로 생활도로의 대책을 제시하고 있다.

생활도로 이미지

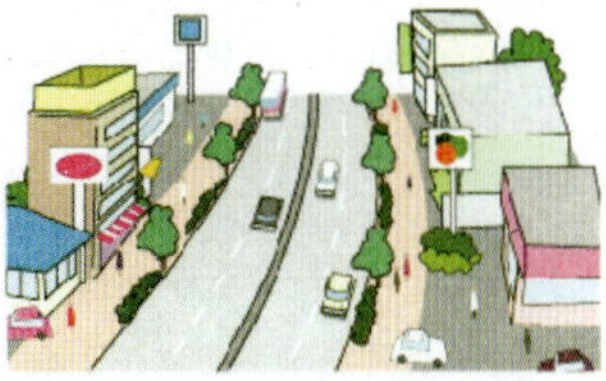

간선도로 이미지

자, 시작하자!

시민

같은 생각을 하고 있는 사람을 찾아봅시다.

• 우선 이웃에게 이야기해 보지 않으시겠습니까?

이웃과의 대화 화제로서 근처 생활도로의 차량이 위험한지에 대한 이야기를 해봅시다. 같은 생각을 갖고 있는 분이 계실 것입니다.

• 자치회나 PTA 등 지구 내 조직관계자와 함께 생각해보지 않으시겠습니까?

자치회나 PTA 등 지구 내 조직 관계자와 이야기를 해보고 함께 생각해 봅시다. 혼자보다는 사람이 많은 편이 지역주민의 의사로서 정부에 효과적으로 전달될 것입니다. 최근에는 인터넷을 통한 정보교환도 활발히 이루어지고 있습니다.

스스로 위험한 상황의 확인도 가능합니다.

• 차량 속도가 높다고 느낀다면
주행상황을 확인해봅시다(사진 1.1.1).

• 생활도로를 통과하는 차량이 많다고 느낀다면
교통량을 조사해 봅시다.

• 차량에 의한 위험한 지점이 많이 있는 경우에는 위험인지지점 지도를 만들어 봅시다(그림1.1.2, 사진 1.2.2).

정부에 의견을 제출해 봅시다.

• 같은 생각을 가진 사람들과 함께 도로관리자나 경찰 등 정부에 상담을 요청해 봅시다.
• 그때, 위험한 상황에 대해 알기 쉬운 자료가 있다면 여러분이 생각하고 있는 상황이 효과적으로 전달될 것입니다.

> 도로관리자나 경찰은 각각 담당이 결정되어 있지만 잘 모를 경우에는 다음과 같이 전화해 봅시다.
>
> 도로관계: 시·읍·면·동사무소의 도로관계부처가 담당입니다.
> 사무소의 대표전화로 전화하고 「집 근처 도로가 위험해서 상담하고 싶습니다. 도로 안전을 담당하는 과에 연결해 주세요.」라고 이야기하십시오.
>
> 교통규제관계: 경찰서의 교통과가 담당입니다.
> 경찰서의 대표전화로 전화하고 「집 근처 도로가 위험해서 상담하고 싶습니다. 도로 안전을 담당하는 과에 연결해 주세요.」라고 이야기하십시오.

정부

지구의 위험지점을 확인해 봅시다.

• 지금까지 지역주민으로부터 요구가 있었는지 확인해 봅시다.
• 상사나 동료에게 느낀 점을 들어 봅시다.

지구 현황을 확인해 봅시다.

• 교통사고나 교통실태 조사결과 등 기존 자료를 확인해 봅시다.
• 지금까지 생활도로의 정비 상황이나 관련계획을 확인해 봅시다.

대책의 필요성 유무를 생각해 봅시다.

• 관계자나 지구의 대표에게 위험상황 등을 상담해 봅시다.
• 위험한 상황이 확실해진다면 본격적인 대책 검토의 필요성을 생각해 봅시다.

존 대책 도입에 대하여 판단합니다.

• 문제는 "면적인가? 면적인 대책이 필요한가?"에 의해 존 대책일지 개별대책일지를 판단합니다.

시민과 정부 연계에 의한 대책 추진

생활도로는 존 대책으로 해결

생활도로의 문제를 해소하기 위한 존 대책

생활도로의 문제를 해결하기 위해서는 "통과교통의 배제", "주행속도의 억제", "노상주차의 적정화", "교통약자의 배려" 등 다양한 시점에서 생각할 필요가 있다. 특히, 생활도로는 자동차가 달리기 위한 도로일 뿐만 아니라 생활에 밀착한 "달리기", "걷기", "모이기" 위한 공간이기도 하므로, 다양한 도로 이용자를 위해 안전하고 쾌적한 공간을 면적으로 정비하는 것이 중요하다.

다양한 요구에 대응하기 위해서는 커뮤니티 도로의 선적인 대책이나 교차로만의 점적인 대책만으로는 충분하다고 할 수 없다. 지구 내 생활도로의 문제해소를 위해서는 "소프트웨어적 수법(교통규제 등)"과 "하드웨어적 수법(물리적 디바이스)"의 조합에 의한 면적이고 종합적인 교통대책, 즉 존 대책을 실시할 필요가 있다.

[존 대책 사례: 시즈오카 야이즈시 사카에 지구]

외주도로 내부에 최고속도구역 규제(30km/h), 대형차통행금지 규제, 일방통행 규제의 소프트웨어적 수법과, 험프, 초크, 커뮤니티 도로 등의 하드웨어적 수법을 조합한 존 대책을 실시하여 안전한 생활환경을 실현하고 있다.

험프 / 크랭크형 시케인 / 슬라롬형 시케인 / 정지표시 / 교차로 칼라포장+폭좁힘 / 험프 예고표시 / 정비 전 역앞 도로 ▶ 일방통행화

스텝 0: 존 대책의 개시

존 대책을 시작하기 위해서는 대상지구에 존 대책을 시행하는 것이 적절한가에 대한 객관적 평가를 우선적으로 수행한 다음 대상지구에 존재하는 시민 커뮤니케이션 수법을 선택해야 한다.

- **존 대책의 시민과 정부의 커뮤니케이션의 시작** ⇒ p.3
  - 시민 커뮤니케이션 수법의 선택 및 유의점을 고려하여 시민과 정부의 커뮤니케이션을 시작한다
- **존 대책의 판단** ⇒ p.7
  - 객관적인 자료의 수집, 분석을 통해 대상지구를 평가하고 존 대책 실시 여부를 판단한다.

스텝 1: 지구 과제의 파악

과제가 된 지구의 현황을 분석하고 존 범위를 확정한다. 또한 사전조사를 통해 교통량이나 교통사고 자료 등 객관적 데이터를 수집함으로써 지구의 과제를 구체적으로 정리한다.

- **사전조사 방법** ⇒ p.15
  - 교통사고자료, 주민의식, 교통조사, 문제점의 정량화를 위한 조사를 실시하여 지구의 과제를 명확히 한다.

스텝 2: 대책안의 구상(존 대책 방침)

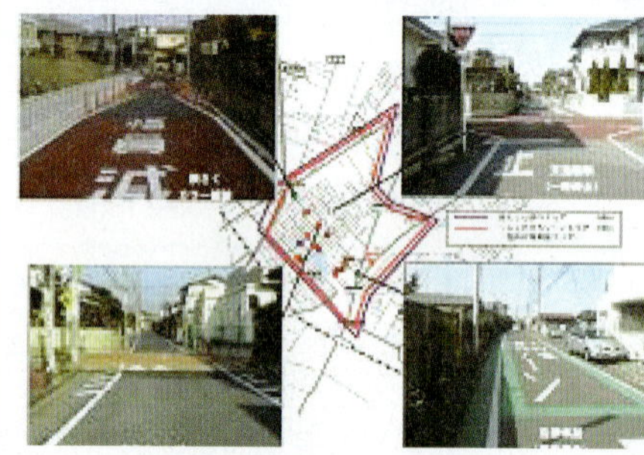

지구의 과제에 알맞은 목적을 설정하고 지구의 특징을 반영한 대책안을 구상한다. 여기에서는 존 경계와 존 내의 도로의 기능을 명확히 하고, 그 기능에 따라 교통규제나 물리적 디바이스의 설치를 검토한다.

- **정비방침의 설정** ⇒ p.23
  - 존 대책의 정비방침을 설정한다.
- **도로기능의 설정** ⇒ p.24
  - 존 내의 도로에 대해 그 기능, 역할을 명확히 파악한다.
- **교통 관리안의 수립** ⇒ p.27
  - 존 전체의 계획안을 검토한다.
- **사회실험의 실시** ⇒ p.34
  - 대책안의 효과나 영향을 명확히 하기 위해 사회실험을 실시하는 것이 유용하다.

■ 시민 의견의 반영

존 대책은 시민의 의견 반영이 중요하다. 지구의 특징이나 지금까지의 경위를 충분히 감안하여 적절한 시민 커뮤니케이션 수법을 선정하고 사업의 합의형성을 도모해야 한다.

- **과제 파악을 위한 시민 커뮤니케이션 수법** ⇒ p.21
- **대책을 구상하기 위한 시민 커뮤니케이션 수법** ⇒ p.31
- **평가나 유지관리 단계에서 시민 커뮤니케이션 수법** ⇒ p.56

스텝 0
(조직 체제)
회의 형식의 위원회나 워크숍 형태의 검토회 등

스텝 0
(알림, 광고)
- 뉴스
- 인터넷 등

■ 존 대책은 4단계로 이루어진다.

생활도로 존 대책에는 다음과 같은 지구 과제의 파악, 대착안의 구상(존 대책방침), 대책의 실시, 과제 해결의 확인의 4단계로 이루어진다. 존 대책에서 지구 특유의 개별과제 해소를 위해서는 4단계별로 시민의 의견을 반영할 필요가 있다. 이를 위해 도로관리자나 경찰, 시민의 협동이 중요하다.

스텝 3: 대책의 실시

존 대책을 실시한다. 실시 시에는 긴급차량 등에 영향을 미칠 수도 있기 때문에 관계기관과 충분한 조정이 필요하다. 게다가 도로 구조나 교통규제의 변경에 대하여 혼란을 부르지 않도록 사전 정보제공이 필요하다.

- **실시방법(단계적 정비의 실시)** ⇒ p.41
  - 생활환경의 향상을 위해, 예산상의 제약이나 지구의 설정, 합의형성 등의 상황을 고려하여 단계적으로 정비를 실시한다.
- **실시상의 유의점** ⇒ p.42
  - 사전조사, 관계기관과의 조정, 도로구조나 교통규제변경에 대한 사전정보제공이 필요하다.

스텝 4: 과제 해결의 확인

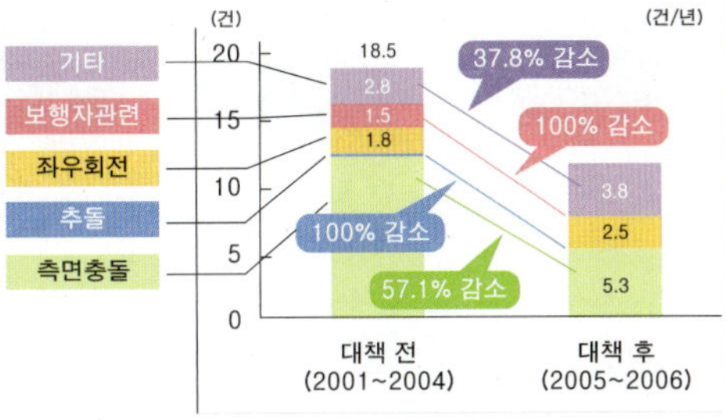

실시한 대책을 평가한다. 정비효과를 가능한 한 정량적으로 파악하기 위한 조사를 실시하고, 문제가 있다면 신속한 대책의 수정을 실시한다.

- **평가(효과)** ⇒ p.44
  - 문제점의 수정 등을 신속히 실시하기 위해, 실시 후의 상황을 평가한다.
- **유지관리와 개선** ⇒ p.53
  - 시공 후 유지관리를 통해 기능을 유지시킨다.
  - 사후평가에 의해 개선 필요성이 있을 경우에는 적절한 대응을 도모한다.

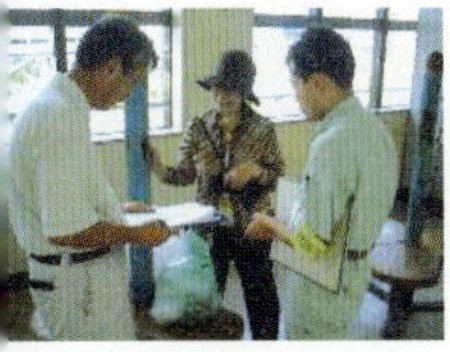

스텝 1
(지구 과제의 파악)
- 위험인지지점 점검
- 설문조사 등

스텝 2
(대책안의 구상)
- 교통시뮬레이션
- CG, 모형 등

스텝 2
(대책안의 구상)
- 사회실험
- 안내 부스 등

스텝 3 · 4
(지구 과제의 파악)
- 현지 확인
- 점검 등

본 매뉴얼의 목적과 사용방법

본 매뉴얼은 시민, 도로관리자, 경찰 등 관련기관 담당자를 위한 향후 생활도로의 존 대책의 기본적인 구상과 진행방법 및 구체적인 수법에 관한 정보를 제공하고, 교통 안전성 및 통행 원활화와 더불어 보다 나은 지구 환경을 조성하는 것을 목적으로 하고 있다.

본 매뉴얼은 아래와 같이 구성되어 있다.

제1부: 계획편

생활도로의 존 대책 구상안, 진행방법에 대해 아래와 같은 순서로 정리하고 있다.

스텝0 존 대책 개시 → 스텝1 지구 과제 파악 → 스텝2 대책안 구상 → 스텝3 대책 실시 → 스텝4 과제 해결 확인

제2부: 수법편

존 대책의 수법에 대하여 소프트웨어적 수법(교통규제 등)과 하드웨어적 수법(물리적 디바이스)의 구상 및 조합에 대해 정리하고 있다.

교통규제 등(소프트웨어적 수법)

(1) 최고속도 30km/h의 구역 규제
(2) 대형차 통행금지
(3) 보행자용 도로
(4) 일방통행
(5) 주차금지와 주차가능
(6) 노변 설치, 확폭
(7) 일시정지와 노면표시

물리적 디바이스(하드웨어적 수법)

(1) 험프
(2) 초크
(3) 시케인
(4) 차단

제3부: TPO편

생활도로의 실시 사례에 대하여 계획으로부터 실시 평가에 달하는 과정을 포함하여 정리하고 있다.

(1) 중심시가지의 생활도로 대책
(2) 밀집시가지의 생활도로 대책
(3) 관광마을 만들기와 생활도로 대책
(4) 베리어프리와 생활도로 대책
(5) 자전거와 생활도로 대책
(6) 한국의 지구 내 도로 개선 대책

STOP
thinking

제1부
계획편

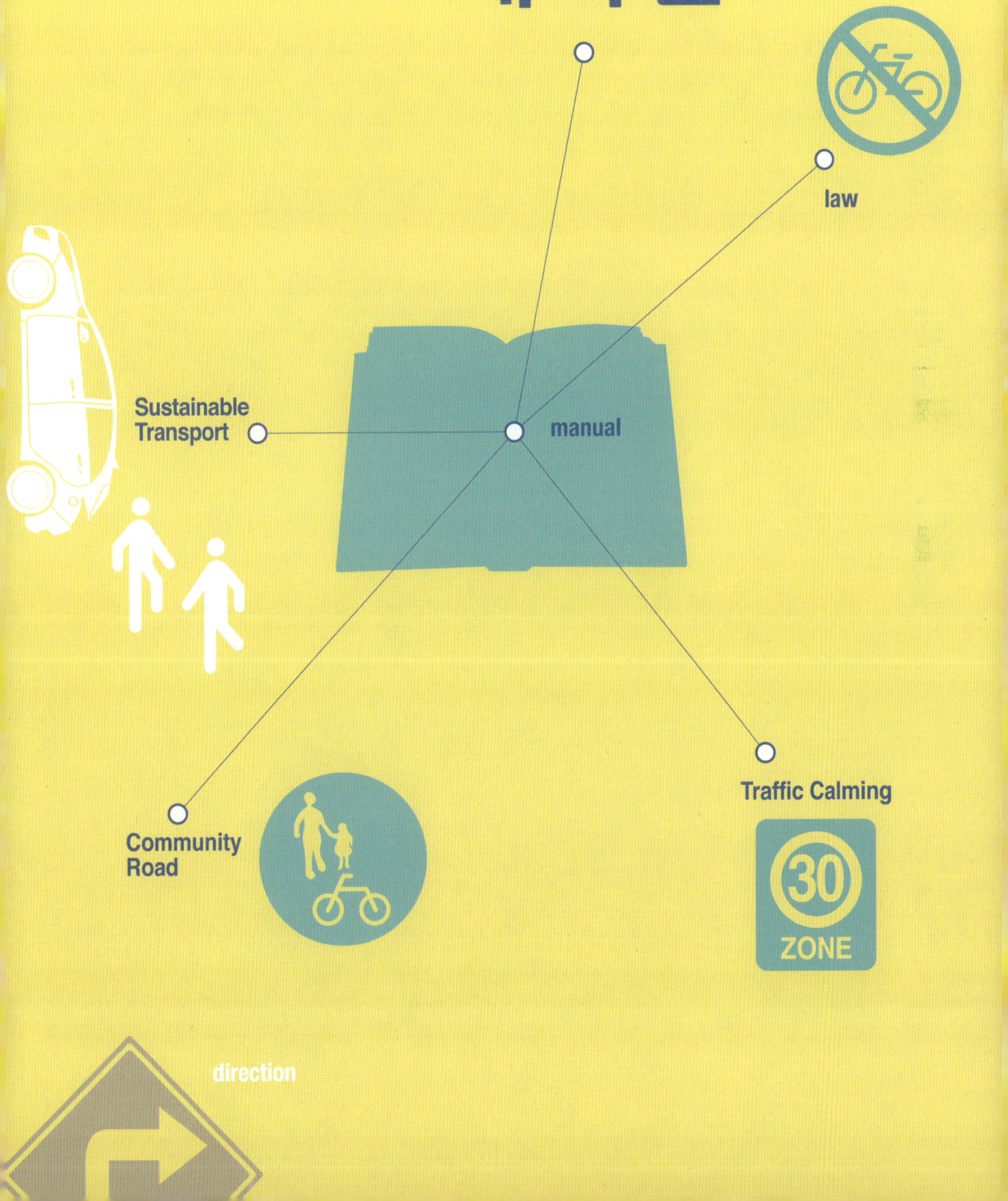
law
Sustainable Transport
manual
Traffic Calming
Community Road
30
ZONE
direction

1.1 존 대책의 개시 [스텝 0]

1.1.1 존 대책을 위한 시민과 정부의 커뮤니케이션 방법

존 대책은 시민과 정부 간 상호 커뮤니케이션을 도모하며, 일체화하여 추진해 나가는 것을 기본으로 한다. 시민의 생각을 수용하기 위한 커뮤니케이션 방법은 목적이나 검토 스텝에 따라 다양한 방법이 있을 수 있기 때문에 적절한 조합에 의해 실시해 나가는 것이 바람직하다. 또한 조직의 구성, 목표, 스케줄의 명확화, 정보의 공유화, 예산 편성 등의 유의점을 인식해서 진행해야 한다.

(1) 존 대책 수행 시 시민과 정부의 관계

존 대책 수행 시, 문제·과제의 발의가 시민(주민이나 이용자 등 시민사회의 구성원을 시민으로 칭함)에 의한 것인지, 정부(도로관리자, 경찰 등을 정부로 칭함)에 의한 것인지에 따라 계획 도입 단계에 다소 차이가 발생할 수 있기 때문에, 시민과 정부는 서로 커뮤니케이션을 도모하며, 하나가 되어 존 대책을 추진하는 것을 기본으로 한다.

■ 시민으로부터 문제제기 된 경우

주변의 생활도로에서 차량 통행에 의한 위험과 같은 지구단위 교통문제를 발견할 경우, 같은 생각을 가진 사람과 의견을 공유하고, 기존의 시민 조직(자치회, PTA, 마을 만들기 시민단체)과 상담하는 것이 유익하다. 상담을 통해, 한 개인의 의견이 아닌 지구 전체의 교통문제로서 인식되기 때문이다.

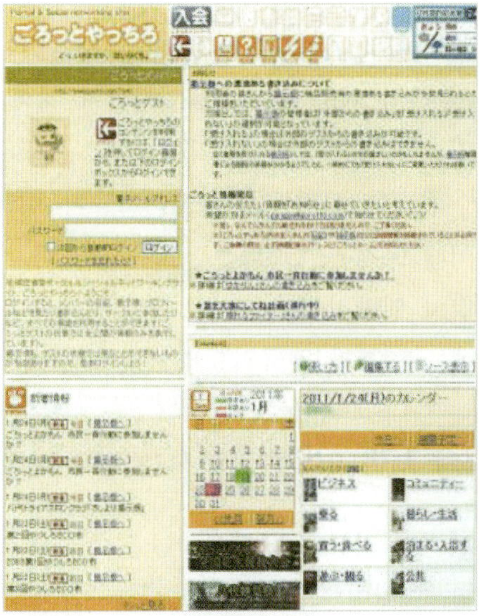

그림 1.1.1 지역 SNS에 의한 정보교환의 장 마련(쿠마모토현 야요시)

지역 SNS「ごろっとやっちろ」설치·운영하고 있는 인터넷 지역 커뮤니티 사이트를 지역주민의 정보교환의 장으로 활용
http://www.gorotto.com

그 후, 시민 조직을 통해 도로관리자나 경찰과 같은 정부에에 이와 같은 교통문제를 제기함으로서, 정부는 대책의 필요성

에 대해 검토하고 판단하게 된다. 정부와 문제의 중요성을 공유할 시에는, 가능한 한 문제 및 과제를 구체적으로 제시하고, 되도록 많은 시민이 이 문제에 대한 인식을 공유할 수 있도록 하는 것이 중요하다.

지구단위 교통문제를 구체적으로 제시하기 위해서는 교통 실태 조사나 교통 위험지역 지도의 작성 등, 시민 스스로가 사전조사를 실시하고 자료로 정리하는 것이 효과적이라고 할 수 있다.

교통문제에 대한 이해관계가 명확하고 참가자를 선정하기 쉽고, 시민 조직이 지구의 다양한 의견을 제대로 받아들일 수 있는 경우에는 향후 관리 운용 및 지구에 대한 치밀한 대응 수행을 시민 조직이 주체가 되어 추진해 가는 것이 바람직하다. 단, 설계나 공사 등의 계획의 실현화 단계나 유지관리 단계에는 도로관리자나 경찰의 주된 관여가 불가피하다.

■ 정부로부터 문제제기 된 경우

정부가 지구의 생활도로 교통문제에 대하여 인식하고 있는 경우에는, 지금까지 시민의 요구가 있었는지, 교통사고의 발생상황이나 교통실태는 어떠한지, 지금까지의 정비 상태나 관련계획이 있는지를 확인한 다음, 존 대책의 필요성에 대한 검토가 이루어져야 한다. 이때, 시민과 하나가 되어 사업을 추진하기 위해서는 기존의 시민 조직 또는 대표자와 사전 상담을 통해 진행할 필요가 있다.

대책의 필요성이 인정되어 정부의 발의에 의한 존 대책이 진행되는 단계에서도, 시민과 함께 실시하는 것이 중요하다. 시민과 도로관리자, 경찰 간의 협동으로 인해, 시민의 계획 단계 참가는 물론, 유지관리 시 시민 협력을 얻기 쉬워지는 등의 장점이 있다.

대규모 관련 사업으로 인하여 이해관계가 복잡한 경우에는 정부측이 이해 조정을 실시할 필요가 있으며, 정부가 주도적으로 사업을 실시하는 것이 일반적이다. 또한 시민의 참가 의식이 높지 않고 경험이 적은 경우에는 정부가 적극적으로 시민에게 참가 기회를 제공해야 한다.

(2) 시민 커뮤니케이션 방안의 선택

시민 커뮤니케이션 방안을 형태별로 분류하면, 실내 토의형, 현장 체험형, 미디어형의 3가지로 나눌 수 있다. 실내 토의형과 현장 체험형은 시민, 도로관리자 등 관계자가 한곳에 모여 토의나 조사 등을 실시하는 것이며, 특히 현장 체험형에서는 대책을 검토하는 현장에서 직접 위험지점 점검이나 사회실험을 실시하기 때문에 공통 체험을 통한 커뮤니케이션을 도모하기 쉽다. 미디어형은 설문조사와 같은 종이 매체나 인터넷과 같은 전자 매체를 이용해 정보를 교환함으로써 시민과의 커뮤니케이션을 도모하는 방법이다.

시민 커뮤니케이션 방안의 선택 시 시민의 의식이나 이해도, 계획 대상 지구의 상황 등을 충분히 감안한 후에, 각 방안이 가지는 장·단점을 보완할 수 있도록 복수의 방안을 조합해 적용하는 것이 바람직하다.

표 1.1.1 시민과 정부의 커뮤니케이션 수법의 분류(수법의 특징)

<table>
<tr><th colspan="2" rowspan="3"></th><th colspan="3">형태별 분류</th></tr>
<tr><th>실내 토의형</th><th>현장 체험형</th><th>미디어형</th></tr>
<tr><th>회의실 등의 실내에서 관계자가 모여, 토의나 조사 등을 실시하는 방안</th><th>실제 현장에 관계자가 모여, 조사나 점검 등을 실시하는 방안</th><th>문서 등의 매체를 통한 정보의 교환을 도모하는 방안</th></tr>
<tr><td rowspan="4">수법의 특징</td><td>참가 대상</td><td>• 참가멤버가 한정되기 때문에, 불참가에 대한 대응이 필요함</td><td>• 많은 사람의 참여가 가능하며, 참가 방법도 용이함</td><td>• 광범위하고 다수에게 정보 전달 가능</td></tr>
<tr><td>시민 이해도</td><td>• 충분한 토의를 통해 이해도를 높이기 쉬움</td><td>• 직접 보고 체험함으로써 이해도가 높음</td><td>• 대량의 정보 전달 및 널리 알리기 쉽지만 상세한 의견 파악이 어려움</td></tr>
<tr><td>실시 및 운영</td><td>• 복수회 이상의 개최가 일반적
• 의론이 주제에 벗어나지 않도록 하기 위한 운영기술이 필요함
• 야간이나 우천 시에도 개최 가능</td><td>• 단발적으로 실시하기가 비교적 용이함
• 기본적으로 주간 개최에 한정됨 날씨에도 좌우되기 쉬움</td><td>• 단일 정보수단의 경우, 정보제공·수집이 불충분해질 가능성이 있음
• 수단에 따라서는 배포나 회수 시 별도의 노동력이 필요할 수 있음</td></tr>
<tr><td>커뮤니케이션</td><td>• 토의에 의해 커뮤니케이션이 활성화되기 쉬움</td><td>• 공통체험에 의해 주민의 참가의식이 향상되며 커뮤니케이션이 활성화되기 쉬움</td><td>• 커뮤니케이션이 활성화되기 어렵고 정보 전달 방향이 일방적임</td></tr>
</table>

표 1.1.2 시민과 정부의 커뮤니케이션 수법의 분류(목적별 분류)

<table>
<tr><td colspan="3" rowspan="3"></td><td colspan="3">형태별 분류</td></tr>
<tr><td>실내 토의형</td><td>현장 체험형</td><td>미디어형</td></tr>
<tr><td>회의실 등 실내에서 관계자가 모여 토의나 조사 등을 실시하는 방안</td><td>실제의 현장에 관계자가 모여, 조사나 점검 등을 실시하는 방안</td><td>문서 등의 매체를 통한 정보의 교환을 도모하는 방안</td></tr>
<tr><td colspan="3">조직체제 및 의론의 진행방법</td><td colspan="2">위원회, 협의회, 간담회 등
(회의형식이나 워크숍 형식 등)</td><td>게시(포스터 등)
인터넷(홈페이지 등)
개별배포(광고 등)</td></tr>
<tr><td rowspan="5">목적별 분류</td><td colspan="2">① 지구 과제를 파악</td><td>위험인지지점 지도의 작성</td><td>위험점검(위험인지지점 지도)
시민협동에 의한 조사(속도나 교통량 등)</td><td>설문조사</td></tr>
<tr><td rowspan="2">② 대책안 고려</td><td>계획안 작성</td><td>계획안 설명 툴(교통 시뮬레이션, CG, 모형)을 이용한 설명</td><td>견학회(선진 사례 시찰 등)</td><td></td></tr>
<tr><td>계획안 평가</td><td></td><td>사회실험
안내부스</td><td>설문조사</td></tr>
<tr><td colspan="2">③ 대책의 실시</td><td>설명회
개별방문</td><td>시민협동에 의한 대책(유인물 배부, 대면안내 등)</td><td>팜플렛, 유인물</td></tr>
<tr><td colspan="2">④ 과제 해결을 확인</td><td>설명회</td><td>현지 확인
시민협동에 의한 효과조사</td><td>설문조사</td></tr>
</table>

(3) 시민과 정부의 커뮤니케이션 시 유의점

1) 체제 구축

검토를 진행하여 결과를 실현시키기 위해서는 시민, 도로관리자, 경찰, 전문가(학계 관계자, 엔지니어링 사)로 구성된 조직을 만들 필요가 있다. 시민의 생각을 공평하게 반영하기 위해서 혜택을 받는 시민, 불리한 대우를 받게 되는 시민, 토지 권리자 등 이해관계자가 출석할 수 있도록 배려해야 한다. 또한 검토한 시책 실시의 최종적인 의사결정 방법을 확인해 두는 것도 중요하다.

2) 목표·스케줄의 명확화

시민 커뮤니케이션을 실시할 경우 합의 형성이 원활히 진행되지 않고 검토 기간이 장기화되는 경우도 있다. 이와 같은 일을 방지하기 위해, 처음부터 당면 목표와 개략적인 스케줄을 설정하여 관계자간의 의식을 공유해 두는 것이 중요하다.

3) 정보의 공유화

정보는 적절한 판단이 가능하도록 이해관계자와 지역주민 간에 서로 공유하는 것이 중요하다. 또한 시민 커뮤니케이션의 실시 기록이나 결과를 뉴스레터 등을 통해 지역주민에게 알리고 사일런트 · 메저리티(자신의 의견을 표출하지 않는 대다수의 시민)를 위한 정보 제공도 적절히 수행되어야 한다.

4) 예산 편성

사전조사, 대책의 전문적인 검토, 시민과 정부 간 커뮤니케이션의 운영이나 자료 작성, 사회실험 시 조사비, 계획 책정비, 사회실험비 등의 비용이 발생하기 때문에 스케줄을 고려한 예산 편성 및 관계 기관과의 제휴를 조기에 도모하는 것이 필요하다.

1.1.2 존 대책의 판단

존 대책을 실시하는 지구의 선정 시, 몇 가지의 정량적, 정성적 항목을 고려하여 대상 지구의 종합적인 평가를 실시할 필요가 있다. 또한 문제의 종류에 따라 존 대책이 아닌 노선대책이나 지점대책만으로도 충분할 수 있으므로 객관적인 데이터의 수집·분석을 통해 대상 지구를 설정한 다음 지구를 평가하여 존 대책 실시의 판단을 시행한다.

(1) 대책의 필요성의 판단

1) 대책의 필요성 판단 시 고려해야 할 사항(정부·시민)

■ 정부의 입장

대책의 필요성 판단 시 미리 정량적, 정성적 항목을 고려해 두는 것이 바람직하다.

게다가 상업지의 경우, 발생 교통량이나 편리성을 파악하기 위해 쇼핑 목적의 교통량, 조업 공간의 유무, 주차장의 위치 및 용량 등의 조사가 필요하다(「1.2.1 사전조사 방법」을 참조). 이러한 사항을 고려하여 대책 필요성에 대한 충분한 검토가 필요하다.

표 1.1.3 고려해야 할 사항

정량적 항목	정성적 항목
① 교통사고의 발생상황	⑤ 도시 내에서의 역할
② 통과교통의 발생상황	⑥ 지구의 상황
③ 자동차주행속도의 상황	⑦ 지구의 결집도
④ 교통정체의 상황	⑧ 시민의 필요성, 위기감

■ 시민의 입장

시민 자신이 문제를 인식하여 도로관리자나 경찰에 대책을 요구하는 경우에도, 존 대책 실시의 판단은 정부의 몫이다. 이러한 정부 판단 이전에 시민의 입장으로부터 적극적으로 「요구·위기감」을 전달함으로써 대책 실시의 여부나 우선순위 선정 시 유력한 판단근거로 활용될 수 있다.

따라서 시민 스스로가 교통 실태 조사나 위험인지지점 지도 등의 기초자료를 작성하는 것은 매우 효과적이다.

지역주민의 앙케이트 조사에 의해 위험인지지점을 정리한 지도를 작성

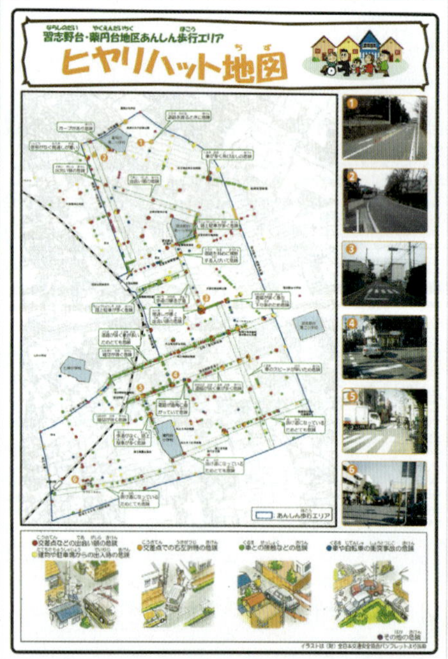

그림 1.1.2 위험인지지점 지도의 작성 사례
(지바현 후나바시시 나라시노다이, 라쿠엔다이)

사진 1.1.1 시민에 의한 교통 실태 조사
(도쿄도 다이토구 야나카)

생활도로를 통과하는 차량의 속도를 시민이 계측하여 기록

2) 객관적 데이터의 분석에 근거하여 정부가 지구선정을 하는 경우

존 대책 대상 지구는 시내 전역으로부터 객관적 데이터를 이용하여 선정해야 한다. 시내 전역의 정량적, 정성적 항목에 의해 대상 지구를 좁혀 나감으로서 담당자의 경험에만 의지하지 않는 객관적인 판단이 가능해진다. 지구선정 시에는 현지 주민의 요구가 반영되어야 한다.

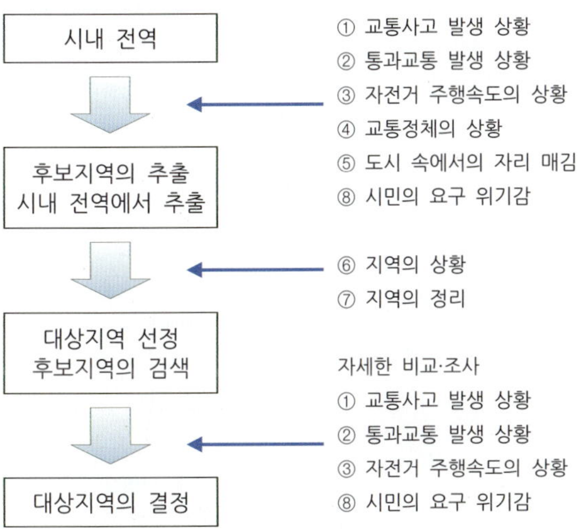

그림 1.1.3 지구선정 순서

3) 상위 관련 계획과의 일치 여부에 따라 정부가 지구선정을 하는 경우

지구선정 시 토지구획정리 사업이나 시가지 재개발사업과 같은 상위 관련 계획에 근거하여 시행하는 경우와, 도로관리자나 경찰이 보유하고 있는 데이터, 현지 주민으로부터의 강력한 요구를 계기로 시행하는 경우가 존재한다. 이 중 어떠한 경우에 대해서도 가능한 한 객관적 데이터의 분석을 실시하여 대책의 필요성을 확인해 두는 것이 중요하다.

(2) 존 대책 도입의 판단(정부)

교통문제 발생에 대한 대응책으로서 존 대책의 실시가 적절한지의 판단을 수행해야 한다. 지구 내에서 교통문제가 면적으로 발생하고 있는 경우는 존 대책이 바람직하다. 또한 특정 노선이나 특정 지점에서 발생하고 있는 문제의 경우에도 통과교통의 동선 변경이나 교통규제의 도입에 의한 지구 내 통행패턴을 재검토할 필요가 있는 경우에는 존 대책을 실시할 필요가 있다.

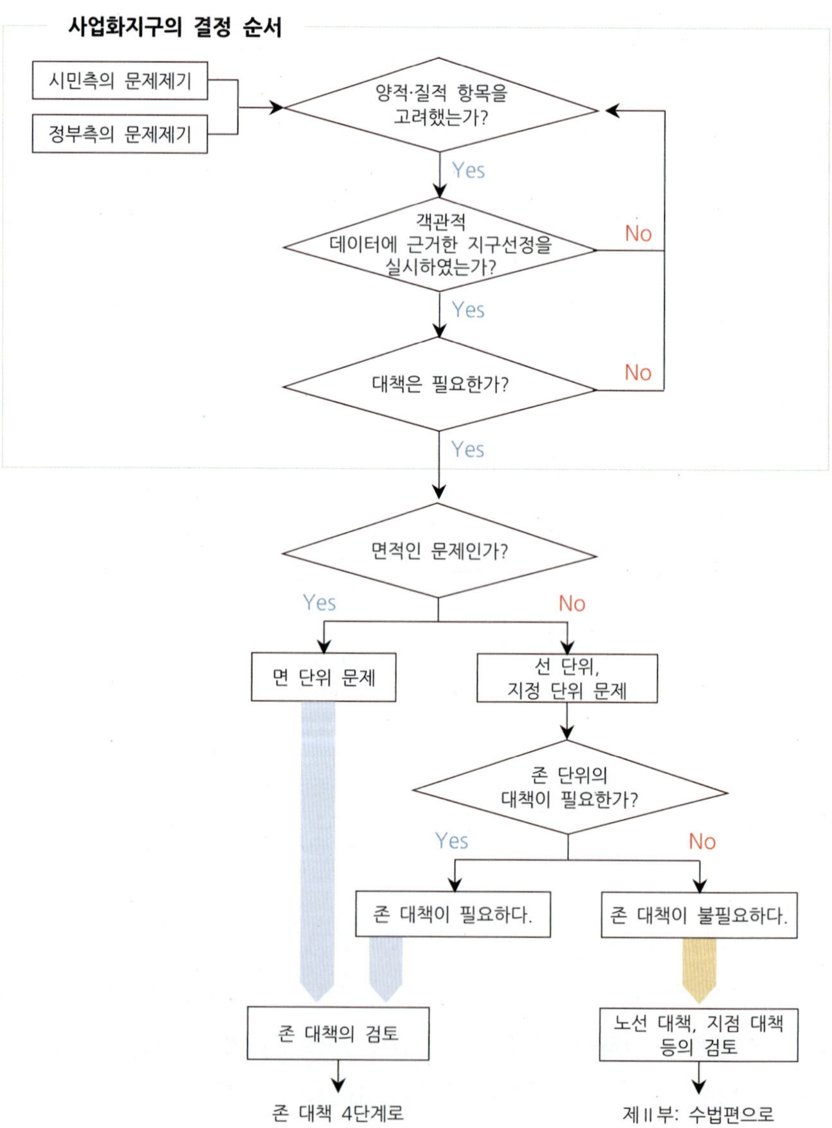

그림 1.1.4 존 대책 도입 검토 순서

객관적 데이터 분석에 의해 정부가 지구선정을 실시한 사례(도쿄도 분쿄구)

도쿄도 분쿄구에서는 구내를 국도, 도도(都道) 등의 간선도로를 경계로 하여 22 지구로 구분하고 있으며, 커뮤니티 도로 정비를 추진해야 할 지구나 노선의 선정을 실시하고 있다

■ 지구의 구분

구내의 국도, 도도 등의 간선도로에 의해 22 지구로 구분한다.

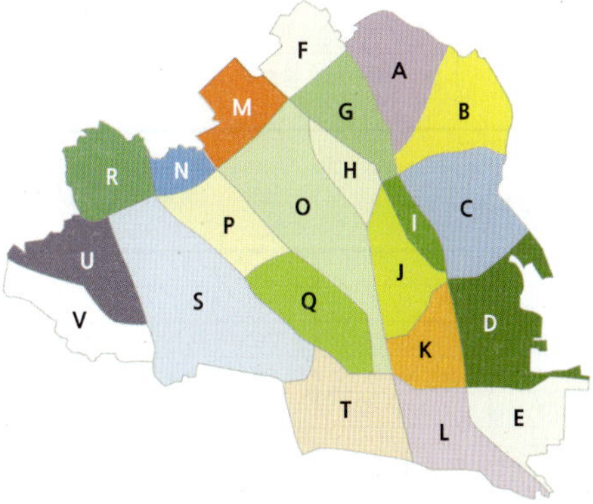

그림 1.1.5 지구의 구분

■ 지구의 평가 방법

지구의 평가 항목은 정비효과(평균 폭원, 보도 정비율, 베리어프리 상황, 주요 시설 수, 교통사고 건수, 위험인지 건수 등), 이용도(인구밀도, 고령화율, 토지 이용), 위험도(교통사고 개소의 밀도, 위험인지 개소의 밀도)로서 각각의 평가 항목마다 점수화한다.

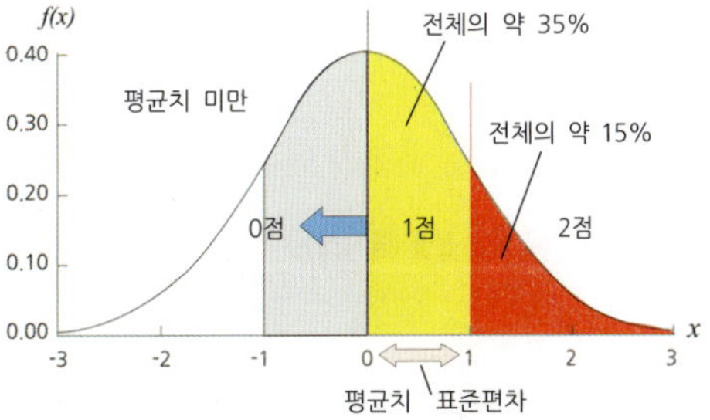

그림 1.1.6 배점 설정의 기본적인 구상

표 1.1.4 지구 및 노선 평가 항목

시점	지구의 평가 항목	노선의 평가 항목
정비효과	노선 평가점	폭원, 보도정비율, 베리어프리화 상황 등
이 용 도	인구밀도, 고령화율, 토지 이용	주요시설 입지 건수 등
위 험 도	교통사고 개소의 밀도 위험인지 개소의 밀도	교통사고 건수, 위험인지 건수 등

각각의 평가항목별로 가중치를 설정(교통안전성을 중시하고 위험도에 가중치 부여)하여, 평가항목별 평가점에 가중치를 곱하여 합계점을 산출한다. 그 값의 대소에 따라 각 지구 및 각 노선의 우선도를 평가한다.

■ 노선평가 가중치(교통안전을 중요시하는 경우)

시점	평가항목	가중치
정비효과	① 노선평가점	1
이용도	① 인구밀도 ② 고령화율 ③ 토지이용	1 1 1
위험도	① 교통사고 개소의 밀도 ② 위험인지지점의 밀도	3 3

■ 지구 순위

1	C	10	P
2	O	10	R
3	N	10	V
4	G	15	A
5	U	15	B
6	E	15	F
7	I	15	L
7	J	15	Q
9	S	15	T
10	K	21	D
10	M	22	H

■ 지구

지구	정비효과	이용도	위험도	지구평가	순위
A	0	2	0	2	15
B	0	2	0	2	15
C	2	2	12	16	1
D	0	1	0	1	21
E	1	1	6	8	6
F	0	2	0	2	15
G	0	1	9	10	4
H	0	0	0	0	22
I	0	1	6	7	7
J	1	3	3	7	7
K	2	2	0	4	10
L	1	1	0	2	15
M	0	1	3	4	10
N	0	2	9	11	3
O	2	2	9	13	2
P	0	1	3	4	10
Q	0	2	0	2	15
R	2	2	0	4	10
S	1	1	3	5	9
T	2	0	0	2	15
U	1	2	6	9	5
V	0	1	0	1	10

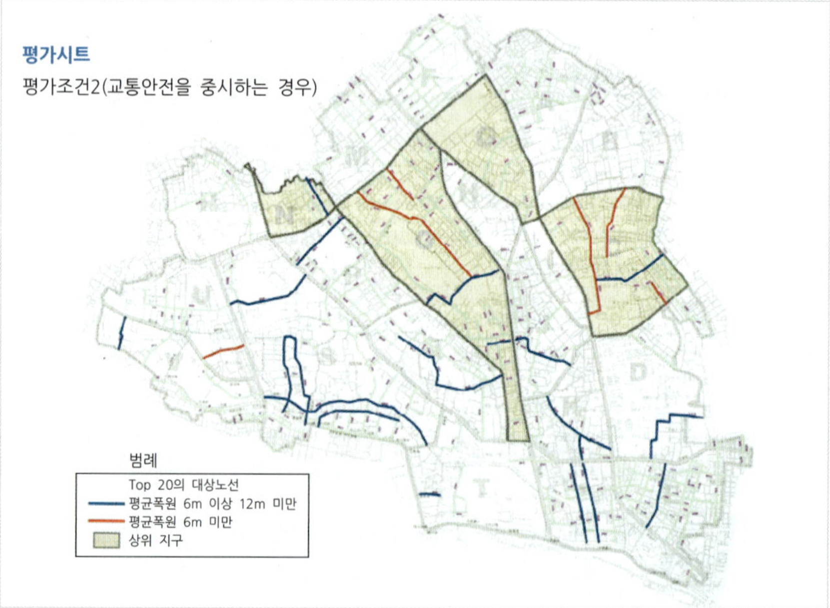

자료: 커뮤니티 도로정비계획(분쿄구)

그림 1.1.7 지구 및 노선평가 결과

칼럼: 주민단체의 요구를 객관적으로 평가하여 대책 실시 순위를 결정하는 사례 (미국의 지구교통관리 프로그램 NTMP: Neighborhood Traffic Management Program)

미국의 대다수의 도시에서 지구교통관리 프로그램(NTMP)을 바탕으로 한 지구교통계획 프로세스가 실시되고 있다. 이를 위해 일정 규모의 고정 예산이 매년 확보되어 우선순위가 높은 지구 순으로 사업이 실시되고 있다.

■ NTMP의 개략적인 흐름

복수의 주민단체로부터 대책 실시의 신청이 있을 경우, 시청에서는 조사를 수행하여 실제 상황을 확인해야 한다. 조사 결과에 의해 실제로 문제가 발생하고 있는지에 대한 판단(사전 선정, Warrant라 불리움)을 실시한다. 복수의 지구에 대한 대책 실시가 필요한 것으로 판단될 경우, 이어서 지구간의 우선순위를 선정하게 된다. 우선순위의 선정 방법은 다양하지만 현재 가장 일반적인 것은 포인트제(Priority Ranking Criteria Factors)로서, 속도, 교통량, 교통사고 건수 등 각각의 항목마다 점수를 매겨 합산점이 가장 높은 지구를 높은 순위로 선정하는 방식이다.

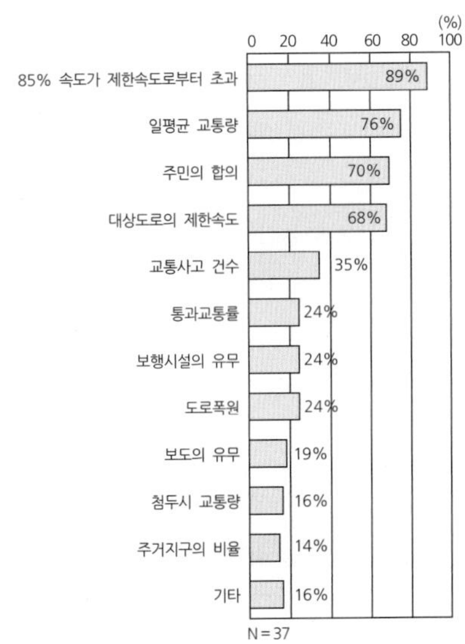

그림 1.1.8 사전 선정 시 고려되는 요인

■ 메릴랜드주 볼티모어군의 NTMP

예를 들어 볼티모어군의 NTMP에서는 3회의 평가 단계를 포함한 6개의 단계로 이루어져 있어 피크 시간 교통량, 평균속도나 통과교통율 등의 득점표에 의해 점수화 룰을 정하고 있다. 이 득점표로 인한 점수 합계가 30점 이상이 되었을 경우에는 험프와 같은 물리적 디바이스의 설치를 실시하고, 20점 이상이 되었을 경우에는 교통규제의 변경이나 노면표시 등이 검토 되는 등, 이러한 검토 재료에 의해 정부와 주민의 협동으로 사업 플랜을 세워 75%의 주민이 플랜에 찬성하면 사업이 실시되게 된다.

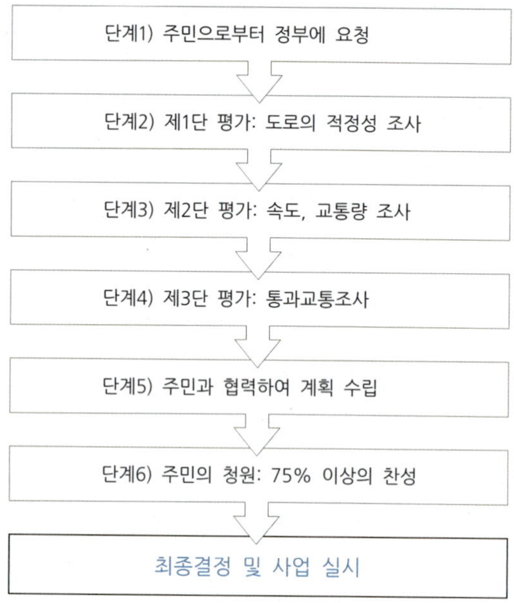

그림 1.1.9 볼티모어군의 NTMP의 흐름

표 1.1.5 볼티모어군의 점수화 방식에 이용되는 득점표

항목	점수화 규칙
첨 두 시 교 통 량	100대/시~149대/시: 5점 150대/시~250대/시: 10점 250대/시 이상: 15점
평균속도	규제속도로부터 3~6mph 초과: 5점 규제속도로부터 7~10mph 초과: 10점 규제속도로부터 10mph 이상 초과: 15점
통과교통	통과교통률 0~49%: 0점 통과교통률 50~75%: 10점 통과교통률 76% 이상: 15점
학 교	어린이보호구역이거나 기타 보행시설이 있는 경우: 5점
보 도	보도가 없는 경우: 5점

자료: 미국 Neighborhood Traffic Management Program을 중심으로 한 교통정온화 프로젝트의 사업화 프로세스에 관한 고찰/파르자나 러프만, 코지마 아야, 쿠보타 히사시(교통공학 Vol. 45 No. 6)

1.2 지구의 문제점에 대한 파악 [스텝1]

1.2.1 사전조사의 방법

존 대책 시 계획 프로세스의 스텝별로 적절한 조사·분석을 실시할 필요가 있다. 특히, 사전조사는「문제점의 특정」,「지구 설정」,「정비 방침의 설정」 등 적절한 계획을 위해 중요하다. 또한 정비 후 대책의 효과를 나타내는 "사후 데이터"와 비교하기 위한 "사전 데이터"로서도 필요하므로 필수항목에 대해서는 조사·분석을 실시할 필요가 있다.

(1) 조사항목 및 조사 방법

조사·분석에는 도로관리자나 경찰이 보유하고 있는 각종 기존 데이터를 활용하는 방법과 설문조사 등을 독자적으로 실시하는 방법으로 구분된다.

표 1.2.1 사전·사후 조사와 평가 지표

항목		사전조사 항목		사후평가 항목 (평가지표)
		A. 지구선정 전	B. 지구선정 후	
지구의 개요		◎지도정보 정리: 기본도, 도시계획도 등 ◎관계자 인터뷰: 관계기관, 지역관계자 등 ◎현지조사: 선정 전의 현지 확인	◎지구개요의 정리: 상위계획과의 일치, 도로폭원, 교통규제, 통학로, 교통안전시설 상황	
정량적	교통안전	◎교통사고 데이터의 수집: 사고통계자료	◎교통사고 데이터의 수집: 교통사고발생상황도 등 ○위험지점 시각화: 위험인지지점지도 등	◎교통사고 건수 ○교통안전상의 위험지점
정량적	교통환경	◎주변도로 교통량 데이터 수집: 도로교통 센서스 등 ○교통조사, 기존 조사의 활용 등	◎교통조사: 자동차, 보행자, 자전거 교통량 조사 ◎문제점 정량화: 번호판조사, 노상주차조사, 차량속도조사 등 적절히 선정 ○주변도로에의 영향분석, 교통 시뮬레이션 등 ○소음, 진동	◎자동차, 보행자, 자전거 교통량 ◎문제점 정량화 항목에 대응한 지표 차량 통과교통량이나 경로 차량 주행속도, 주차, 주륜대수 및 장소 등 ○소음, 진동
정량적	기타			○상업측의 시점: 방문자 수, 체재시간, 소비금액 ○지가
정성적	시민의식	○시민의식 파악: 기존조사, 설문조사 등	○시민의식 파악: 협의회, 간담회 등 의견교환, 광고자료 활용, 설문조사 등	◎시민, 도로 이용자의 의식 (교통환경의 시점) ○주거쾌적 측면 시민의식: 안심감 등
정성적	기타		○경관상 장래 예측: 포토몽타쥬 등	

◎ 필수항목 ○ 추천항목

지구선정 이전에는 일반적으로 교통사고나 교통량 등 각종 기존 데이터를 활용하여 지구에 대한 평가를 실시한다. 지구선정 이후에는 지구의 상황을 보다 상세하게 파악하여 사전 사후를 비교하기 위해 지구 내의 교통사고 발생 상황도의 작성이나 교통조사를 실시한다. 또한 사후 평가 항목으로서 교통사고 건수, 자동차 교통량 등의 비교, 시민의식의 파악은 필수이며 지구의 교통문제 · 과제의 상황에 따라 자동차 통과교통량이나 노상주차 등의 비교를 실시해 대책의 평가를 실시한다.

(2) 지구선정 전 조사의 구체적 항목과 유의점

1) 지도 정보의 정리

후보 지구의 지도를 준비하는 것은 가장 기본적인 작업이다. 또한 장기 계획과 일치 여부를 확인하기 위하여 도시계획도면 역시 필요하다. 지구 전체의 데이터를 효율적으로 정리하기 위해서는 GIS(지리 정보 시스템)의 적극적인 활용이 필요하다.

2) 교통사고 데이터 수집

교통안전 상황을 비교 검토하기 위한 데이터로서 경찰이 관리하는 사고 통계 데이터가 유용하고, 그것을 가공함으로서 지구별 사고 건수나 사고 발생율을 비교할 수 있다. 단, 집계 범위를 작게 설정했을 경우, 사고 건수의 연간 분포 정도를 고려하여 복수 년도의 데이터를 확보하는 것이 필요하다.

■ 교통사고 조사 통계

사고의 종류, 사고 발생 일시, 장소, 도로 상황, 사고의 원인 등에 대해 경찰이 조사하고 있으며, 조사 결과를 바탕으로 교통사고의 요인 분석 및 교통 처리 대책을 실시하고 있다. 각 도도부현 경찰 본부가 발행하고 있는 「교통연감」 이외에도, 「교통통계 I ((재단법인) 교통사고 종합분석센터), 「교통사고통계 연보 I ((재단법인) 교통사고 종합분석센터)에서 확인할 수 있다.

■ 지구별 사고상황 분석

전국 도도부현 또는 시 · 읍 · 면마다 교통사고 발생 건수 등의 추이, 사고 발생 특성을 파악하기 위해서 사고 분석을 실시하고 있으므로 도로관리자나 경찰 등의 기초 자료로 활용되고 있다. 교통 통계 중 사고의 평가 척도로서는 다음과 같은 것이 있으며, 도도부현에 따라서는 한층 더 상세한 데이터도 제시되고 있다.

- 사고 발생 건수
- 사망 사고 발생 건수
- 사상자 수
- 사망자 수 등

3) 주변 도로 교통량 데이터 수집

현지 교통조사로서, 교차로 교통량 조사나 교통문제(노상주차 문제, 통과교통 유입 등)의 파악이 있다. 그러나 지구를 선정하기 이전 현지 교통조사를 실시하는 것은 현실적으로는 어렵고, 시민의식 조사 자료와 같이 도로 교통 센서스(census) 등의 기존 교통량 조사 결과를 활용하거나 소수의 지구로 범위를 축소하여 조사를 실시하는 것이 현실적이다. 또한 이러한 데이터는 지구선정 후의 계획안 책정 시에도 활용할 수 있도록 정리해 둠으로써 비용적·시간적 부담을 절약하는 것도 가능하다.

4) 관계자 인터뷰

현지의 자치회장 등 지구의 상황을 잘 파악하고 있는 사람으로부터 문제나 요구사항에 대한 인터뷰를 실시함으로서 지구선정을 위한 정량적·정성적인 상황 파악이 가능하다. 현지 주민으로부터의 지구 교통문제에 대한 대책 요청서 등이 있는 경우에는 귀중한 정보로서 활용될 수 있다.

5) 현지답사

지구선정 시, 도면 등의 자료뿐만 아니라 담당자 스스로가 현지에 나가 현지 상황이나 지구의 과제를 파악하는 것도 매우 중요한 사항이다.

(3) 지구선정 후 조사의 구체적 항목과 유의점

1) 지구개요 정리

선정된 지구에 대해 그 지구의 지리적 위치나 도시계획 등의 상위 계획과의 일치여부에 대하여 정리한다. 또한 도로 폭/교통규제/통학로 등의 기본 정보를 표시함과 더불어 현지 사진을 지도상에 표시함으로써 시민이 이해하기 쉬운 자료를 작성하는 것이 중요하다.

2) 교통사고 데이터 수집

가로부나 교차로의 교통사고가 어느 위치에서, 언제, 어떠한 충돌 형태로 발생하고 있는지를 파악하고 이러한 실태에 대응한 구체적인 교통사고 방지 대책을 세우기 위한 중요한 기초 자료로서 「사고 발생 상황도」를 작성할 필요가 있다. 더불어 교통사고 데이터는 한해의 자료로는 변동이 크기 때문에 복수년도의 데이터를 수집하는 것이 바람직하다.

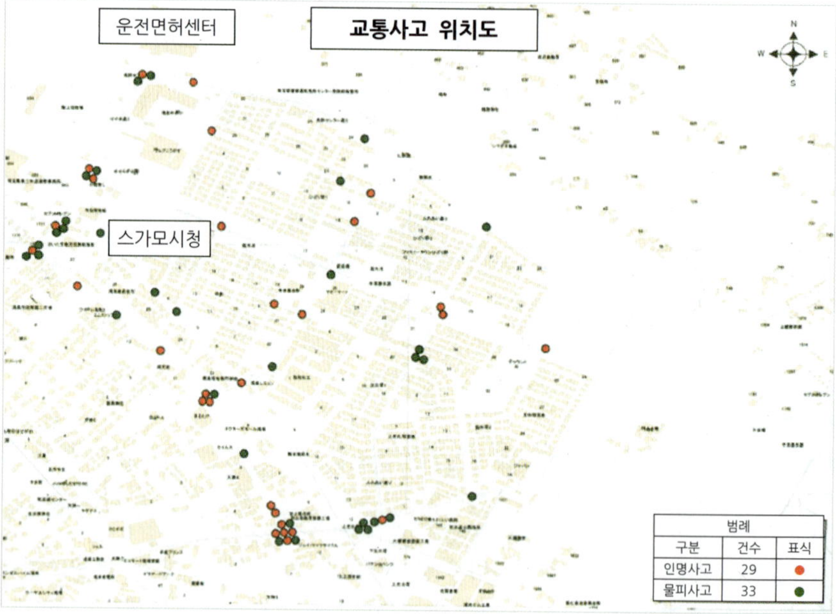

(C) INCREMENTP.CORP

그림 1.2.1 교통사고 발생 상황도의 작성 사례
(사이타마현 스가모시)

3) 시민의식의 파악

협의회나 워크숍 등을 통해 시민의식을 파악하는 것이 가능하지만, 설문조사 등에 의해서 교통문제나 요구를 광범위 하게 파악하는 것 역시 중요하다. 상업지구에서는 거주자 이외에도 종업원이나 방문객을 대상으로 설문조사를 실시하고 다양한 입장의 의견을 파악하는 것이 바람직하다.

또한 협의회나 워크숍의 경과를 알리는 뉴스, 광고지를 통한 설문조사나 공공의 의견의 파악 및 의견을 반영한 방침, 계획안에 대한 의견 수집이 중요하다.

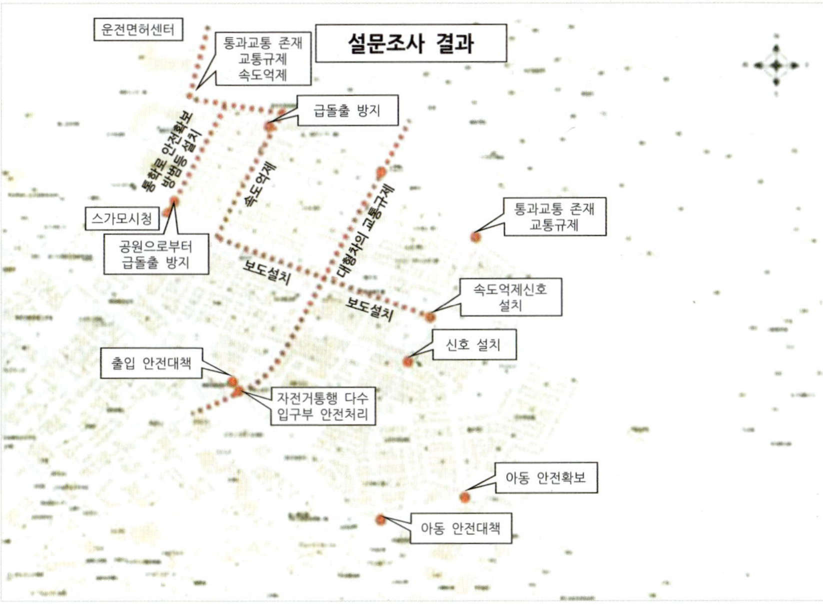

(C) INCREMENTP.CORP

그림 1.2.2 설문조사에 의한 지구과제 정리의 사례
(사이타마현 스가모시)

4) 교통조사

기본이 되는 교통 데이터는 자동차 교통량(차종별, 시간별, 방향별) 및 보행자/자전거 교통량, 신호현시, 보행자/자전거의 동선 등이 있으며 지구의 상황에 따라 적절한 조사항목을 선택한다.

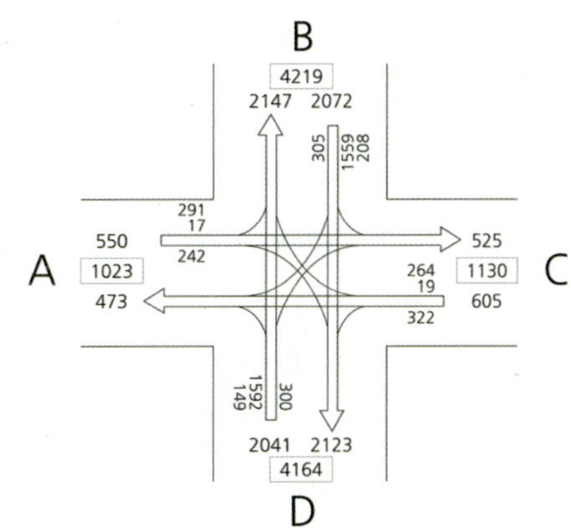

그림 1.2.3 교차로 교통량도의 예

자동차 교통량은 대책의 검토나 평가를 시행하는데 가장 기본이 되는 데이터이며, 교차로의 각 유입부에 대하여 방향별, 차종별(일반적으로 대형과 그 외로 구분함) 교통량을 측정한다. 10분 내지 15분마다 기록하여 결과는 시간대마다 교통량도(그림 참조)와 같이 나타내는 경우가 많다.

더불어, 교차로가 정체상황인 경우 조사된 교통량은 실제 교통수요와는 달리 교차로 처리가능 교통량을 의미하게 되므로 교통 수요를 조사하고자 하는 경우에는 별도의 방법이 필요하다.

5) 문제점의 정량화

대책안을 고려할 경우, 가장 중요한 문제에 대해서는 관련 자료를 최대한 정량화하는 것이 중요하다.

■ 번호판 조사

지구 내에 설정한 복수개소의 지점이나 출입구가 되는 교차로에서 차량 번호판의 내용과 통과 시각을 기록하고 복수 지점에서 읽어낸 번호판을 서로 대조함으로써 지구 내 자동차의 통행 경로나 통행 속도 등을 파악할 수 있다.

■ 노상주차 조사

지구 내지 노선의 주차 수요, 주차공간의 이용 상황, 불법주차 상황 등을 파악하기 위해 주차 실태를 직접 관측하는 일이다.

○ 조사 방법

인력에 의한 조사는 「연속 관측 조사」와 「단속 관측 조사」가 있다. 「연속 관측 조사」는 조사 시간 내 대상 주차공간의 이용 상황을 연속적으로 관측하는 방법이다. 「단속 관측 조사」는 일정한 시간 간격마다 각 가구 또는 구간을 순회하며 주차 대수, 번호판, 차종, 주차 방법을 관측하는 방법이다.

○ 조사 결과의 집계·해석

조사 결과는 조사 구간(또는 개소)마다 처리하여 총 주차 대수, 총 주차 시간, 평균(또는 최대) 주차 대수, 평균 주차 시간, 주차 회전율(총 주차 대수/총 주차 면수), 평균 주차율(평균 주차 대수/총 주차 면수)등을 계산한다. 이것들을 블록별 · 구간별로 표로 작성하거나, 도면화/시간변동 그래프화 함으로써, 노선의 주차 수요, 주차공간의 이용 상황, 불법주차의 상황 등이 파악 가능하다.

○ 자동차 속도 조사

노선상을 주행하는 차량의 속도를 알기 위해 속도 실태를 관측하는 것으로서 경찰에 의한 속도 측정 이외에 민간업체에 조사를 위탁하는 방법이 있다.

1.2.2 과제 파악을 위한 시민 커뮤니케이션 방안

대상 지구의 현상을 파악하여 문제에 대해 합의 형성을 도모하고 시민과 정부가 공통의 인식을 가지는 것이 계획 수립을 진행하는 첫 번째 스텝이다.

지구의 문제를 파악하기 위해서는 시민이나 학교 등 시설 관계자 및 도로관리자, 경찰 모두가 일체가 되어 현지 견학회나 위험인지지점 점검을 실시하는 것이 유효하다. 그러한 결과나 시민의식 조사를 활용함으로써 회의나 워크숍 형태로 토의하여 교통문제에 대한 인식을 관계자간에 공유하는 것이 가능하다.

(1) 지구의 문제·과제의 파악 방법의 예

지구의 문제 파악은 「표 1.1.2 시민과 정부의 커뮤니케이션 방안의 분류」에 제시하였듯 위험인지지점 지도의 작성, 위험인지지점 점검, 설문조사 등이 있다.

■ 위험인지지점 점검 및 위험인지지점 지도의 작성

사진 1.2.1 위험인지지점의 상황
(지바현 후나바시시 나라시노다이, 라쿠엔다이)

위험인지지점 점검에서는 대상 지구의 현지 주민, 학교 등 시설 관계자와 행정관계자가 일체가 되어 지구 내의 위험 지점을 점검하고 문제 개소와 그 원인을 파악하는 일이다. 지역주민과 도로이용자가 평소 위험하다고 느끼는 문제나 원인에 대하여 실제 체험을 바탕으로 한 현장 의견을 들을 수 있다.

위험인지지점의 점검을 실시한 이후 참가자들과 함께 위험인지지점 지도를 작성하는 경우가 많다. 위험인지지점 지도 작성은 참가자가 느낀 문제 지점이나 그 원인을 종이에 써내고 그 내용들을 도면상에 정리하는 방식으로 실시한다. 위험인지지점 지도를 작성함으로써 문제를 확인하고 문제의식을 공유화할 수 있다. 또한 위험인지지점 지도를 작성하는 과정에서 개선책의 방향이 논의되는 경우도 많다.

사진 1.2.2 지역주민에 의한 위험인지지도의 작성 모습
(지바현 후나바시시 나라시노다이, 라쿠엔다이)

1.3 대책안의 구상(존 대책 방침) [스텝 2]

1.3.1 정비 방침의 설정

존 대책의 목표를 설정하기 위해 대상이 되는 존 주변에 있어 현재 발생하고 있는 문제점이나 요구를 파악하여 향후, 존의 생활환경과 지구 내 교통의 모빌리티의 개선을 고려한 존의 정비 방침을 설정한다.

문제점/요구사항의 파악을 위하여 지구의 특징이나 장래상을 비롯하여 「1.1.2 사전조사의 방법」을 참고하며 사전평가를 실시하고, 동시에 구체적인 문제점을 정확하게 파악한다. 이러한 과정을 통해 다각적인 시점에서 지구의 특성을 고려하여 검토를 실시하고 존의 정비 방침을 설정한다.

존 대책의 검토 시 교통사고의 저감 등과 같은 특정 목표에 특화하여 진행하는 경우도 있지만, 지구 내 도로는 통행 기능뿐만 아니라 매우 많은 요소를 포함하고 있으므로 지구의 특성(주택지, 상업지, 관광지등)을 고려한 균형 잡힌 목표를 설정하는 것이 중요하다.

또한 존의 정비 방침의 설정 시 주변 지구를 포함한 장래상을 그린 다음 검토하는 것이 바람직하다.

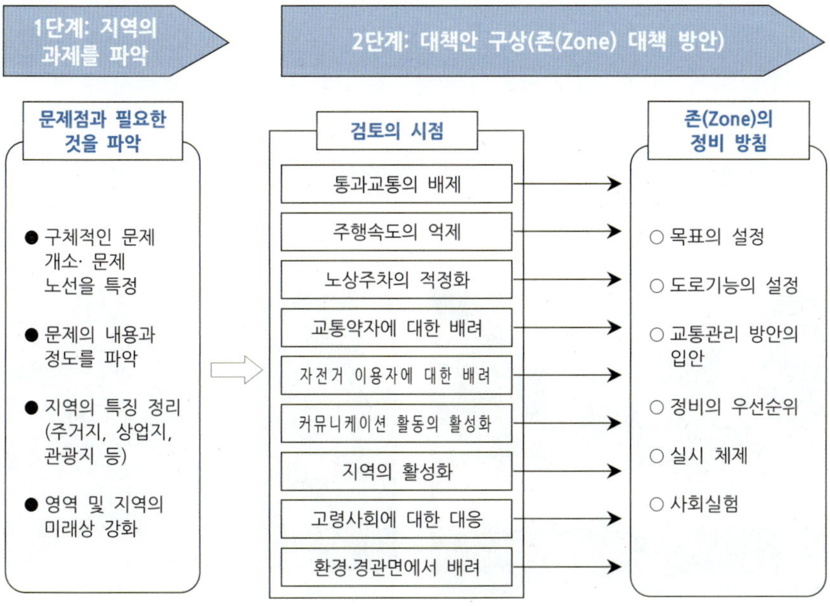

그림 1.3.1 존의 정비 방침 설정 순서

1.3.2 도로기능의 설정

도로기능(유형)의 정의

존 내의 생활도로는 도로 위계에 따라 이하의 4개의 유형으로 정의한다. 존 정비 컨셉의 실현을 위해 현재의 도로·교통 상황(도로 폭원, 차선 수 등)이나 장래의 도로 계획을 반영한 다음 도로구간 단위로 4가지 유형으로 분류하여 기능 및 역할을 명확하게 한다.

- 유형1: 존 내의 발생/도착 교통을 외부의 주요 도로로 연결하는 존의 골격이 되는 도로
- 유형2: 존 내의 교통을 유형1로 연계함과 동시에, 각 주택가에 대한 서비스 기능을 가지는 도로
- 유형3: 존의 가장 하위에서 각 주택가에 대한 서비스 기능을 가지지만, 이용 차량이 한정되어 주로 보행자가 이용하는 도로
- 유형4: 보행자나 자전거 전용 공간

존 내의 도로는 각 주택 앞에서 마당처럼 사용되고 있는 도로로부터 지구에서 발생한 교통을 간선도로에 연계하는 비교적 교통량이 많은 도로까지 다양하며, 그러한 도로의 이용 방법 역시 다양하다. 따라서 도로 정비 시 현재 상황이나 향후의 도로 이용 형태를 고려할 필요가 있다. 존 내의 교통이 담당해야 할 요소를 근거로 다음의 4가지 유형으로 분류하였다.

■ 유형1

존 내의 발생 · 집중 교통을 주요 도로에 연계한과 동시에, 존의 골격을 형성함으로써 자동차 교통의 원활한 처리와 보행 동선으로서의 기능을 가지는 도로이다. 단, 통과교통의 처리는 실시하지 않는다. 보차분리에 의해 보행자의 안전성을 확보하며, 주요한 보행 동선이 될 경우에는 광폭 보도 설치를 검토한다.

양측에 보도가 설치되어 있으며, 버스가 통행하는 경우도 있음

사진 1.3.1 유형1의 사례 1

사진 1.3.2 유형1의 사례 2

■ 유형2

존 내의 일반적 도로이다. 존 내의 통행을 유형1의 도로에 연계함과 동시에 각 주택에 대한 서비스 기능을 가진다. 생활 밀착형 공간으로서 통행기능 이외에도 차량, 보행자의 체류기능 등을 가지는 다기능 공간이며, 안전하고 쾌적한 보행공간으로 구성할 필요가 있다. 도로용지의 제약으로부터 보행자와 자동차가 동일 노면을 공유하는 구조나 자동차 교통량에 따라 보차분리를 하는 구조도 검토 가능하다.

사진 1.3.3 유형2의 사례 1

사진 1.3.4 유형2의 사례 2

주택지구의 일반적인 도로

사진 1.3.5 유형2의 사례 1

사진 1.3.6 유형2의 사례 2

좌: 일방통행으로 보도를 설치한 도로

우: 상점가의 도로

■ 유형3

존 내의 하위도로. 각 주택에 대한 서비스 기능을 가지는 도로로서 차량의 통행 시에는 보행자의 안전에 대한 우선적 배려가 필요하다. 도로용지의 제약으로 인해 보행자와 자동차가 동일 노면을 공유하는 구조인 경우가 주가 된다.

유형3에는 이러한 도로도 포함됨

사진 1.3.7 유형3의 사례 1

주택에의 서비스 도로, 긴급차량이나 쓰레기수거차량 등의 통행도 예상됨

사진 1.3.8 유형3의 사례 2

사진 1.3.9 유형3의 사례 3

■ 유형4

연도 등의 보행자전용도로 및 자전거·보행자전용도로로서 보행자·자전거 동선의 골격이 되는 도로

사진 1.3.10 유형4의·사례 1

사진 1.3.11 유형4의 사례 2

1.3.3 교통 관리방안의 수립

존의 정비 목표를 기본으로 하여 정비 목표와 교통 매니지먼트 방안 간의 관계를 고려하며 존 전체의 계획안을 수립한다. 존 전체를 대상으로 하여 교통규제와 같은 소프트웨어적 방안과 물리적 디바이스 설치와 같은 하드웨어적 방안의 종류나 도입 위치 등의 계획을 구체화한다.

(1) 존 전체 계획안의 검토

1) 존 전체를 대상으로 하는 소프트웨어적 방안과 하드웨어적 방안

존 전체를 대상으로 한 계획안으로서 설정한 존의 정비 목표를 바탕으로 아래 표에 나타내는 주된 방안의 적용을 검토한다.

표 1.3.1 존 전체를 대상으로 검토하는 주된 수법

분류	방안	주요목적			
		교통량의 억제	속도의 억제	노상주차 대책	보행환경 개선
소프트웨어	구역 내 최고속도의 30km/h 규제	O	◎	—	O
	구역 내 주차금지 규제	—	—	◎	O
	대형차 통행금지 규제	◎	—	—	◎
	보행자용 도로 규제	◎	—	O	◎
	구역 내 일방통행의 조합	◎	—	—	—
	존 입구부 지정방향 외 진행금지의 조합	◎	—	—	—
하드웨어	존 입구부 물리적 디바이스	◎	◎	—	—

주) 표 안의 용도에 대한 효과 ◎ 직접적 효과 있음 O 간접적 효과 있음

존 내의 모든 생활도로는 보행자 교통사고 시의 치사율을 고려하여 자동차의 주행속도를 30km/h 이하로 하는 것을 목표로 하므로, 존 내에는 일괄적으로 30km/h 최고속도 규제를 적용하는 것이 바람직하다. 이때, 존 입구부에는 도로 유형에 관계없이 30km/h 최고속도 규제 표지판을 설치한다.

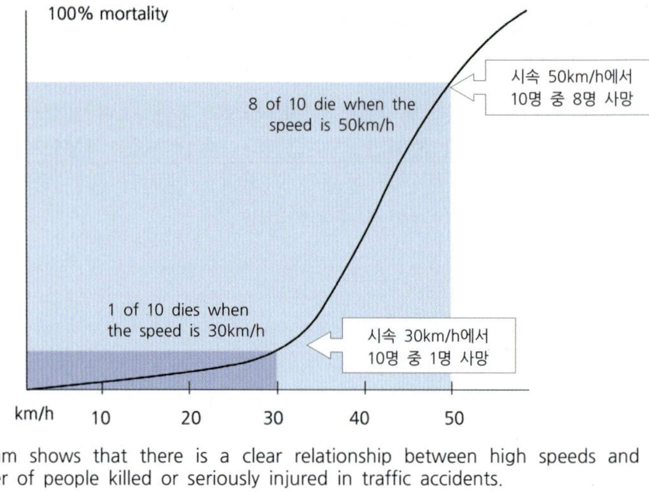

자료: 스웨덴 도로국 팜플렛

그림 1.3.2 충돌 시 속도와 보행자의 치사율

2) 존 전체를 대상으로 검토한 방안의 적용 사례

표 1.3.1에 제시한 방법 이외에도 다양한 방안이 있으며, 존 내의 상황을 감안하여 적용 여부, 개략적 도입 노선 또는 도입 위치, 도입 우선순위 등을 결정하게 된다.

구체적 검토 시 주요 착안점으로서 다음 항목들을 들 수 있다.

- 도로유형의 배치, 도로망 형태 - 유형3의 도로가 많고 격자형 등
- 도로의 정비 상황 - 보도의 유무, 도로폭원 등
- 토지이용의 분포 - 연도상의 상점가, 주택가 등
- 교통거점이 되는 시설의 분포 - 철도역사, 버스정류소, 공공시설 등
- 통과교통의 방향이나 원인 - 간선도로의 정체, 지름길 등
- 보행자, 자전거, 자동차 등의 이용경로 - 통학로, 통근통학, 쇼핑경로 등
- 주차수요 - 조업차량, 쇼핑을 위한 일시 정차, 연도상의 주차장 등
- 식수대 조성 등 주거환경 상황 - 공원, 경관에의 배려 등

[사례: 노상주차 대책]

역사 앞 특정 도로에 노상주차가 일반화되어 있는 경우

⇒ 유형1로 둘러싸인 역사 앞 구역에 주차금지 규제를 실시함

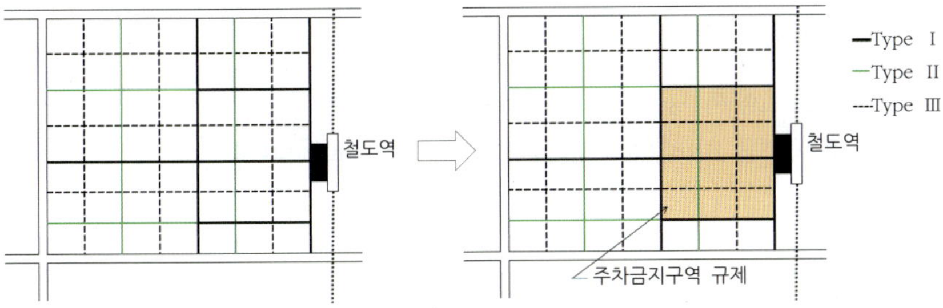

[사례: 교통량 억제와 보행환경의 개선]

상업집적구역에 유형2, 3의 도로로서, 보행자/자전거와 자동차가 상충되어 교통안전상 문제가 있는 경우

⇒ 유형1로 둘러싸인 상업집적구역 내 도로에 보행자전용도로의 교통규제를 실시함

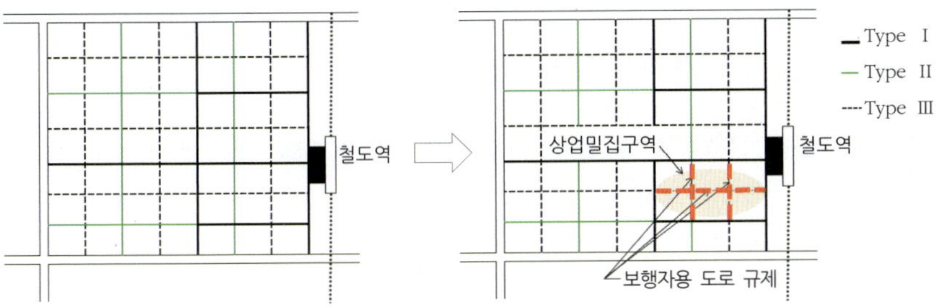

[사례: 교통량의 억제]

유형2와 같은 도로로서 통과교통이 많거나 자동차의 교행이 곤란한 경우가 많을 경우

⇒ 유형2에서는 일방통행의 방향을 교차로로 향하게 하는 규제를 적절히 조합함

⇒ 유형1에서는 주변 주요도로와의 교차로의 지정방향 외 진행금지 규제를 실시함

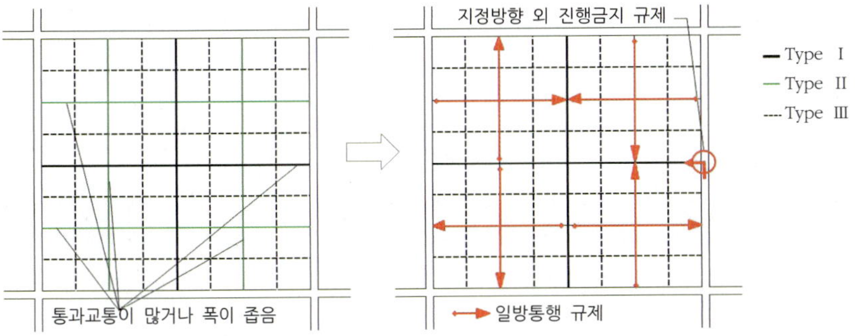

[사례: 교통량의 억제, 속도의 억제]

유형1의 도로에서 통과교통이 많은 경우

⇒ 존에 진입하기 어렵게 하기 위하여 1의 존 입구에 물리적 디바이스 (험프, 초크 등)을 도입함

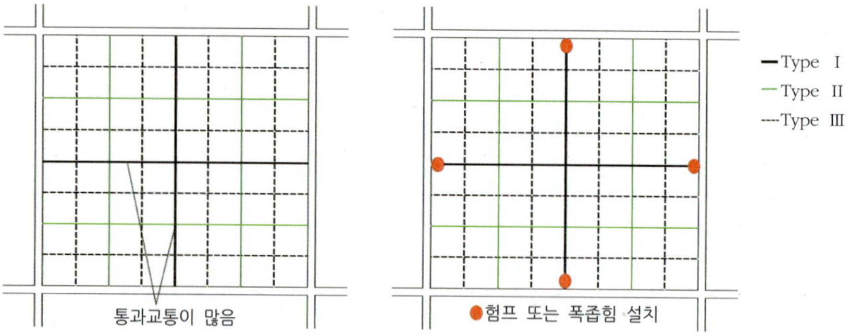

(2) 도로구간별 교통매니지먼트의 목표 설정

설정된 도로기능(유형1~4)을 바탕으로 존 전체의 계획안에 따라 다음과 같은 도로구간별 구체적 목표를 설정한다.

- 차량의 주행속도(원칙 30km/h을 낮추는 것)
- 통행차량의 설정(대형차의 통행 여부)
- 노상주차 억제의 설정(주차금지규제의 여부)
- 보행자, 자전거의 공간 확보 및 배려(배려 유무, 통행공간, 베리어프리 등)
- 경관, 환경에의 배려(식재, 포장재료, 디자인 등의 검토)

다음에 검토하는 도로구간별 방안 선정은 「제2부 수법편」의 적용 구상안을 참조

1.3.4 대책 도출을 위한 시민 커뮤니케이션 수법

대책 입안 단계의 시민 커뮤니케이션에는 광범위한 합의 형성을 도모해 가는 것이 중요하다. 조직 체제로서는 위원회, 협의회, 간담회 등이 있으나 워크숍 형식에 의해 참가자 상호의 의견을 서로 주고받는 방안이 가장 바람직하다. 대책 입안 시에는 각종 수법을 이용할 수 있으며, 안내 부스의 설치나 선진 사례 시찰, 견학회 등도 필요에 따라서 선택할 수 있다. 의견 교환에 참여하지 않는 시민을 위한 정보의 제공(뉴스, 홈 페이지)도 매우 중요한 사항이다.

(1) 대책 입안 단계에서 필요한 시민 커뮤니케이션 방안

대책 입안 단계에서 필요한 대표적인 시민 커뮤니케이션 방안은 아래와 같다.

표 1.3.2 대책 입안 단계에서 필요한 대표적인 시민 커뮤니케이션 방안

시민 커뮤니케이션 방안	개요	계획안 작성	계획안 평가
위원회, 협의회, 간담회 등 (회의형식이나 워크숍형식 등)	시민, 도로관리자, 경찰, 관계기관, 학술경험자, 컨설턴트 등 지속적으로 의론을 진행함으로서 시민의 요구를 충분히 반영한 대책 입안의 의사결정을 실시함. 회의 형식이나 워크숍 형식에 의해, 다양한 입장의 의견을 참가자 상호 간 주고받는 것이 중요함	○	○
계획설명 수법 (교통 시뮬레이션, CG, 모형 등)	계획안의 내용이나 효과를 구체적으로 이미지화 할 수 있고 알기 쉬운 계획 설명 수법(교통 시뮬레이션, CG, 모형 등)에 의해 참가자의 이해를 촉진함	○	
견학회 (선진사례시찰)	정부담당자와 시민 대표자가 함께 선진사례 등을 시찰함으로서, 대책 입안을 위한 검토 이미지를 공유할 수 있음	○	
사회실험	새로운 교통규제나 물리적 디바이스의 도입의 유형성을 검증, 평가하기 위해서 기간을 한정하여 실험적으로 실시함 ※ 상세는 「1.3.5 사회실험」		○
안내부스	현지에 계획안의 내용이나 효과 등을 게시한 부스를 설치하여 시민이 가볍게 들려 계원과 대화함으로써 시민의 이해와 정부와의 교류촉진을 도모함	○	○
설문조사 공공의견 수렴	계획안의 내용에 대해 시민에의 설문조사나 공공의견 수렵을 통해 평가함	○	○
광고, 설명 (뉴스, 홈페이지 등)	검토 프로세스의 정보제공, 시민에의 참가기회의 촉진, 계획안에 대한 의견 모집	○	○

(2) 대책 입안 단계에서의 시민 커뮤니케이션 방안(계획안의 작성)

1) 계획 설명 수법(시뮬레이션, CG, 모형)

정비 내용을 지형도에 표시하는 계획도면의 작성이 계획안의 설명수법으로서 가장 일반적이다. 그 외 대책 입안의 내용이나 효과를 구체적으로 이미지화 할 수 있는 설명 수법으로서 교통 시뮬레이션, CG(합성사진, 가상현실), 모형 등을 이용하는 것이 가능하다.

이와 같은 설명수법을 이용함으로서 계획안에 대한 시민의 이해도가 증진될 뿐만 아니라 대체안이나 개선, 평가에 관한 논의의 활성화를 기대할 수 있다.

그림 1.3.3 교통 시뮬레이션 사례

교통 시뮬레이션을 활용함으로써 일방통행 규제나 험프와 같은 물리적 디바이스에 의한 지구 내외 교통량이나 정체 상황에 미치는 영향을 파악하는 것이 가능함

그림 1.3.4 CG(포토몽타쥬) 사례

계획하고 있는 보도나 험프, 크랭크 등의 물리적 디바이스, 노면표시 등을 현지의 사진과 합성함으로써, 정비 후의 이미지 공유가 가능함

사진 1.3.12 모형 사례
(턱낮춤 횡단보도)

사진 1.3.13 가로 구역 모형

차량이나 사람을 둠으로서 보행자 공간이나 물리적 디바이스 등의 스케일을 파악하기 쉬워지고 입체적인 형상으로 인해 정비 이미지를 공유하는 것이 가능함

2) 견학회(선진 사례 시찰 등)

사진 1.3.14 계획 검토에 앞서 실시한 견학회
(나가노현 나가노시 미와오기마치 지구)

계획안의 입안 전에 존 대책을 실제로 체험하고 구체적인 대책안의 정보 수집을 위해 도로관리자나 경찰, 시민이 함께 선진 사례를 견학할 수 있다. 견학 참가자는 현지의 물리적 디바이스의 설치 상황 등을 실제로 확인함으로서 현실적인 계획을 세울 수 있다. 단, 견학 목적에 적합한 견학지의 선정이 중요하다.

3) 안내 부스

안내 부스란 주로 사회실험 시나 계획 검토 시, 정부와 시민의 교류 장소를 현지에 설치하는 것으로서 현지에서의 가벼운 의견교환을 실시할 수 있다. 대화를 통해 의식적인 교류를 도모하고 시민에 대한 이해촉진이나 오해의 해소를 기대할 수 있다. 게다가 지금까지의 계획안에 대한 검토에 참가할 수 없었던 시민이나 관심을 가지고 있지 않던 시민들로 하여금 가볍게 들릴 수 있는 장소를 제공함으로써 계획 단계부터 광범위한 정보제공을 도모할 수 있는 방안으로서 유용하다.

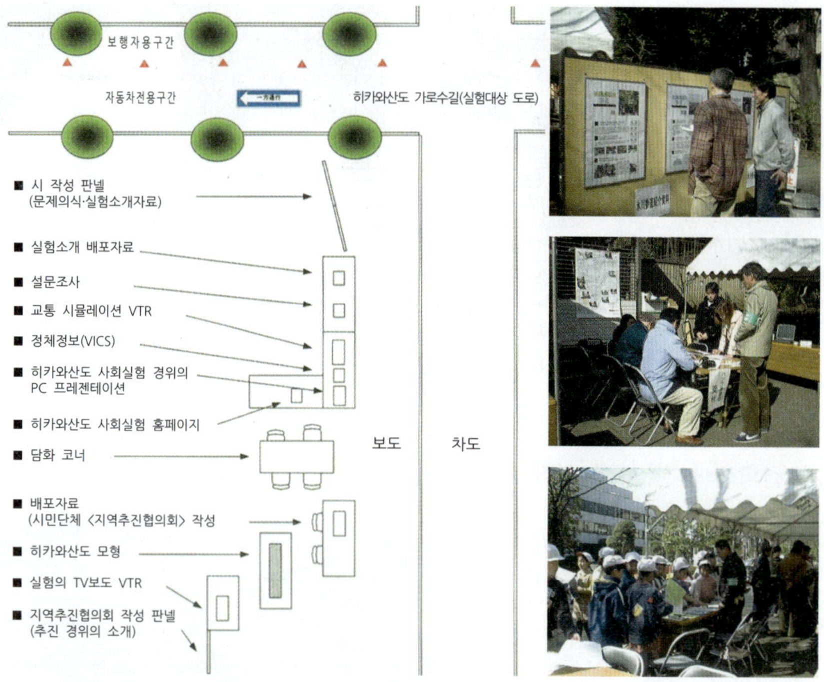

그림 1.3.5 안내 부스의 설치 사례
(사이타마시 오오미야구 히카와산도)

1.3.5 사회실험

사회실험이란 새로운 교통규제나 물리적 디바이스의 도입에 의해 큰 영향을 미칠 가능성이 높은 지구 혹은 길가에, 장소나 기간을 한정하여 대책을 시행·평가하는 방안이다. 지구가 안고 있는 과제의 해결을 위해 시민, 도로관리자, 경찰 등이 대책 도입의 유효성을 사회실험에 의해 사전에 검증·평가하는 것은 매우 바람직한 일이다.

(1) 사회실험의 목적

사회실험이란 새로운 시책의 전개나 원활한 사업 집행을 위해 사회적으로 큰 영향을 줄 가능성이 있는 시책의 도입에 앞서, 장소나 기간을 한정하여 시책을 시행해보고 평가하는 일이다. 지구가 안고 있는 과제의 해결을 위해 관계자나 시민이 시책을 도입해야 할지 아닐지에 대한 판단 자료를 사전에 얻을 수 있음과 동시에, 계획 프로세스 안에 피드백 절차를 적극적으로 도입하는 방안이다.

사회실험에서는 보행자, 자전거 우선, 물리적 디바이스의 통행 체험, 대형차량 통행검증, 관광지의 교통 원활화, 자전거 이용 환경의 향상 등 지구 과제를 해결하기 위한 테마에 대해 검증하는 것이 필요하지만 주된 목적은 아래와 같다.

- 새로운 교통규제나 물리적 디바이스의 도입의 유효성을 평가 · 검증
- 시민이나 관계자의 계획안에 대한 인지, 이해 촉진
- 관계자로부터의 의견, 평가 결과의 피드백
- 보다 많은 사람간의 원활한 합의 형성(불특정 다수 시민의 참가)

존 대책 계획 시에는 험프 등의 물리적 디바이스의 설치나 일방통행과 같은 교통규제, 지구 전체나 가로부에 큰 영향을 미치는 구조를 도입하는 경우가 많으므로 사회실험에 의해 불특정 다수의 시민을 참가시킴으로써 계획 내용을 평가 · 검증하는 것이 중요하다.

(2) 사회실험 유형

1) 단기간 실시 유형

수 시간부터 며칠에 걸쳐 이벤트성으로 사회실험을 실시한다. 이 유형의 경우 간편한 현장 시공에 의해 계획 내용을 가설적으로 재현하게 된다. 이 유형은 대상 지구 내외에의 영향을 최소화하며 신속하게 설치 · 철거할 수 있는 것이 특징이며 참가자의 현지 체험이나 계획안의 검증을 실시하는 경우에 적절하다.

실험 내용은 다음과 같은 검증을 실시하는 경우가 많다.

- 소방차나 버스 등 통행이 예상되는 대형차의 통행 검증
- 휠체어나 자전거에 의한 통행 검증
- 실험차량에 탑승하여 험프나 초크 등의 물리적 디바이스의 통행체험
- 실험 차량에 의한 연도에의 출입 검증 등

차도 폭좁힘 설치 장소 ● 차도 폭좁힘 설치 지점 ■ 차도 폭원 3m 지점

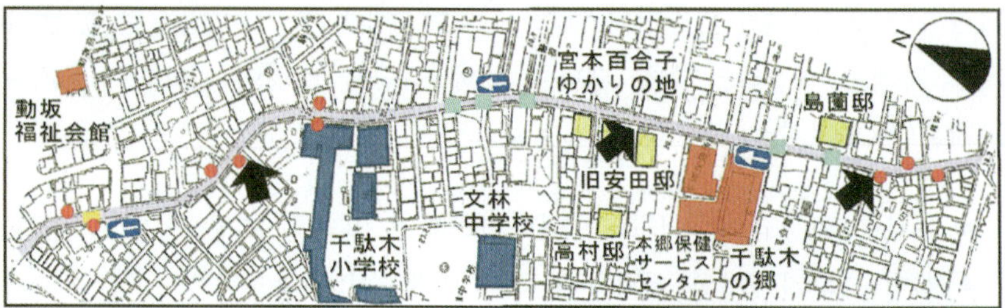

➡ 자동차 주행속도 측정 지점

현지에 초크 등을 설치하여 통과속도의 측정이나 운전자에 대한 인터뷰 조사를 수행함으로써 효과 검증을 실시함. 그 결과 소방차 등의 대형차의 통행성이나 통과교통속도의 감속 효과(평균 1~4km/h 저하)를 확인하였음

사진 1.3.15 초크 설치의 사회실험
(도쿄도 분쿄구 센다기 지구)

2) 장기간 실시 유형

1개월부터 수개월의 장기간에 걸쳐 사회실험을 실시하는 유형이다. 이 유형으로 설치하는 물리적 디바이스는 본격 시공에 가까운 형태로 설치하는 것과 동시에 일반 차량이 여느 때와 같이 통행할 수 있는 환경에서 사회실험을 실시하기 때문에 실제 설치 시와 거의 유사한 상태를 재현하게 된다. 실험이 장기간에 걸쳐 이루어지므로 보다 많은 시민이 일상생활 속에서 확인하거나 체험하거나 할 수 있어 효과의 지속성도 검증할 수 있는 이점이 있다.

좌: 양방통행 구간을 일방통행화하여 보행자 공간을 확보한 사회실험

우: 3개월간 험프를 지속적으로 설치하여 효과의 지속성이나 연도의 영향을 검증하는 사회실험

사진 1.3.16 일방통행화의 사회실험
(사이타마시 오오미야구 히카와산도)

사진 1.3.17 험프 설치의 사회실험
(카나가와현 사키시 사키역 남측 출구 지구)

(3) 사회실험의 순서

사회실험의 실시 순서는 지구 과제의 명확화, 실험 테마의 설정을 통한 기획 입안, 실시 체제, 도로관리자나 경찰과의 조정, 시민과의 합의 형성을 바탕으로 한 계획의 책정, 실험의 실시, 결과의 평가 공표 순으로 이루어진다. 실험 결과에 따라 본격 도입, 실험 지속, 도입 취소 여부 등을 결정하기 위해 적절한 피드백을 실시하고 계획안의 내용을 검증/변경하며 진행시켜 나가는 것이 필요하다.

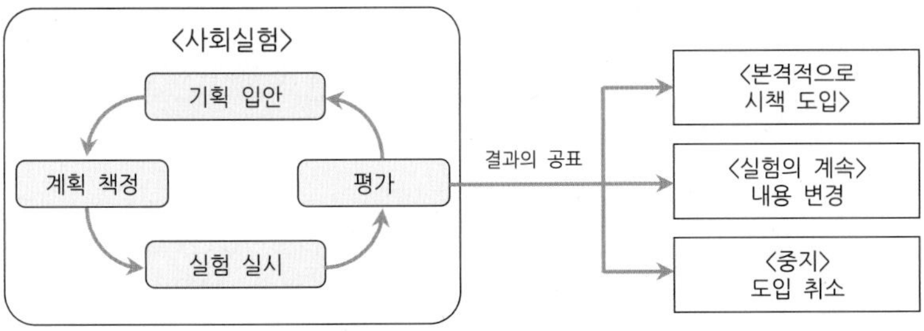

그림 1.3.6 사회실험의 순서

(4) 실험에 수반되는 교통규제

사회실험과 관계있는 교통규제 대응은 다음 3가지가 있다.

표 1.3.3 사회실험과 관계되는 교통규제

구분	내용
경찰서장 규제	도로교통법 5조에 의해 적용기간이 1개월을 초과하지 않을 경우 경찰서장은 교통규제를 실시하는 것이 가능하며 단기간의 실험을 시행하는 경우에 대응이 가능하다. 단, 대상이 되는 규제는 아래 13가지 종류에 해당한다. ■ 경찰서장 규제의 대상(도로교통법 시행령 제3조 2항) · 통행금지 · 일시정지 · 보행자용 도로 · 주정차금지 · 횡단금지(보행자) · 주차금지 · 최고속도 · 고령운전자 등 표식 자동차의 정차 가능 혹은 주차 가능 · 횡단 등의 금지(차량) · 주정차 혹은 주차 가능 · 추월금지 · 정차 혹은 주차 방법의 지정 · 서행
공안위원회 규제	기간을 미리 한정하여 공안위원회의 규제 그대로를 사회실험에 따라 실시/변경하는 것으로서, 경찰서장 규제의 대상 중 기간이 1개월을 초과하지 않거나 경찰서장 규제에 해당하지 않는 것을 대상으로 한다.
새로운 교통규제를 실시하지 않음	물리적 디바이스를 본격 시공과 같은 수준의 구조로 설치한 사회실험의 경우, 시공에 걸리는 일시적인 시간을 제외하고 새로운 교통규제를 실시하지 않는 경우도 있다. 이 경우는 단기, 장기 중 어느 쪽 유형도 해당될 수 있다. 단, 도로교통법에 근거한 도로사용허가나 경찰협의가 필요한 경우가 있다.

(5) 유의사항

사회실험 실시 시 유의사항은 아래와 같다.

- 광고나 간판 등에 의한 시민, 도로 이용자에의 PR(사전과 실시시의 주지)
- 관계기관과의 조정과 연계(도로관리자/경찰과의 조정연계, 자치회/상점가와의 협력)
- 실험결과의 피드백(계획의 검증이나 재검토)

참고로 국토교통성 국토 기술 정책 종합 연구소에서 싸인 곡선 형태의 가설 험프의 렌탈을 실시하고 있다.

사례: 험프, 초크 설치의 사회실험 (도쿄도 분쿄구 하쿠산 - 센고쿠 지구)

분쿄구 하쿠산 센고쿠 지구에는 정비 계획 책정 시 사회실험에 의해 험프, 초크 와 같은 물리적 디바이스를 가설하여 속도, 교통량의 계측, 길가 주민을 대상으로 한 설문 조사를 실시하여 그 효과에 대한 검증을 실시하였다.

가설 초크

가설 험프

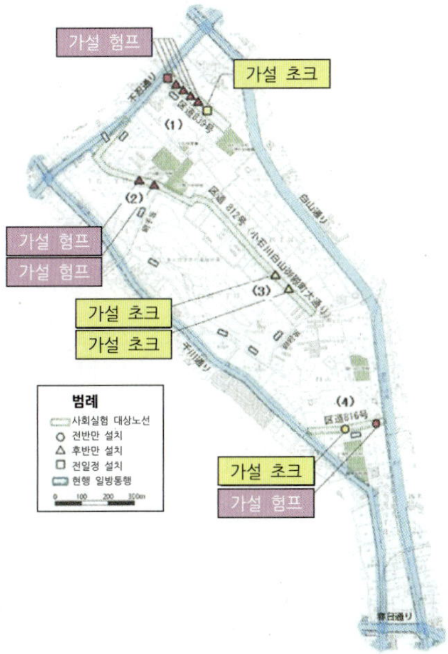

사회실험 위치도

그림 1.3.7 험프, 초크 설치의 사회실험

■ 검증 결과, 설문조사 결과

○ 주행속도

- 험프: 통과 전후로 평균 5~9km/h의 감속 효과가 있었다. 또한 후기 실험에서는 험프를 연속 설치함으로써 개별 설치 시보다 속도억제 효과를 확인할 수 있었다.
- 초크: 통과 전후로 평균 1~4km/h 감속의 효과가 있었다. 험프 정도의 속도억제 효과는 없었지만 상호 통행 노선에 대해 양보 효과를 확인할 수 있었다.

약 10m 전방에서부터 감속하며 연속 험프 설치 시 노선 전체에 걸쳐 속도억제 효과를 확인

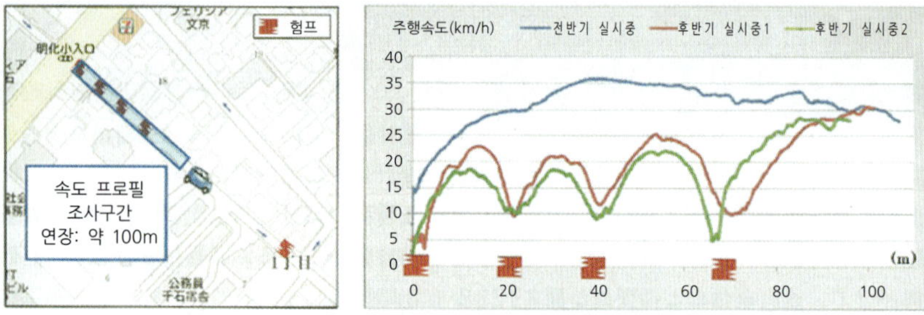

그림 1.3.8 주행속도(험프 연속 설치)

○ 교통량

물리적 디바이스의 설치에 의한 교통량의 감소 효과는 볼 수 없었다.

○ 설문조사 결과

험프, 초크의 설치 효과는 노선에 의해 다르지만 험프가 높은 평가를 얻은 경우가 많았음

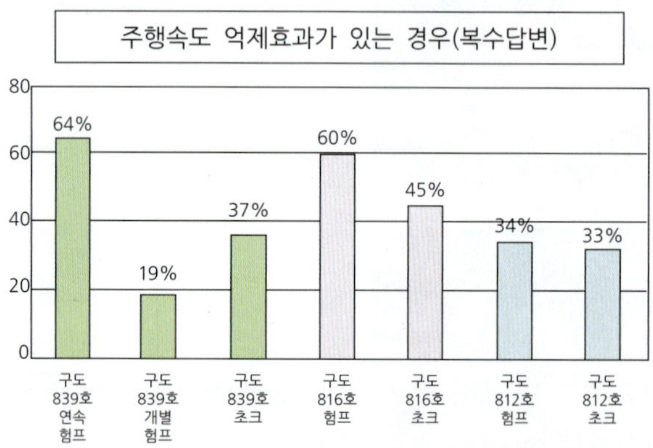

그림 1.3.9 설치 효과

노선에 설치 협력은 높지만 자택 앞 설치 협력은 낮았음. 설치 시 연도주민의 합의 형성이 필요함

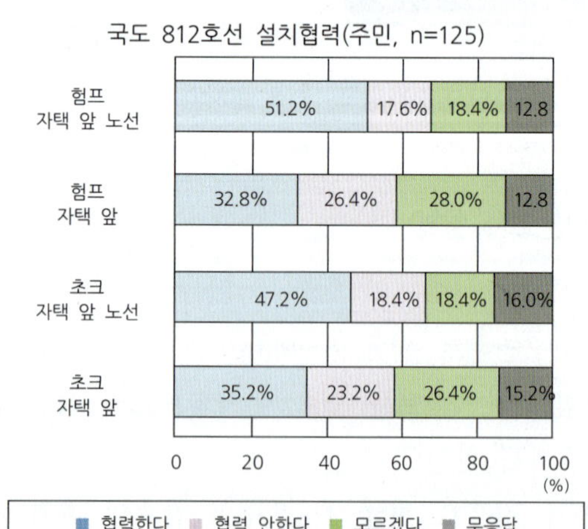

그림 1.3.10 설치 협력의 의향

자료: 험프의 단기간 연속설치에 의한 주변환경에의 영향 및 유효성의 검증/이치하라 신스케, 요시다 신고, 코지마 아야, 쿠보타 히사시, 토목학회논문집 D3 Vol. 67, No. 5, 2011

1.4 대책의 실시 [스텝 3]

1.4.1 실시 방법(단계적 정비의 실시)

생활도로의 존 대책은 생활도로를 이용하는 통과교통량 및 주행속도의 억제와 도로환경의 정비에 의해, 생활환경을 향상시키는 것이 가장 큰 목표이다. 이러한 목표 달성을 위해 예산의 제약, 합의 형성과 같은 상황에 따른 문제점에 유의하여 단계적으로 정비를 진척시키는 것이 중요하다.

(1) 기본적 구상

생활도로의 존 대책 시 가장 큰 목표는 대상 지구 내 통과교통 저감과 주행속도 억제에 의한 교통안전 확보 및 도로환경 개선에 의한 생활공간의 질 향상에 있다. 따라서 대상 지구 내 통과교통을 줄이고 주행속도 억제가 가능한 정비 계획을 입안하고, 우선적으로 합의를 얻은 노선이나 합의 형성이 쉬운 노선부터 정비에 착수하는 것이 중요하다. 그리고 난 다음 이러한 노선을 선행사례로서 지구 전체의 정비 촉진을 도모하는 것이 효과적이다.

(2) 정비 사례

■ 키타큐슈시 야하타니시구 쿠로사키 지구

지구 전체의 의견을 모으는 점이 어려워 반상회에서 합의 형성이 이루어진 노선부터 순서대로 정비를 진행하였다. 또한 정비완료 지구에 대한 자료는 미실시 지구의 선행사례로서 활용하였다.

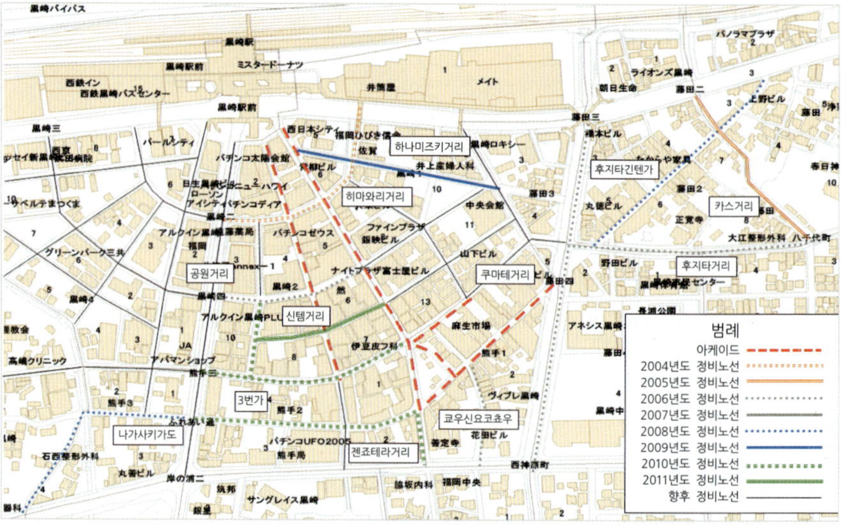

그림 1.4.1 노선별 단계적 정비 상황
(키타큐슈시 야하타니시구 쿠로사키 지구)

1.4.2 실시상의 유의점

물리적 디바이스의 도입이나 교통규제의 변경으로 인해 긴급차량의 통행이나 버스의 통행, 도로 점용 공사에 영향을 미치는 경우가 있다. 따라서 사업실시 시 관계기관과의 조정을 도모하는 것이 필요하다. 또한 시민이나 도로 이용자에 대해서는 도로 구조나 교통규제의 변경에 의한 혼란이 발생하지 않도록 철저한 사전 정보제공 및 도로 이용방법을 알려야 한다. 게다가 상업지에서는 시설 정비에 관한 공사 내용과 공사기간이 점포의 영업시간이나 손님에게 영향을 미치는지에 대한 점을 비롯하여 상점주, 길가 건물 소유자와 완성 후의 이미지나 점포영업의 영향에 대한 조정을 도모할 필요가 있다.

(1) 사업 실시상의 유의점

주거지구나 상업지구에서 생활도로 정비에 시민참여를 요구하는 것은 시설 정비가 현지 주민의 교통환경이나 주거환경의 향상이란 욕구를 채워줄 수 있고 교통안전 확보 면에서 충분한 효과를 얻을 수 있다는 것을 알리기 위함이다. 특히, 상업지구에서는 지구 전체적으로 사업 환경의 향상을 목표로 하므로 상점주, 길가 건물 소유자와 사업 완공 후의 이미지에 대한 조정 협의를 실시하고, 시설 정비에 관한 공사 내용, 기간 등 사업에 미치는 영향에 대해 합의를 얻을 필요가 있다.

1) 관계 기관과의 조정

험프나 초크와 같은 물리적 디바이스의 도입이나 일방통행과 같은 교통규제에 의해, 소방차나 구급차 등 긴급차량의 통행이나 버스의 통행, 도로 점용 공사에 영향을 미치는 일이 발생하기 때문에, 사업 실시 시 관계기관과의 조정이 중요하다. 이러한 조정은 계획의 초기 단계에서부터 실시하는 것이 바람직하다. 특별히 예상되는 문제의 해결책을 검토하려면 사회실험이 유용하다.

① 소방서

물리적 디바이스의 도입이나 일방통행 규제는 긴급차량의 접근 시간의 증가나 병자에 대한 진동의 영향, 통행 가능여부 관한 사항이 조정 대상이 된다.

② 버스 사업자

버스의 경우 물리적 디바이스의 도입은 긴급차량과 같이 접근 시간의 증가나 승객에게 진동의 영향 등을 발생시키므로 조정이 필요하다. 또한 일방통행과 같은 통행 방법에 대한 교통규제의 도입은 버스 경로의 재검토를 필요로 하기도 한다.

③ 전력·통신 사업자

물리적 디바이스를 배치하기 위해서 도로 점용물을 이동해야 할 경우가 생기기도 한다. 또한 전선지중화가 되어 있거나 향후 지중화 공사가 예정되어 있는 경우에는 지상기기가 통행에 지장을 받거나 시거를 방해하지 않도록 배려해야 한다.

④ 쓰레기 수거 사업자

쓰레기 수거 장소를 물리적 디바이스 설치에 영향이 없는 위치로 이전하는 조정이 필요하다.

⑤ 초등학교 등 시설 관계자

통학로에 미치는 교통 영향에 대하여 주지시키고 자동차를 이용하여 시설로 접근하는 경로가 변경될 경우 이를 조정한다.

2) 도로 구조나 교통규제 변경에 대한 정보 전달

지구 내의 현지 주민이나 지구 내를 통행 하는 도로 이용자에 대해 도로 구조의 변경이나 교통규제 변경에 의한 혼란을 발생시키지 않도록 사전 정보 전달이나 도로사용법의 PR를 실시할 필요가 있다.

1.5 과제 해결여부의 확인 [스텝 4]

1.5.1 평가(효과)

교통 현상은 다양한 요인에 의해 좌우되기 때문에 대책 실시에 의한 효과가 계획대로 얻어지지 않는 경우도 존재한다. 기대했던 효과가 나타나지 않거나 예측하지 못했던 문제가 발생하는 경우도 있다. 따라서 실시 후의 상황을 평가하여 문제점의 수정 등을 신속하게 실시해야 한다. 이러한 경우, 그 원인을 파악함으로서 지구의 교통상황을 보다 잘 이해할 수 있는 계기가 될 수 있다.

(1) 평가의 의의

대책의 효과를 확인하여 예측하지 못한 문제가 발생했을 경우 신속하게 수정하기 위해서는 대책 실시 후의 평가를 수행해야 한다. 게다가 평가 결과는 대책에 의한 효과를 주민에게 설명할 경우의 근거 자료로서 활용할 수 있다. 또한 정부 내부의 사업 평가 시 산출결과의 근거로 활용된다. 타 지구까지 확대 시행할 경우, 정부나 현지 주민에게 설명 자료로서 유용하게 활용될 수도 있다. 그 예로 오비히로시에서는 선행적으로 도입한 험프가 유효하다는 평가결과를 타 노선에도 확대 적용하기 위한 자료로서 활용하고 있다.

(2) 평가방법

계획 책정 시 이미 실시된 사전조사와 같은 항목을 정비 전후에 대해 비교하여 효과를 파악한다. 정량화가 곤란한 항목에 대해서는 정성적인 파악을 실시한다.

사전조사가 이루어지지 않은 경우에는 주변이나 같은 상황에 있는 다른 지구의 사고 발생 상황을 비교하는 것을 추천 한다. 대상 지구의 사고 발생 수준이 타 지구와 비교해서 동일한 정도인지, 여전히 문제가 있는지를 판단함으로서 같은 지구의 대책을 심화시켜야 할 것인지, 다른 지구로 확대해 나가야 할지를 결정하는 근거가 될 수 있다.

(3) 평가 지표

교통사고 건수, 자동차 교통량의 2개 항목은 평가 지표 중에서도 가장 중요하므로 모든 존 대책에 대해 파악할 필요가 있다. 또한 발생하고 있는 문제에 따라 평가지표를 적절히 설정해야 한다. 교통안전, 교통환경, 그 외의 시점에 따라 평가 지표를 분류 정리한 것이 아래 표이다.

표 1.5.1 평가 지표의 예

구분	교통안전	교통환경	기타
정량적 지표	◎교통사고 건수 ㅇ교통안전상의 위험지점	◎자동차, 보행자, 자전거 교통량 ◎문제의 정량화 항목에 대응한 지표 자동차 통과교통량이나 경로, 자동차 주행속도, 주차/주륜 대수나 장소 등 ㅇ소음/진동	ㅇ상업의 시점 - 방문객수 - 체재시간 - 소비금액 ㅇ지가
정성적 지표		◎시민, 도로 이용자의 의식	ㅇ살기 좋은 주거 시점의 시민의 의식 - 안심감 등

(4) 교통안전에 관한 지표

1) 교통사고 건수(정량적 지표)

지표의 예: 존 내의 교통사고 건수「건/년」
조사의 예: 경찰의 교통사고 통계, 사고 핀 맵 데이터 수집 조사

사업 정비 전후의 사고 데이터의 비교는 평가 지표로서 가장 기본적인 항목이다. 통계적 분석을 위해서 복수년도에 걸쳐 데이터의 취득이 바람직하다. 핀 맵을 활용함으로써 사고지점, 사고유형 등 상세 데이터에 의한 분석도 가능하게 된다. 경찰과의 협력을 통한 사고원인 데이터 입수 또한 유익한 방법이다.

2) 자동차의 주행속도(정량적 지표)

지표의 예: 차량의 지점 속도·구간 속도「km/h」의 최대치, 85%치, 평균치
조사의 예: 속도 측정기에 의한 지점 속도 조사, VTR나 스톱워치에 의한 구간 속도 조사

지점 속도 조사는 경찰에 의한 속도 측정기를 이용하는 경우가 많다. 구간 설정을 통한 구간 속도의 측정도 가능하다. 높은 빌딩 위 혹은 상공으로부터의 VTR 촬영을 통해 지점마다 속도를 입수할 수 있어 분석에 의한 가감속도 정보도 얻을 수 있다.

3) 교통안전상의 위험 지점(정량적 지표·정성적 지표)

지표의 예: 위험인지 지점의 집중 개소, 종류, 원인, 지적수
조사의 예: 교통안전 총점검, 위험인지지점 조사, 안전 맵 조사

이용자가 느끼고 있는 효과를 파악하기 위해 대책 실시 후, 위험인지 지점 조사, 안전 맵 조사를 실시하여 사전조사 결과와 비교하는 것도 유용하다.

(5) 교통환경에 관한 지표

1) 자동차 교통량(정량적 지표)

지표의 예: 지구 내 도로의 단면 교통량[대/12h], 교차로 교통량(차종·방향별)[대/h]
조사의 예: 단면 교통량 조사, 교차로 방향별 교통량 조사

자동차 교통량의 증감은 다양한 의미를 가지고 있어 원칙 지표로서 조사가 필수적이다. 지구 내의 교통량을 줄이는 것이 목적이면 전차종의 교통량을 측정할 필요가 있으며, 차종에 한정된 문제라면 차종별 조사도 필요하다. 일반적으로 단면 교통량은 시간 교통량이지만 문제가 되는 시간대나 피크 시로 한정하는 것도 가능하다. 존 내에 진입하는 자동차 교통량 파악을 위해서는 방향별 교차로 교통량을 파악하는 것도 중요하다.

2) 통과교통량·경로(정량적 지표)

지표의 예: 입/출구가 되는 교차로의 방향별 교통량[대/h], 경로별 교통량[대/h]
조사의 예: 교차로 교통량조사, 번호판 조사

샛길 통행 문제가 심각할 경우에는 우선 그러한 실태를 정량적으로 분명히 하는 것이 필수이다. 존 입구부 교차로 교통량 조사는 대책의 실시에 의해 차량 수가 어떻게 변화했는지를 비교하기 위해서 실시한다. 게다가 복수 지점의 번호판 조사를 실시함으로서 그 경로나 소요시간을 파악할 수 있어 보다 상세한 평가가 가능하다.

3) 주차·주륜(정량적 지표)

지표의 예: 지점별 주차·주륜 대수
조사의 예: 노상주차 조사, 조업주차 조사, 노상 주륜 조사

주택지 · 상업지 모두에 문제가 심각한 경우가 많지만 그 실태를 정확하게 파악하기 위한 현지 조사가 필요하다. 또한 문제지점이 대책 실시 지점으로부터 다른 지점으로 이동하는 것으로는 근본적인 해결이 될 수 없기 때문에 발생 원인을 포함하여 개선할 필요가 있다.

4) 보행자 교통량(정량적 지표)

지표의 예: 단면 교통량[인/12h]
조사항목의 예: 단면 교통량 조사

상업지구의 경우 보행자 교통량은 거리의 활기를 나타내기도 하기 때문에 중요한 지표가 된다. 일반적으로는 도로 단면의 교통량을 조사한다.

5) 자전거 교통량(정량적 지표)

지표의 예: 단면 교통량[대/12h]
조사항목의 예: 단면 교통량 조사

자전거 교통량도 보행자와 같이 거리의 활기를 나타내는 반면, 보행자 입장에서는 문제가 되는 경우도 있다. 필요에 따라 교통규칙의 준수율 등을 조사하는 것도 검토해야 한다.

6) 소음/진동(정량적 지표)

소음계, 진동계를 이용하고 정량적인 데이터를 용이하게 취득 가능하다. JIS 규격에 준한 측정을 실시한다.

7) 현지 주민, 도로 이용자의 의식(정성적 지표)

상기의 다양한 객관적 평가 이외에, 사업 실시의 효과에 대한 설문조사를 수행함으로서 현지 주민의 의식을 평가할 수 있다. 안전성이나 보행 쾌적성, 만족도 및 기타 문제점에 대한 의견을 반영하여 객관적 평가를 보완할 수 있다.

(6) 그 외의 과제에 관한 지표

1) 상업의 시점

방문객 수, 체류시간이나 소비금액 등을 분석함으로서 상업적 시점에서 본 과제를 파악한다. 지구 특성을 고려하여 적절한 지표 · 조사항목을 설정하는 것이 바람직하다.

2) 주거쾌적성의 시점

지구 내 생활 장소이기도 한 생활도로의 안전성과 쾌적성이 높아짐으로써 정주성의 향상이 기대된다. 또한 교통 이외에도 주택지의 환경 개선으로 연결될 가능성이 있다. 예를 들어 지구 내의 생활도로가 속도를 내기 쉽고 통과교통의 유입이 쉬울 경우, 노상에서의 소매치기 등 범죄행위가 용이해지는 위험성이 있다. 따라서 생활도로의 교통안전대책에 의해 방범성의 향상도 기대할 수 있다(건축 연구자료「방범 마을 만들기의 조사의 안내」No. 117호 독립 행정법인 건축 연구소(2009년 5월).

평가사례 1: 오비히로시 가시와바야시다이

■ 과제와 정비내용

이 지구에는 동절기의 생활환경 확보나 시영 주택의 재건축에 의해 입주하는 젊은 세대의 자동차의 이용 요구가 많았다. 그러나 기존 주민이 고령화하고 있는 점과 지구 내·주변에 초중학교, 유치원이 있는 점으로부터 고령자나 아이를 중심으로 한 「안전성」과 「쾌적성」이 높은 도로 정비가 더욱 중요시 되고 있었다. 따라서 이 지역의 과제로서 「보행자·자전거 중심」의 도로 정비가 이루어지게 되었다.

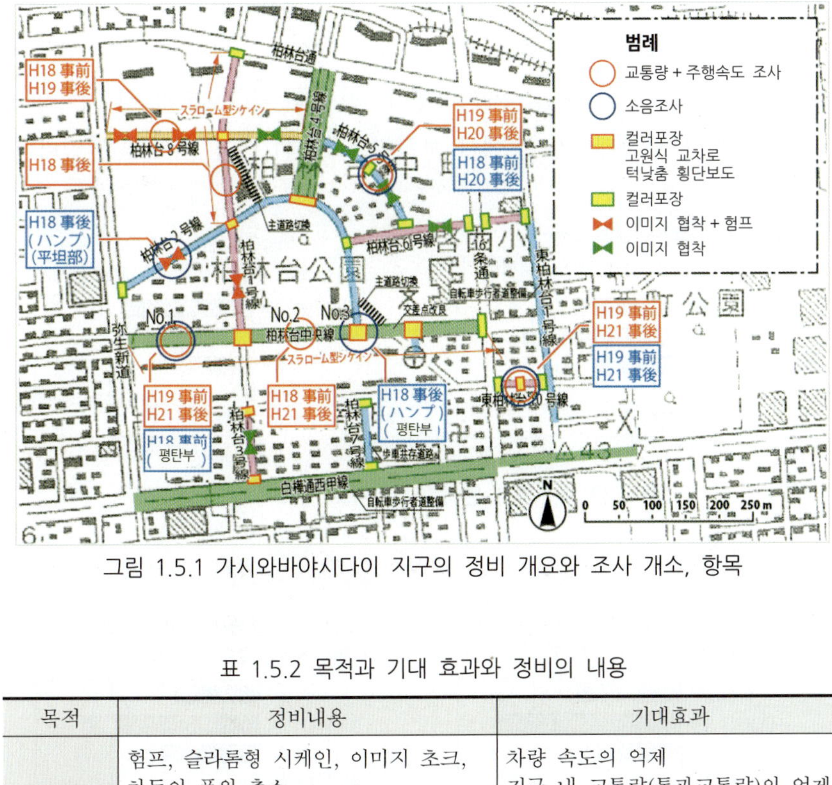

그림 1.5.1 가시와바야시다이 지구의 정비 개요와 조사 개소, 항목

표 1.5.2 목적과 기대 효과와 정비의 내용

목적	정비내용	기대효과
안전한 도로환경의 정비	험프, 슬라롬형 시케인, 이미지 초크, 차동의 폭원 축소	차량 속도의 억제 지구 내 교통량(통과교통량)의 억제
	자전거 보행자의 정비, 자전거 보행자대의 컬러포장화, 교차로 개량(시인성 향상)	자전거와 보행자의 분리에 의한 위험성 억제
쾌적한 도로환경의 정비	턱낮춤 횡단보도, 단차 처리, 물웅덩이 처리	걷기 쉬운 환경 조성 (보행공간 유니버설 디자인화)
	배수성 포장의 사용	소음의 억제

■ 평가방법

정비의 효과를 확인하기 위해 정비 개시 8년 후의 2009년 주민과 도로 이용자를 대상으로 설문조사가 실시되었다. 또한 실측 조사로서 교통량 조사, 속도 조사, 소음 조사를 실시하였다. 조사 개소는 그림 1.5.1에 나타난 8개소로서, 그 중 5개소는 사전조사도 실시되었다.

■ 현지 주민·도로 이용자의 의식

이 사례에서는, 현지 주민과 도로 이용자를 대상으로 하여 7개의 정비 사항에 대해, 보행자·운전자를 대상으로 몇 가지의 설문을 실시하였다. 이 중, 험프, 고원식 교차로의 평가 결과를 그림 1.5.2과 그림 1.5.3에, 7개의 정비 항목의 평가의 요약을 표 1.5.3에 제시하였다.

보행자·운전기사 모두 험프에는 「효과가 있다」, 「다소의 감속 효과가 있다」라는 응답이 약 70%를 차지하였다. 턱낮춤 횡단보도의 설치는 안전성의 향상이나 보행쾌적성 면에서 보행자로부터의 높은 평가를 얻었다.

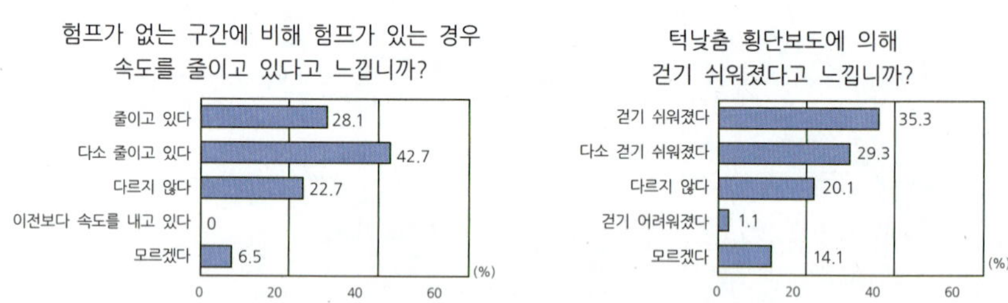

그림 1.5.2 보행자가 본 험프, 교차로 험프의 설문 결과

그림 1.5.3 운전기사가 본 험프, 교차로 험프의 설문 결과

표 1.5.3 설문조사 결과의 요약

정비	평가
험프, 교차로 험프	컬러 포장화된 험프에는 속도억제, 안전성, 보행쾌적성 향상면에서 효과가 있음
슬라롬형 시케인	운전에 부적합하지 않는 범위 내에서 속도를 올리기 어려워 속도억제의 효과가 있음
이미지 초크	운전자에게 시각적으로 도로를 좁게 보임으로서 속도억제 효과면에서 평가가 높음
보차공존도로	보차공존도로에서 보행자가 이용하는 영역을 컬러화함으로써 차량의 진입억제와 보행자의 유도효과를 얻을 수 있음
자전거 보행자도로 정비	안전성, 보행쾌적성의 향상에 대한 평가가 높음
교차로 개량의 효과	교차로에의 진입속도의 억제, 시인성의 향상 등 안전성의 향상에 대한 평가가 높음
시라카바 거리 자전거 보행자도로 정비	폭원의 확장, 자전거 통행대와 보도의 분리에 의해 안전성의 향상에 대한 평가가 높음

■ 실측 조사

그림 1.5.4에 카시와바야시다이 츄오우선 조사지점 No. 1 결과를 게재하였다. 이 노선은 야요이신도와 16조 거리를 연결하는 지구 내의 주요 도로로서, 시영주택, 초등학교, 민가가 인접한 생활노선이다. 슬라롬형 시케인으로 정비하여 조사지점 전후 교차로에 험프를 설치하였다.

자동차 교통량은 정비 전후로 큰 변화가 확인되지 않았지만, 주행속도는 전시간대에 걸쳐 줄어들었고, 특히 동→서 방향은 6~10km/h의 속도의 저하가 확인되었다.

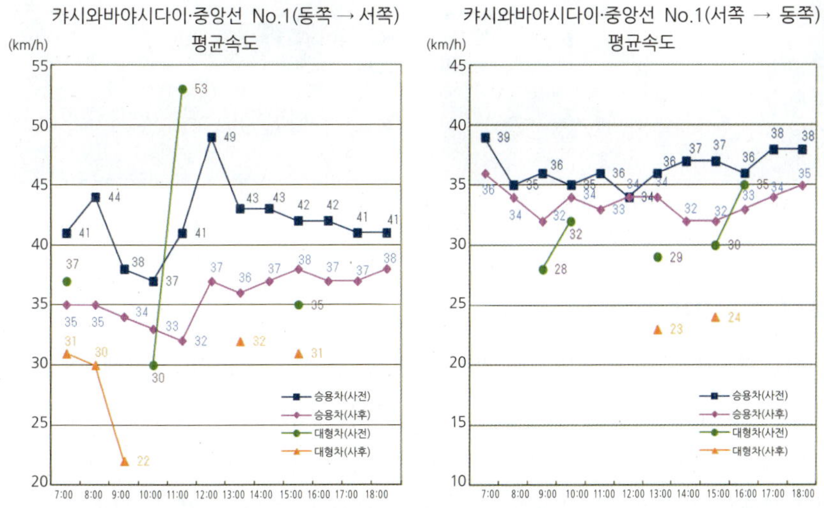

자료: 오비히로시

그림 1.5.4 시간대별 평균속도
(관측지점: 츄오우거리 No.1)

평가사례 2: 마츠야마시 반초·야사카 지구 로프웨이 거리

■ 과제와 정비 내용

상업의 시점에 근거한 평가 항목에 대한 사례를 소개한다.

로프웨이 대로는 중심시가지에 위치하는 상점가이며 마츠야마시가 추진하는 「사카노우에 필드 박물관 구상」에서는 마츠야마성을 중심으로 한 관광의 요지로 분류하고 있다. 마츠야마성을 중심으로 한 중심 지구의 잠재력 향상을 도모하기 위한 중요한 위치이다. 이 필드 박물관 구상의 실현을 위해 「사람을 유람시키는 동선 만들기」, 「체류시키기 위한 장치 만들기」, 「새로운 거리로서 정보를 발신하기 위한 기반 만들기」를 목표로 로프웨이 거리가 정비되었다.

정비 전에는 일방통행의 2차로였으나 1차로의 슬라롬형 시케인을 도입하였고, 2.5m였던 보도 폭원을 2.5~4.0m로 확장하였다. 또한 전선류의 지중화와 거리에 인접한 점포 외관의 정비, 노후화한 로프웨이 역사의 개축을 통해 아름다운 거리, 활기찬 공간의 구축을 실현하였다. 정비 전과 정비 후의 사진은 사진 1.5.1과 같다.

사진 1.5.1 로프웨이 거리의 정비 전·후의 경관

■ 지가 상승의 효과

시내의 지가 변동 지수 비교를 통해 로프웨이 거리의 정비에 의한 지가상승 효과를 확인할 수 있다. 지가공시는 2004년부터 2007년에 걸쳐 12% 상승하여 2007년의 지가 상승률은 전국 톱 클래스였다. 2008년 지가공시에도 마츠야마 시내의 근린의 상업지에 비해 지가가 지속적 상승을 유지하고 있어 정비효과는 지속되고 있다고 사료된다.

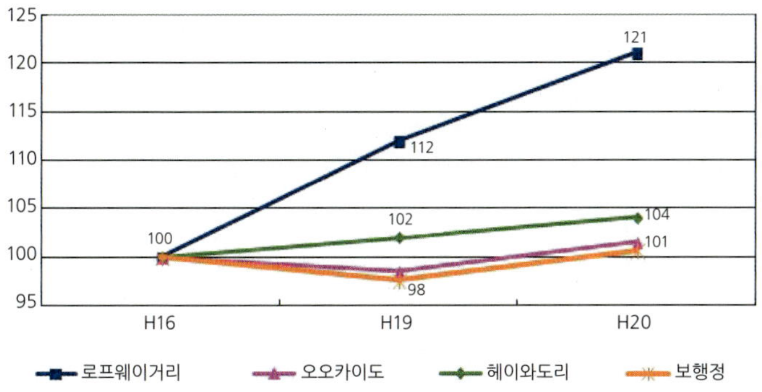

출처: 마츠야마시 자료

그림 1.5.5 시내의 지가변동과의 비교

1.5.2 유지관리와 개선

생활도로의 유지관리는 도로관리자뿐만 아니라 현지에서 평상시 생활도로를 이용하는 시민이 참여함으로써 보다 섬세한 유지관리, 운영이 가능해진다. 사업 실시 후 불평이나 교통의 혼란과 같은 문제가 발생할 경우 혹은 사후 평가에 의해 개선의 필요성이 대두 될 경우에는 시민의 의견을 검토하여 적절한 대응을 실시해야 한다. 따라서 대응해야 할 문제 지점의 조기 발견이나 개선방침의 검토를 위해서 사업 추진 시 시민의 참여가 중요하다.

(1) 유지관리·운용

「도로법」(1952년 법률 제180호) 제42조 제1항에서 「도로관리자는 도로를 상시 양호한 상태를 유지하고 수선하며 일반 교통에 지장을 미치지 않도록 노력하지 않으면 안 된다」라고 도로의 유지, 수선에 대한 의무를 규정하고 있다. 한편, 시민이 이러한 유지관리에 참가함으로써 보다 섬세한 유지관리를 실시하는 것이 가능해진다.

도로관리자가 유지관리하는 주요 항목은 다음과 같다.

- 안전시설 정비로서 교차로의 개량, 방호책, 반사경의 설치 등 교통안전시설의 정비
- 도로 포장의 균열이나 함몰, 통행금지나 가드레일, 측구 등의 파손
- 호우로 인해 도로가 침수되었을 경우 모래포대의 설치 등의 대책
- 도로 조명등(수은등, 나트륨 등)의 유지
- 도로 청소, 식재, 전정 등

시민이나 자치회의 자주적 실시가 기대되는 항목은 아래와 같다.

- 일상적인 청소활동
- 도로나 교통안전시설의 파손 시 도로관리자에의 연락
- 시간대에 따른 통행 규제를 위한 입구부 바리게이트의 설치
- 불법주차 단속 등

생활도로에 보다 섬세한 유지관리 · 운용을 실시하기 위해서는 시민이나 자치회에 의한 도로 시설의 유지 활동은 빠질 수 없다. 이를 위해 청소 활동을 협력하거나 관리하기 쉬운 디자인을 적용하는 것이 필요하다. 또한 유지관리에 대한 평가는 계획 시에 평가 목표를 확실히 설정해 두어야 한다.

좌: 크랭크형 시케인을 의식하여 교행을 굴곡을 형성하기 위해 설치한 화분을 관리하는 지역주민

우: 지역주민이 불법주차차량에 스티커를 부착하여 경고

사진 1.5.2 화분의 꽃을 관리하는 사례
(사이타마현 스가모시 히바리노 지구)

사진 1.5.3 주차위반의 경고 사례
(삿포로시 도요히라구 겟칸니시 지구)

좌: 축제시 가마의 통행에 장애가 되는 볼라드의 탈착 관리를 시민이 수행

우: 보행자용 도로의 안전확보를 위해, 바리케이트를 설치하고 교통정리원의 안전을 배려함

사진 1.5.4 탈착식 볼라드의 관리 사례
(오오사카시 히라노구 세토구치 지구)

사진 1.5.5 진입금지 바리케이트의 설치 사례
(요코하마시 나카구 모토마치 상점가)

(2) 사업 후의 문제 지점의 대응

사업 실시 후, 시설에 대한 불평이나 교통 혼란과 같은 문제가 발생하거나 사후 평가를 통한 개선점이 드러날 경우 적절한 대응이 필요하다. 예를 들면 미타카시 카미렌쟈크 지구에서는 슬라롬형 시케인 설치로 인하여 「차량이 굴곡 주행하기 때문에, 보행자를 위협해오는 것 같고 무섭다」라는 지적이 있었고, 굴곡 주행폭원을 완만하도록 차선을 수정하였다. 개선 전과 후의 사진을 사진 1.5.6에 나타낸다.

개선 전　　　개선 후

사진 1.5.6 슬라롬형 시케인의 개선 사례

(3) PDCA 사이클에 의한 스파이럴 업

지구의 교통 과제를 해소하기 위해서는 당초의 계획대로 사업을 실시하는 것뿐만 아니라 보다 나은 존 대책이 될 수 있도록 지속적으로 개선해 나가는 것(스파이럴 업)이 중요하다.

예를 들면, 속도 저하의 효과가 있던 험프를 일부 주민의 소음에 대한 불평을 이유로 철거해 버린 사례가 있다. 이러한 경우, 본래의 목적인 「안전성의 향상」을 계속적으로 진행하기 위해서는 험프 형상의 변경이나 설치 위치의 변경 등의 개선책을 검토하는 것이 바람직하다.

PDCA 사이클은 스파이럴 업을 위한 구상안의 하나이다. 설정된 목표를 달성하기 위해서 필요한 계획을 작성(Plan)하고, 사업을 실시(Do)하며, 성과의 달성정도를 평가(Check)함과 동시에, 필요한 개선점은 신속하게 개선한다(Action)라고 하는 일련의 흐름을 PDCA 사이클이라고 부른다.

1.5.3 평가나 유지관리 단계의 커뮤니케이션 방안

생활도로의 유지관리는 도로관리자의 의무에만 의지하지 않고, 현지에서 평상시, 생활도로를 이용하는 시민이 참여함으로써 실제 이용자 관점의 효율적인 유지관리가 가능해진다.

평가나 유지관리 단계의 시민참여 사례로서 1.6.4 시가현 릿토시(시모마가리코우) 지구를 들 수 있다. 해당 지구는 험프 설치 후의 속도 조사, 교통량 조사에 시민이 직접 참여함으로써 시민 시점의 평가를 시행하고 있다.

시민에 의한 도로의 유지관리를 위해 국도와 같은 간선도로 미화 활동을 지원하는 「자원봉사 서포트 프로그램」 제도가 실시되고 있다. 그러나 생활도로에 대해서는 정부의 시민지원 사례가 있긴 하지만 제도로서 일반화되었다고는 말할 수 없는 상황이다.

원래 생활도로는 생활자의 주거지 앞이며 이곳의 「청소」나 「물 뿌리기」 등은 시민이 옛부터 습관으로서 실행해온 활동이다. 그러나 거주 방법이나 사회 환경의 변화로 인하여 이와 같은 자주적 활동은 줄어들고 있다. 국도 등의 간선도로에서 실시되는 「자원봉사자 서포트」의 활동은 「청소」, 「제초」, 「꽃 관리」를 중점적으로 수행하며 「재배 관리」, 「현관문 제설」, 「정보 제공」, 「화장실 청소」, 「낙서 제거」 등도 수행하고 있다. 이러한 시민의 자주적인 활동을 지원함으로써 보다 바람직한 거주환경의 형성을 기대할 수 있다.

최근 한 단계 더욱 발전시킨 방안으로서 「에리어 매니지먼트」를 각지에서 받아들이고 있다. 예를 들면, 주택지에서는 건축 협정을 활용한 양호한 거리경관의 형성 · 유지나, 광장 및 집회장소를 공유하는 사람들에 의해 관리 조합이 조직되고 이에 대한 관리 행위를 계기로 양호한 커뮤니티가 형성되고 있다. 또한 업무 · 상업지에서는 시가지 개발과 연동한 거리경관의 유도, 지역 미화, 이벤트 개최 · 홍보, 지역 활성화, 방범 등 안전 · 안심을 위한 폭넓은 방안을 수행한다.

칼럼: 에어리어 매니지먼트란

에어리어 매니지먼트란 지역의 양호한 환경이나 지역의 가치를 유지·향상시키기 위한 주민·사업주·지권자에 의한 주도적 대처 방안이다.

「양호한 환경이나 지역의 가치 유지·향상」에는 쾌적하고 매력 넘치는 환경의 창출이나 아름다운 거리풍경의 형성, 자산가치의 보전·증진과 더불어 사람들을 끌어 들이는 브랜드력의 형성, 안전·안심 지역 만들기, 양호한 커뮤니티 형성, 지역의 전통·문화의 계승 등 소프트웨어적 방안도 포함된다. 즉, 단순한 생활도로 대책에 머물지 않고 폭 넓은 영역·시점에서 지역 만들기를 실시하는 방안이다.

경위	추진	효과
A 에리어 메니지먼트의 시작	① 적절한 문제의식을 가진 조직의 탄생	① 우츠쿠시가오카 개인주택회가 주민발의에 의해 발족
B 건축협정 타결 및 자치회의 발족	① 상황에 맞는 건축협정 내용의 갱신/유지	① 건축협정의 갱신에 맞춰 내용을 유연하게 갱신함으로써 장기간에 걸친 마을 유지 가능
C 지구계획의 이행	① 건축협정으로부터 지구계획으로 스텝업 ② 지방공공단체의 지원제도에 의한 전문가 자문 활용	① 지구 전체에 구속력 있는 마을 형성 규칙이 만들어짐 ② 전문가에 의한 조언이나 지원에 의한 새로운 스테이지로의 스텝업
D 지구계획과 연동한 주민 전체의 활동으로 전개	① 주민 독자의 마을 모전 활동을 추진하는 독자적인 시스템 ② 지방공공단체와 관할기관과의 연계에 의한 가이드라인 주지 ③ 지구계획의 시공구역과 자치회의 관리지역의 일치	① 지주적인 마을 만들기 전개를 도모 ② 지방공공단체가 가이드라인의 존재와 체크시트의 제출을 주지 ③ 지구에 깊이 관여함으로써 마을 만들기에 대한 의식 고양

그림 1.5.6 요코하마시 우츠쿠시가오카의 에리어 매니지먼트의 경위·추진 및 효과
(에리어 매니지먼트의 추진(국토교통성 토지·수자원국))

요코하마시 우츠쿠시가오카에서는 아오바 우츠쿠시가오카 중부 지구계획 마을 조성 위원회(자치회 내)에 의해 아래와 같은 목표를 위한 방안을 실시하고 있다.

■ 지구 계획

① 안심하고 즐겁게 이용할 수 있는 보행자전용도로 · 산책길이나 공원으로 인한 녹색이 우거진 아름다운 거리 풍경
② 침착한 분위기의 주거지 환경과 경관과 조화를 이룬 건물이 늘어선 거리 풍경
③ 옹벽, 방호책, 주차장, 간판 등이 거주환경과 조화를 이루는 풍경
④ 방재 · 방범 · 교통안전, 부지 관리 등에 대해서도 일상적인 배려가 느껴지는 거리 풍경

■ 거리풍경 가이드라인

• 지구 계획의 목표를 실현하기 위한 구체적인 행동 기준

구체적으로는 지구 계획 시행 에어리어를 나타내는 표지판의 설치, 유리노키 거리의 보전, 자치회관 주변의 환경정비, 보행자전용도로 · 산책길의 수경계획 연구, 가이드라인의 재검토, 「거주지 풍경 콩쿨」의 수상을 기념해 제작한 교통카드에 의한 PR 등을 위원회 워킹그룹을 통해 실시하고 있다.

그밖에 전국적으로 주택지에서는 커먼시티 호시다 HUL-1 지구, 효고현 히바리가오카야마테 지구, 후쿠오카시 아일랜드 시티 쇼우요우 마을, 상업지에서는 도쿄 다이마루 우치구, 후쿠오카 텐신 지구, 도쿄 아키하바라 지구, 카가와현 타카마츠 마루가메마치 등에서도 실시되고 있다.

[참고: 에리어 매니지먼트 추진 매뉴얼(국토교통성, 토지 · 수자원국)]

1.6 사례

1.6.1 지바현 가마가야시(히가시하츠토미 지구)

(1) 지구의 개요

1) 지구의 특징

히가시하츠토미 지구는 가마가야시의 동부에 위치하여 현도 57호, 59호를 외곽도로로 하는 토지이용 지구이다. 본 지구는 북측으로 시도, 서측으로 현도 57호, 남측에 현도 59호가 위치하여 교통량이 많은 간선도로로 3방향이 둘러싸인 지구이다.

2) 목적

히가시하츠토미 지구는 지구의 외곽도로인 현도 57호와 현도 59호가 교차하는 카마가야 다이부츠 교차로의 만성적인 교통 정체를 피하기 위해 지구 내부 도로를 샛길로 이용하는 차량에 의해 지구 내 교차로에서 교통사고가 다수 발생하고 있었다. 또한 지구 주민으로부터도 교통안전이나 거주지 쾌적성에 대한 불평이 빈번히 발생하였다.

이와 같은 상황으로 인하여 가마가야시에서는 지구 주민과 함께 「보행자가 안전 · 쾌적하게 이용할 수 있는 가로 만들기」를 목적으로 하여 지구 내 안전대책의 검토를 실시하였다.

3) 위치도

대상 지구의 위치는 현도 57호, 59호로 둘러싸인 약 64ha의 지구이다.

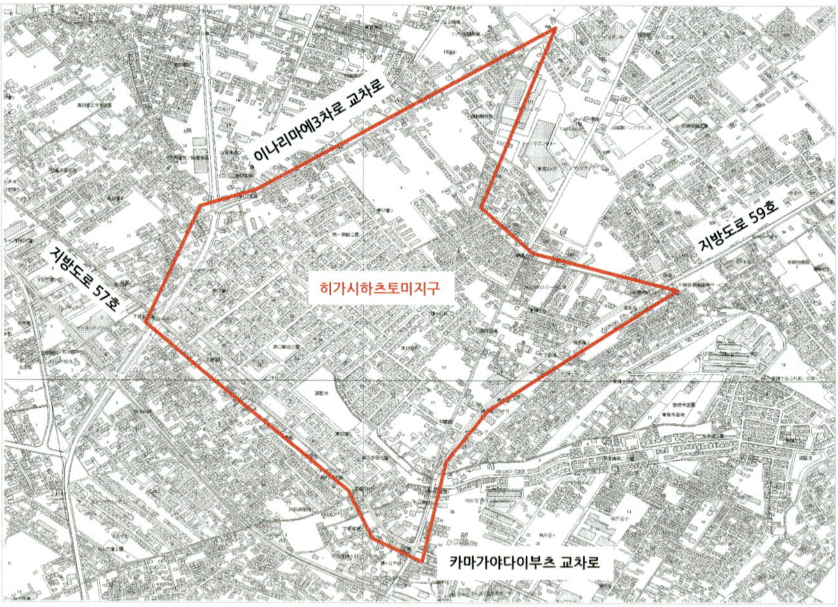

그림 1.6.1 히가시하츠토미 지구 대상 구역 위치도

4) 조직 체제

가마가야시는 시내의 교통안전대책에 대하여 1999년부터 재단법인 국제교통안전학회와 함께 검토·연구를 실시해 왔다. 이를 위해 2000년에는 「카마가야시 교통사고 반감 프로젝트 협의회」를 발족시켰다.

2003년에는 히가시하츠토미 지구에 대해 「생활의 가로 존」, 「안심보행구역」의 지정을 실시함과 동시에 해당 협의회 조직의 일부로서 지역주민이나 시 직원·학술 관계자로 구성된 워크숍을 실시하여 지구의 교통안전대책에 대한 검토를 실시해 왔다.

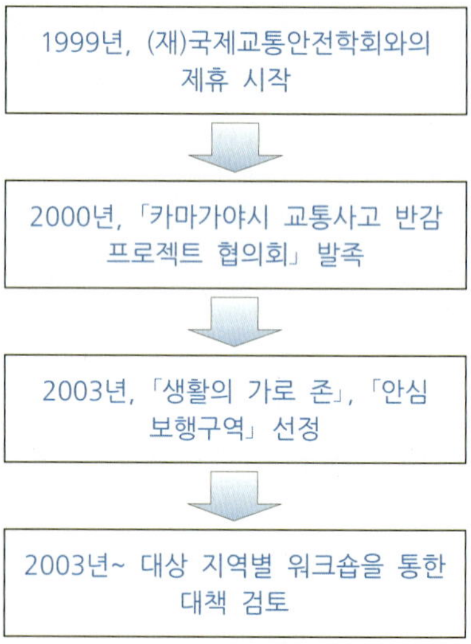

그림 1.6.2 카마가야시의 면적(面的) 사업의 흐름

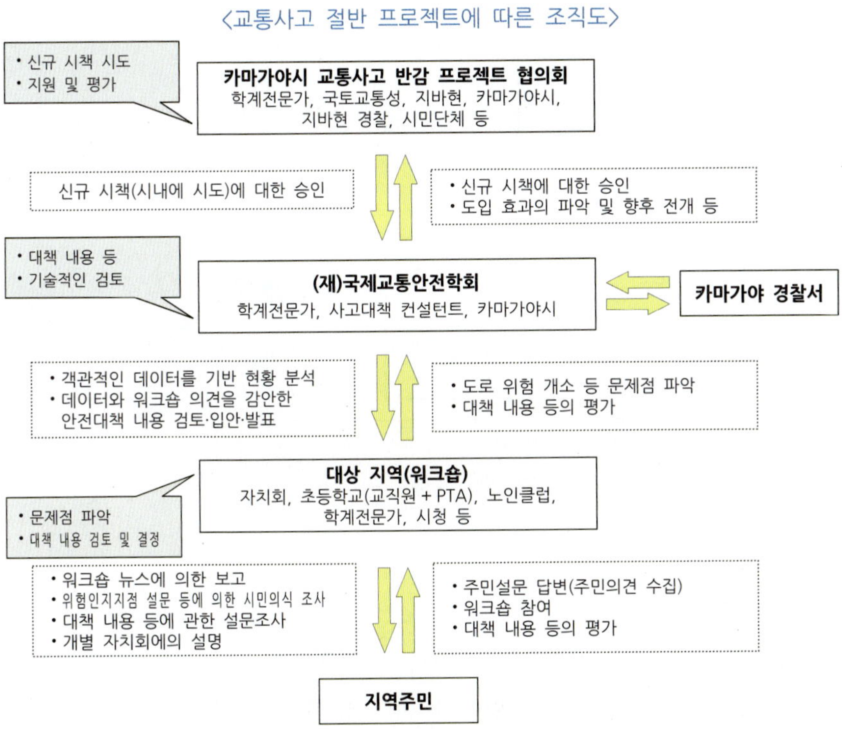

그림 1.6.3 카마가야시의 조직 체제

(2) 존 대책 내용

1) 스텝 0: 검토 경위

교통사고 데이터베이스를 이용하여 사고 밀도가 높은 지역(가마가야 시내)을 선정하였고, 지구 주민의 안전성·쾌적성에 대한 불만 등을 고려하여 2003년 「생활의 가로 존」, 「안심 보행구역」으로서 히가시하츠토미 지구가 선정되었다.

교통사고 반감 프로젝트의 일환으로 히가시하츠토미 지구의 안전성 확보를 위해 도로관리자와 공안위원회가 연계하여 도로 구조·교통안전시설과 교통규제의 복합적인 대책검토를 실시하였다.

2) 스텝 1: 지구의 과제

히가시하츠토미 지구는 외곽도로인 현도 57호와 현도 59호가 교차하는 카마가야다이부츠 교차로의 만성적 교통 정체가 발생하는 지점으로서, 정체 회피를 위하여 지구 내 생활도로로 유입되는 차량의 고속주행으로 인해 시인성이 좋지 않은 일부 교차로에서 교통사고가 다발하고 있었다.

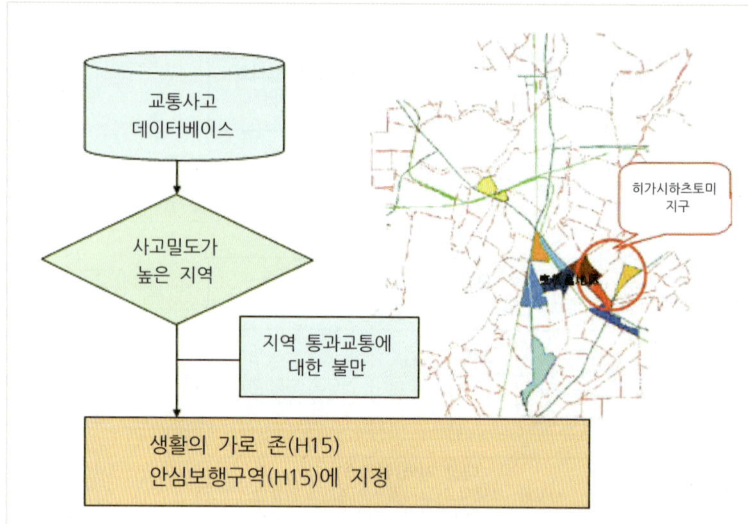

그림 1.6.4 히가시하츠토미 지구의 선정 경위

또한 해당 지구의 거주자는 고령화 경향을 보이고 있어 보도의 단차 해소를 비롯하여 보행공간의 평탄성·평활성 확보가 필요하였다.

그림 1.6.5 히가시하츠토미 지구의 과제

3) 스텝 2: 존 대책 방침

면적 정비로는 교차로의 안전성 향상을 목표로 하여 교차로의 주의환기나 시인성 확보, 지구 내 차량의 속도억제 및 일시 정지의 교통규제의 재검토를 방침으로 하였다. 주요 교차로(이나리마에 3교차로)에는 지구 내 유입 차량의 억제, 속도억제를 실시하는 것을 방침으로 하였다.

정비계획도는 그림 1.6.6에 제시하고 있다.

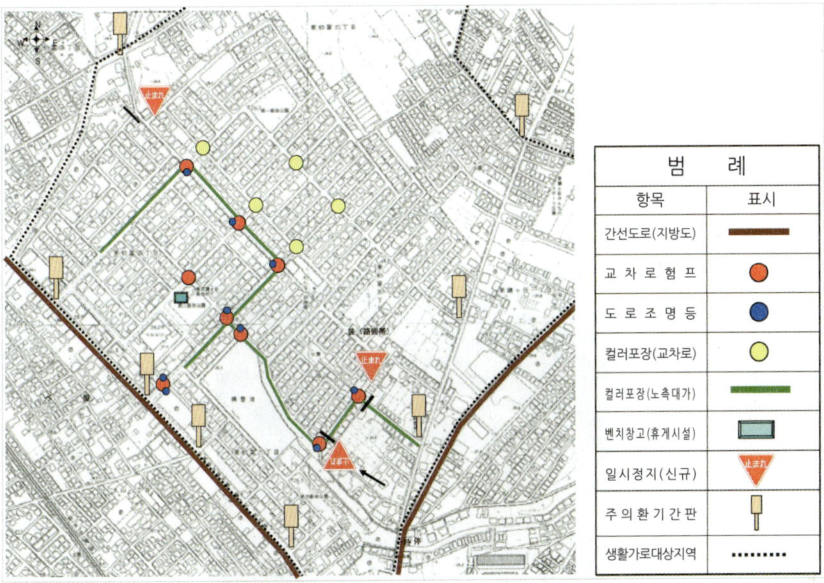

그림 1.6.6 히가시하츠토미 지구의 정비 계획도

4) 스텝 3: 대책의 실시

① 지구 내의 정비

지구 내의 속도억제를 실시하기 위해 고원식 교차로, 노면표시에 의한 주의환기, 교통규제(일시정지) 등을 설치하였다.

사진 1.6.1 고원식 교차로

사진 1.6.2 교통규제(일시정지)

사진 1.6.3 주의환기
(노면표지)

② 이나리마에 3교차로의 정비

이나리마에 3교차로는 지구 내 유입 차량의 억제 및 속도억제를 위해서 초크(차도 폭 2m의 초크(고무 볼라드)) 및 칼라포장을 설치하였다.

사진 1.6.4 초크와 칼라포장

5) 스텝 4: 과제 해결의 확인

대책 실시 후에 지점 속도 조사(그림 1.6.7), 지구 내 유입 통과교통량 조사(그림 1.6.8), 지구 주민의 설문조사(그림 1.6.9) 및 사고 건수 조사(그림 1.6.10)를 실시하여 대책 효과를 확인하였다.

조사 개요 및 효과 평가 결과를 아래와 같이 제시한다.

① 지점 속도 조사

지구 내 도로를 주행하는 자동차의 속도를 파악하여 고속 주행하는 자동차의 비율을 검토한 결과, 모든 조사 지점의 평균 통행 속도가 30km/h 이하로서 시속 40km/h 이상으로 주행하던 차량의 비율이 큰 폭으로 감소하였다.

또한 저녁(17:00~19:00) 시간대 40km/h 이상의 속도 분포를 보면 대책 전에는 46.2%를 차지하고 있었으나 대책 후에는 4.1%로 감소하는 효과를 얻을 수 있었다.

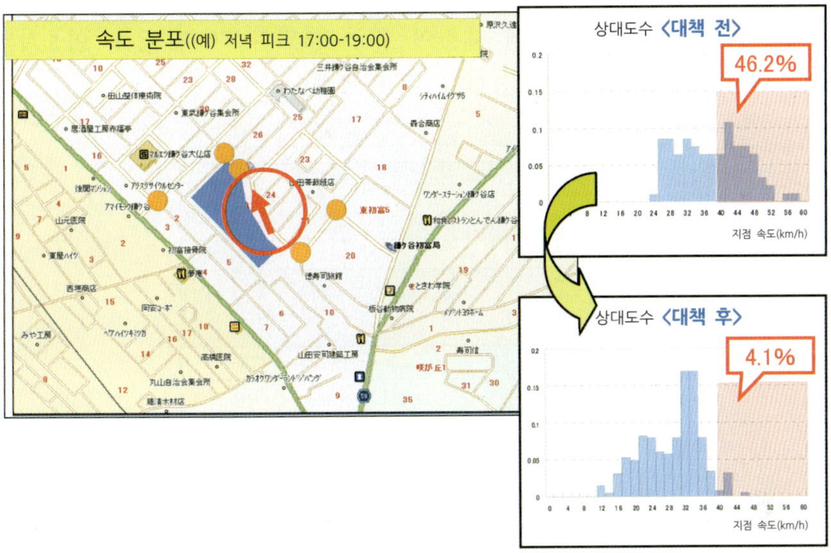

자료: 가마가야시

그림 1.6.7 지점 속도 조사 결과

② 지구 내 유입 통과교통량 조사

지구 내 도로를 주행하는 통과교통량을 조사하여 지구 내로 유입되는 자동차의 비율을 검토한 결과, 지구 내에 유입되는 통과교통은 대책 전에 비하여 약 14%가 감소하는 효과를 얻을 수 있었다.

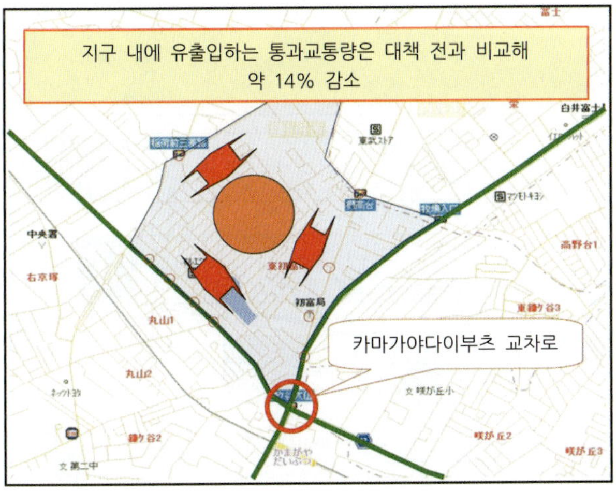

자료: 가마가야시

그림 1.6.8 지구 내 유입 통과교통량의 조사 결과

③ 지구 주민 설문조사

지구 주민 및 통과교통 이용자를 대상으로 대책 내용에 관한 설문조사를 실시하여 대책 효과 및 추가적인 대책의 필요성을 파악한 결과, 지구 내에서 실시한 안전 대책에 대하여 지구 주민의 70%, 도로 이용자의 80% 이상이 찬성하는 결과를 얻을 수 있었다.

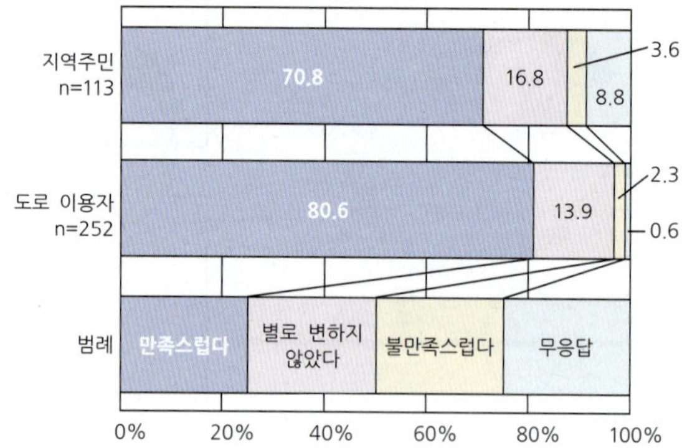

자료: 가마가야시

그림 1.6.9 지구 주민 등의 설문조사 결과

④ 사고 건수

지구 내에서 발생한 교통사고 건수(사상사고 건수)를 대책 전(2001~2004)과 대책 후(2005~2006)의 연평균치로 비교한 결과, 대책 전에 비해 큰 폭으로 사상사고가 감소하였다.

사고 유형별로 보면 정면충돌 사고가 57.1%, 추돌 사고가 100%, 보행자 관련사고가 100%, 그 외의 사고가 37.8% 감소하는 결과를 얻을 수 있었다.

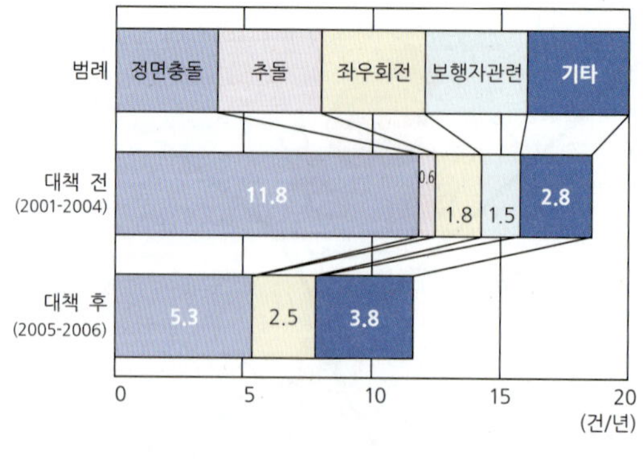

자료: 가마가야시

그림 1.6.10 사고 건수 조사결과(연평균 건수)

6) 스텝 5: 개선

당초, 사회실험을 통해 만족스러운 평가를 얻었던 고무칩제의 험프를 설치하였지만 「비오는 날에 미끄러지기 쉽다」, 「핸들을 꺾을 경우 소리가 난다」라고 하는 불만으로 인하여 대응책으로서 미끄럼방지 칼라포장으로 개량하였고, 소음 · 진동에 대한 불만은 사라졌다.

사진 1.6.5 험프의 재질
(미끄럼방지 칼라포장)

1.6.2 도쿄도 분쿄구(센다기3·4·고쵸메 지구)

(1) 지구의 개요

1) 지구의 특징

대상 지구는 도도와 같은 간선도로로 둘러싸인 주택지를 형성하고 있다. 대상 지구에는 초등학교나 중학교, 특별노인복지센터, 보건센터, 구립도서관 등 다양한 시설이 존재하며 이들 시설을 이용하기 위한 방문자가 많다.

2) 목적

지구 내의 도로는 대부분이 좁은 도로이며, 보도가 있어도 폭원이 좁아 보행자의 통행이 곤란하였다. 게다가 주변 간선도로로부터 유입되는 통과교통이 많아 현지 주민으로부터 도로환경의 조기 개선이 강력히 요구되고 있었다. 따라서 지구 내 안전성 · 쾌적성 · 편리성의 향상을 도모하고, 지역 활성화, 도로환경의 개선을 목적으로 하게 되었다.

3) 위치도

대상 지구는 시노바즈대로 및 혼고대로로 둘러싸인 센다기3 · 4 · 5번지에 위치하고 있으며 약 45ha의 면적을 차지하고 있다. JR 니시닛뽀리역도 가까운 위치에 존재한다.

자료: (C) INCREMENTP.CORP

그림 1.6.11 센다기3·4·5번지 지구 커뮤니티 존의 위치

4) 조직 체제

본 지구에서는 현지 주민에 의해 아래와 같은 협의회를 설립하고 검토를 실시하였다.

① 협의회

- 구성 멤버: 구역 내 반상회, 초등학교, 초등학교 PTA, 관할 경찰서, 구민 공개 모집
- 실시 회수: 전 15회(2000년 6회, 2001년 4회, 2002년 5회)

② 정비까지의 경위

- 2000년 협의회 설립
- 2002년 커뮤니티 존 정비 계획 책정
- 2003~2008년 커뮤니티 존 정비사업 실시(생활의 가로 존으로 지정)

(2) 존 대책의 내용

1) 스텝 0: 검토 경위

현지 주민으로부터 구도 1046호의 도로환경의 조기 개선이 강하게 요구되었고 주민 발의에 의해 존 대책의 검토를 시작하게 되었다. 당초에는 노선을 대상으로 협의회를 설립하여 검토하였으나 대상을 존으로 넓히게 되었다.

2) 스텝 1: 지구의 과제

지구 내의 도로는 구도 1046호나 구도 869호 등 몇 개 노선을 제외하고 폭원 4m 이하의 좁은 도로이며, 보도 폭원은 1m 정도로 좁고 보행자의 통행이 곤란하였다.

구도 1046호나 구도 869호에는 주변 간선도로로부터 통과교통 약 1,700대/12h가 유입되고 있었다. 따라서 현지 주민을 대상으로 물리적 디바이스 설치의 찬반 여부와 일방통행 실시 의향 등의 안전 대책에 대한 의식, 지구 내 위험인지지점에 대한 설문조사를 실시하였다.

그림 1.6.12 위험인지지점의 결과

3) 스텝 2: 존 대책 방침

사진 1.6.6 사회실험 사진

면적 정비로서 교차로의 명확화, 주의환기 및 지구 내 차량 속도억제를 실시하였다. 구도 1046호나 구도 869호 등 주요 정비 노선에서는 보도 폭원의 확장, 차량의 속도억제, 일방통행 규제의 재검토를 실시하였다. 정비 계획은 그림 1.6.13에 제시하였다.

센다기 초등학교 앞 초크를 설치하여 통과 속도의 측정, 운전자를 대상으로 한 인터뷰 조사를 통해 효과 검증을 실시하였다.

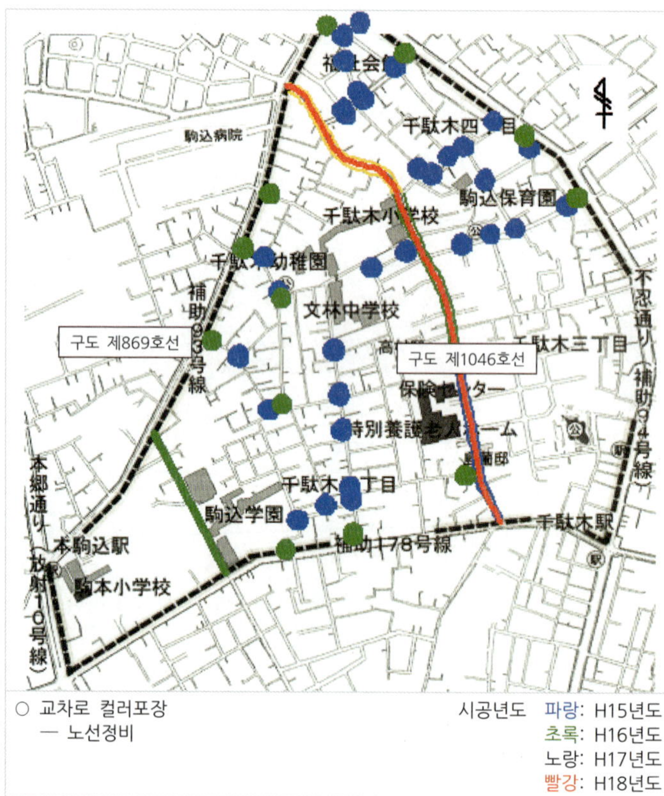

그림 1.6.13 센다기3·4·5번지 지구 커뮤니티 존 정비 계획

4) 스텝 3: 대책의 실시

① 구도 1046호의 정비

- 보행공간의 확보

- 교통규제를 종일 일방통행으로 변경하여 폭원 구성을 재검토하여 보도 2m를 확보하였고 마운드 업 형태로부터 세미 플랫형으로 변경하여 베리어프리화를 실시하였다.
- 보행자에게 지장이 되었던 전주를 없애기 위하여 전선 공동구 정비를 통해 무전주화를 실시하였다(포장 일체형 전선 공동구).

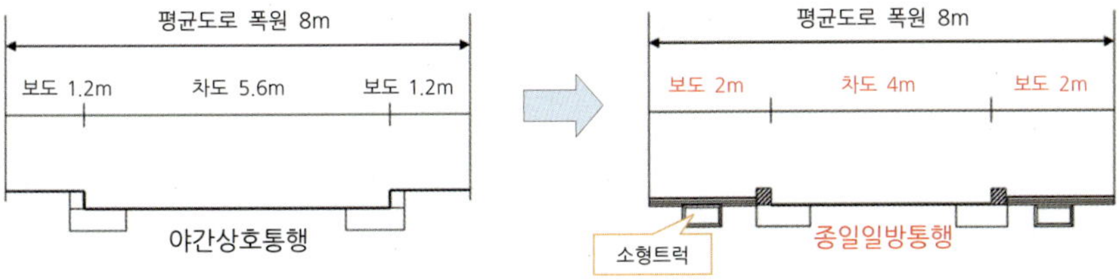

험프, 초크의 설치 효과는 노선에 의해 다르지만 험프가 높은 평가를 얻은 경우가 많았음

그림 1.6.14 폭원 구성

- 속도억제

- 초크는 횡단보도부 측으로 보도를 밀어내는 형상으로 하여 차도 폭원을 3m로 좁혔다.
- 속도를 저하시키고자 하는 지점, 보행자를 횡단시키고 싶은 지점에 초크를 설치하였다(사회실험으로 위치를 확인하고 현지 주민과 차량 출입구 등을 고려하여 초크의 위치를 협의).

② 구도 869호의 정비

- 보행공간의 확보: 가드레일을 철거하여 연석 블록과 고무제 시선유도봉을 설치하여 보차분리를 도모하였다.
- 속도억제: 고무제 시선유도봉에 의한 초크나 이미지 험프, 이미지 초크를 설치하였다.

좌: 이미지 초크의 설치

우: 연석이나 노면실선 간의 시선유도봉의 설치

녹색 시선유도봉은 도로경계부에 설치

사진 1.6.7 구도 1046호의 횡단보도 (초크)

사진 1.6.8 구도 869호의 초크

③ 구역 전체

- 교차로의 명확화: 협의회나 설문조사에서 파악한 위험 지점을 추출하여 교차로부에 칼라포장과 발광표지병의 설치를 실시하였다.
- 노면표시 등: 간선도로로 부터의 입구부에 「생활의 가로 존」을 알리기 위한 노면표시를 설치하였다.
- 초크의 설치: 비교적 도로 폭원이 넓은 부분에 초크를 설치하였다.

사진 1.6.9 입구부 노면표시

사진 1.6.10 입구 간판

- 기타
- 험프는 소음 · 진동이 염려되어 설치하지 않았다.
- 구도 1046호 이외의 노선의 일방통행은 불편하다는 지역주민의 의견을 받아들여 적용하지 않았다.

5) 스텝 4: 과제 해결의 확인

- 교통량 조사(구역 전체의 총 교통량 · 주요 대책 노선의 통과교통량)
  총교통량: 변화 없음, 주요 대책 노선: 변화 없음

- 주행속도 조사(주요 정비 노선의 주행속도)
  정비 2 노선은 주행속도가 20km/h 미만으로 저감되었다.
- 설문조사(2008년 실시)
  - 대상: 센다키 초등학교 앞 거리의 주민과 고령자 시설의 직원
  - 노선별 대책의 효과
    초크, 교차로 컬러화, 일방통행화, 전선지중화의 인지도는 약 80~90% 이상이 「알고 있다」, 알고 있는 사람 중 70~90%가 「효과가 있다」고 응답하였다.
  - 지구 전체의 안전성·쾌적성
    안전성이나 쾌적성은 약 70% 이상이 「향상되었다」고 응답하였다.

표 1.6.1 정비 노선의 주행속도

노선	주행속도
구도 1046호	2.6km/h 저하(평균21.2km/h → 18.6km/h)
구도 860호	15.7km/h 저하(평균 35.0km/h → 19.3km/h)

표 1.6.2 지구 전체의 안전성과 쾌적성(설문조사 결과)

〈안전성〉

안전해졌다 (약 70%)	•차량의 속도가 저하되었다. •위험인지 횟수가 감소하였다. •횡단하기 쉬워졌다.
위험해졌다 (약 10%)	•자전거 속도가 빨라졌다. •가드레일이나 보도의 단차가 없어져 차량과의 접촉 위험성이 높아졌다.

〈쾌적성〉

쾌적해졌다 (약 80%)	•전선지중화나 보장정비에 의해 경관이 향상되었다. •단차가 사라져 걷기 편해졌다. •유모차나 카트를 끌기 편해졌다.
불쾌해졌다 (약 10%)	•주차차량이 보도를 침범하여 불편하다. •차도가 좁아져 조업차량이나 차고 진입이 어려워졌다.

- 가로 사용법의 변화
  가로의 사용법에 대해서 약 20~30%가 「가로 사용법이 바뀌었다」고 응답했다. 바뀌었다고 응답한 사람의 주된 내용은 「보도에서 멈춰서 이야기할 기회가 증가했다. 보도에서 아이들이 돌아다닐 수 있게 되었다. 외출 횟수가 증가했다」 등이었다.

1.6.3 시즈오카현 시즈오카시(미나미야와타 지구)

(1) 면단위 교통안전 사업의 진행방식 및 경위

그림 1.6.15 시즈오카시의 면단위 사업

시즈오카 시에서는 교통사고 건수가 많은 주거, 상업용도가 대부분을 차지하는 지구를 선정하여 면단위 교통안전 사업을 실시하고 있다.

1997년부터 「커뮤니티 존」으로서 타카죠우 지구·미나미야와타 지구, 「안심보행구역」(2003～2007년)으로서 6지구(시미즈 지구·기타야스히가시 지구 등)의 정비를 실시해 왔다. 현재는 「안심보행구역」(2008～2012년)으로서 3지구(아오이 지구 등)를 정비 중이다.

(2) 지구의 개요

1) 지구의 특징

스루가 구청과 남부도서관, 남부공민관이나 초등학교, 고등학교 등 체육시설, 대규모 상업시설이 입지하고 있는 스루가구의 중심 지구이다. 토지구획정리 사업에 의해 형성된 주택지이며 격자모양의 도로망이 형성되어 있다.

지구 외측 간선도로 중 시도 시즈오카 시모시마선과 시도 마리코 이케다선이 미정비(확폭 정비 중)여서 지구 내에 동서남북 전방향으로부터 통과교통이 유입되고, 지구 내에서 과거 4년간(1998～2001년)에 사망 사고 1건, 중상 사고 2건이 발생하여 교통안전 확보가 과제로 남아 있었다.

2) 목적

주택지로서 보행자가 우선되어야 할 지구 내에서 통과교통의 진입이나 통행 속도를 억제함으로서 지구 내 생활안전을 확보하는 것을 목적으로 한다.

3) 위치도

대상 지구 위치는 JR 시즈오카역으로부터 남쪽 약 2km 지점이며, 약 36ha 면적을 차지한다.

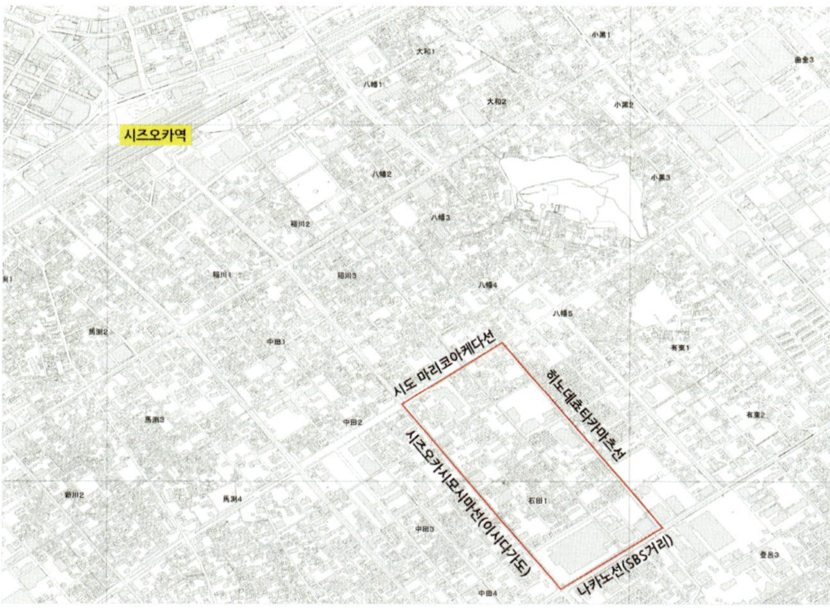

(c)INCREMENTP.CORP

그림 1.6.16 시즈오카시 미나미야와타 지구 대상구역 위치도

4) 조직 체제

본 지구의 조직 체제는 현지 주민과 정부에 의해 다음과 같이 협의회나 조사를 실시하여 정비 계획을 책정하였다.

- 협의회
  2002년에 현지 자치회 정부에 의한 협의회(3회)를 실시
- 주민의식 조사
  2002년에 주민의식 조사 실시

(3) 존 대책 내용

1) 스텝 0: 검토 경위

대부분 주거, 상업용도 지구로 지정되어 있으며 교통사고 건수가 많았고 현지 주민으로부터 대책 요구가 있었던 미나미야와타 지구를 선정하여 면단위 교통안전 사업을 검토하였다.

2) 스텝 1: 지구의 과제

지구 외측의 간선도로 가운데 시도 시즈오카 시모시마선과 시도 마리코 이케다선이 미정비(확폭 정비 중)이기 때문에 지구 내로 동서남북 전 방향에서 통과교통이 진입하여 교통사고가 다발하였고, 높은 통행 속도, 불법주차의 증가, 보도 이용 불편 등의 교통의 안전 확보가 과제로 남아 있었다.

3) 스텝 2: 존 대책 방침

조사 결과와 협의회의 의견을 바탕으로 계획안을 작성하였다. 지구 설명회와 협의 후 아래와 같은 방침을 책정하였다.

- 지구 내 교통량의 증가로 인한 보행자·자전거의 안전 확보를 위해 자동차 교통량의 억제를 실시함
- 지구 내 통행차량의 높은 속도는 교통사고로 연결될 위험성이 높기 때문에 지구 내 차량 속도를 억제함
- 지구 내 도로는 모두 주차금지 중이지만 많은 노선 상에서 노상주차가 발생하고 있어 노상주차의 억제를 실시함
- 지구 내 인구밀도가 높고 외곽도로로의 유출로 인해 자동차의 통행이 많고 보행자·자전거와 자동차의 상충이 발생하므로 주요 시설에의 보행자·자전거 공간의 확보를 실시
- 통과교통과 지구 내 보행자·자전거 통행이 집중하는 시간대가 겹치기 때문에 통과교통량의 억제를 실시
- 지구 내 교차로 사고가 다발하고 있으므로 교차로 안전 대책을 충분히 실시

4) 스텝 3: 대책의 실시

- 가로 1은 차량의 통행이 많아 노상주차도 많이 발생하지만 양측 보도 폭원 확보가 불가능하여 보행자가 많은 방향에만 보도를 설치하였다. 또한 교차로의 보도 연석 위에 발광표지병을 설치하였다.
- 가로 3은 통과교통이 많고 일방통행 규제가 곤란한 가로여서 보도 폭원 확보가 어려우므로 이미지 험프를 설치하였다.

사진 1.6.11 가로 1: 보도정비 발광표지병

사진 1.6.12 가로 3: 이미지 험프

○ 가로 4는 일방통행 구간으로서 선형이 직선이어서 속도가 높아지기 쉬운 구간이므로, 슬라롬형 시케인을 설치하였다. 특징으로서 교차로와 보도부에 칼라포장, 굴곡부에 식재나 다른 포장재, 정지 노면표지와 이미지 초크를 설치하였다.

보도부에 칼라포장, 식재 설치

사진 1.6.13 가로 4: 슬라롬형 시케인

○ 가로 6은 통과교통이 많은 구간이기 때문에 한쪽 편에 보도를 설치하였다.

○ 가로 11은 양측으로 교육시설이 있고 속도가 높아지기 쉬운 구간이기 때문에, 횡단보도 앞 차로부에 이미지 험프, 교차로에 칼라포장과 노면표시 및 발광표지병, 일부 횡단보도에 이미지 험프를 설치하였다.

사진 1.6.14 가로 6: 보도 정비

사진 1.6.15 가로 11: 이미지 험프

전체 대책 시행 내용은 그림 1.6.17과 같다.

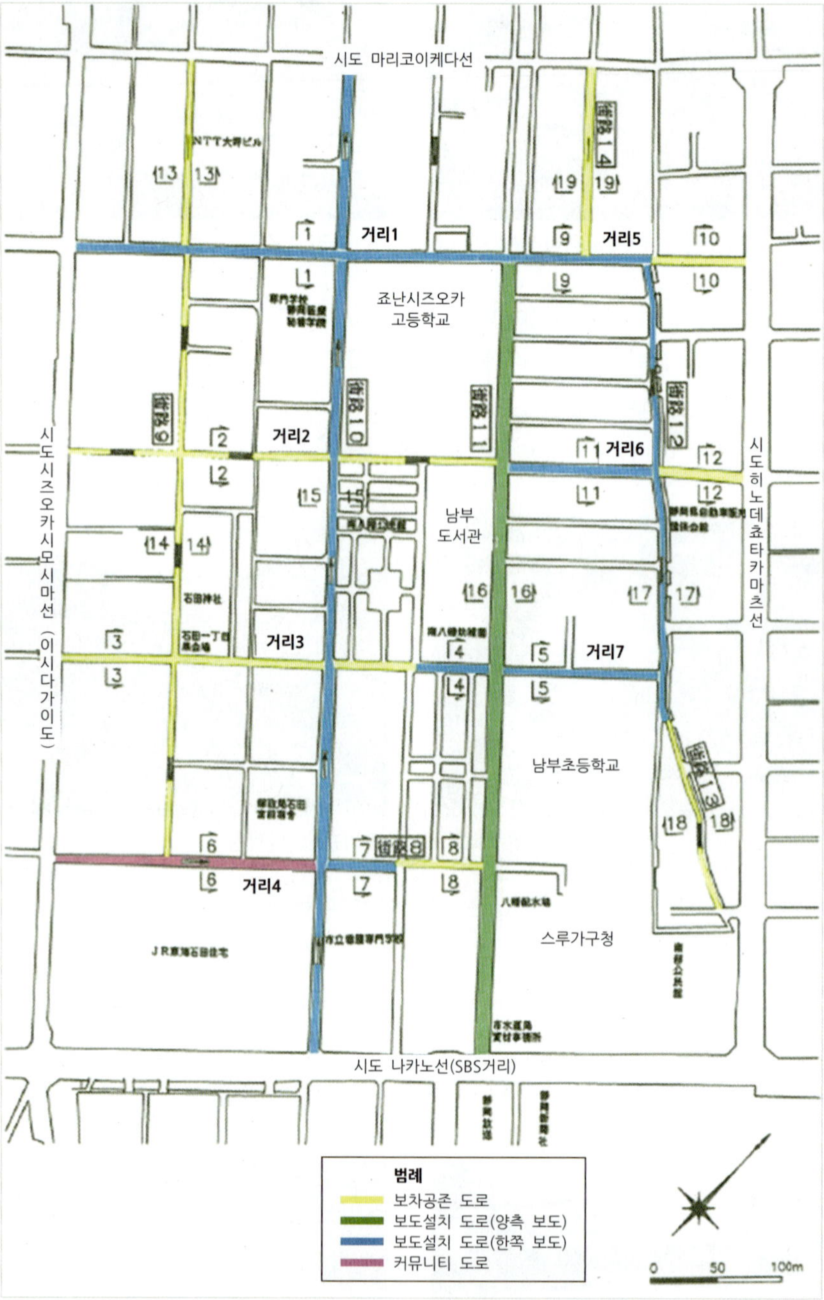

자료: 시즈오카시

그림 1.6.17 전체 대책도

1.6.4 시가현 릿토시(시모마가리코우 지구)

(1) 지구의 개요

1) 지구의 특징

시가현 릿토시의 시모마가리코우 지구는 농지, 주택지, 공장 등이 근접해 있는 지구이다. 또한 쿄토, 오사카의 통근권이며 인구는 증가 경향에 있고 지구 인구는 약 1,100명이다. 이러한 입지 특성으로 인해 1955년 이후, 주변 지구의 현저한 도시화 영향을 받아 지구 내 개발이나 차량 유입이 진행되었다.

지구 내 시도 쿠니이치시모마가리선은 주요 지방도 릿토에나나카선과 국도 1호의 교차로 부근에서 발생하는 교통 정체(특히 아침, 저녁)로 인해 많은 통과교통이 유입되고 있다. 해당 도로는 폭원 4~6m 정도로서 보도가 설치되어 있지 않지만 통학로로 지정되어 있어 아침, 저녁으로 아동을 포함한 보행자와 자동차의 현저한 상충이 발생하여 몹시 위험한 상황이었다.

주택지 내 도로는 대부분이 4m 미만의 좁은 도로로서 어느 위, 가각 정리도 되어 있지 않았으며, 전주 등의 점용물도 노상에 설치되어 긴급 시 피난이나 긴급차량의 통행 등에 지장을 초래하고 있었다. 또한 일상적으로 차와 보행자의 상충이 발생하여 교통안전이나 생활환경상의 문제가 되고 있었다.

2) 목적

시모마가리코우 지구에서는 통과교통과 주행속도의 억제에 의한 교통안전성, 생활환경의 향상과 더불어, 지역의 역사적 분위기를 느낄 수 있는 거리풍경과 조화를 이룬 개성 있는 쾌적한 공간의 창조를 목적으로 하였다.

3) 위치도

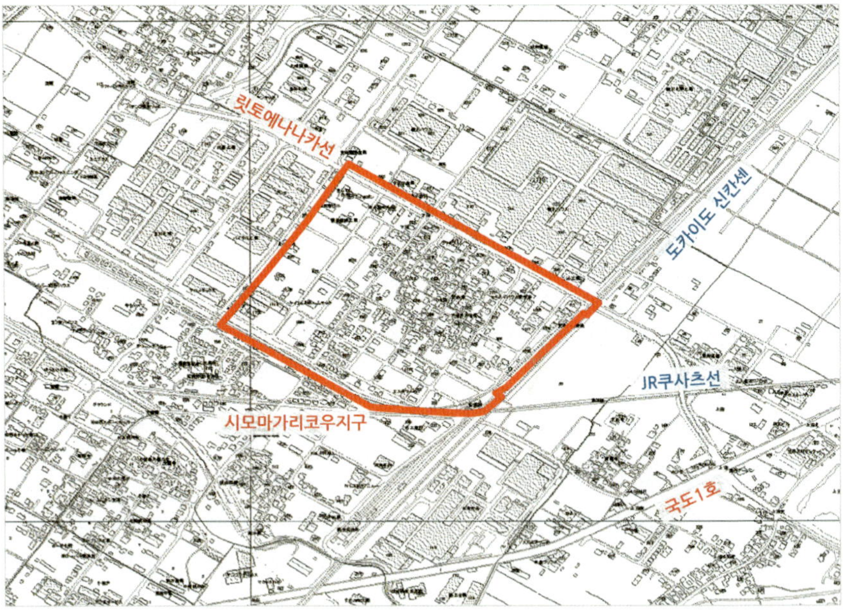

(C) INCREMENTP.CORP

그림 1.6.18 시모마가리코우 지구 위치도

4) 조직 체제

본 지구는 자치회가 매월 1회 청소를 실시하고 있으며 1979년부터 현재까지 지속되는 등 자치회 활동이 활발한 지구이다. 1998년 자치회를 중심으로 한 「마을 만들기 위원회」가 발족되어 4회 워크숍을 시행하였고 2002년 2월 「시모마가리코우 마을 만들기 계획」이 책정되었다.

흥미를 갖고 있는 주민을 공개모집하여 위원을 결정한 「가로 위원회」, 「환경 위원회」, 「교류 위원회」의 활동을 개시하였다. 2003년에는 생활의 가로 존에 등록되어 「가로 위원회」의 주도하에 릿토시와의 파트너십을 맺고 계획의 구체적 실행을 위한 활동을 하고 있다.

(2) 존 대책의 내용

1) 스텝 0: 검토 경위

자치회를 중심으로 한 「마을 만들기 위원회」의 워크숍을 통해 통과교통에 대한 대응의 필요성이 지적되었고 「시모마가리코우 마을 만들기 계획」에 포함되게 되었다. 해당 계획을 실현하기 위해 주민의 발의에 의한 정비 요청서를 릿토시에 제출하였다.

2) 스텝 1: 지구 과제의 파악

시도 쿠니이치시모마가리선이나 시모마가리코우 지구 내 22호선 등의 도로에 통과 차량이 상당수 유입되고 있어, 양호한 생활환경 확보에 악영향을 미친다는 인식으로부터 자치회, 정부, 컨설턴트가 협력하여 교통량 조사, 위험인지 체험 지도의 작성을 실시하여 지구의 과제를 공유하였다.

3) 스텝 2: 존 대책 방침

① 존 대책 방침

- 통과교통을 억제하고, 보행자의 안전성을 높일 수 있는 보차공존도로의 정비
- 차량의 주행속도를 억제하는 험프의 정비
- 긴급차량이 통과할 수 있는 도로의 신설
- 취락지역 내의 원활한 교통을 실현하기 위한 가각 정리

2003년에는 험프의 가설치, 일방통행 규제, 대형차 진입 금지 규제 등의 대책을 사회실험을 통해 실시하였고, 자치회가 사전 사후 평가를 포함해 적극적으로 참가하였다. 그 결과를 검증하여 정부, 경찰과 협의한 후 대책안을 결정하게 되었다.

② 그 외 마을 만들기의 방침

- 지역 커뮤니티를 형성하는 공원의 정비
- 삶의 질을 높이기 위한 휴게공간으로서 수로의 정비

4) 스텝 3: 대책의 실시

③ 실시한 대책

- 험프의 설치
- 교차로의 개량(가각정리)
- 측구의 칼라화

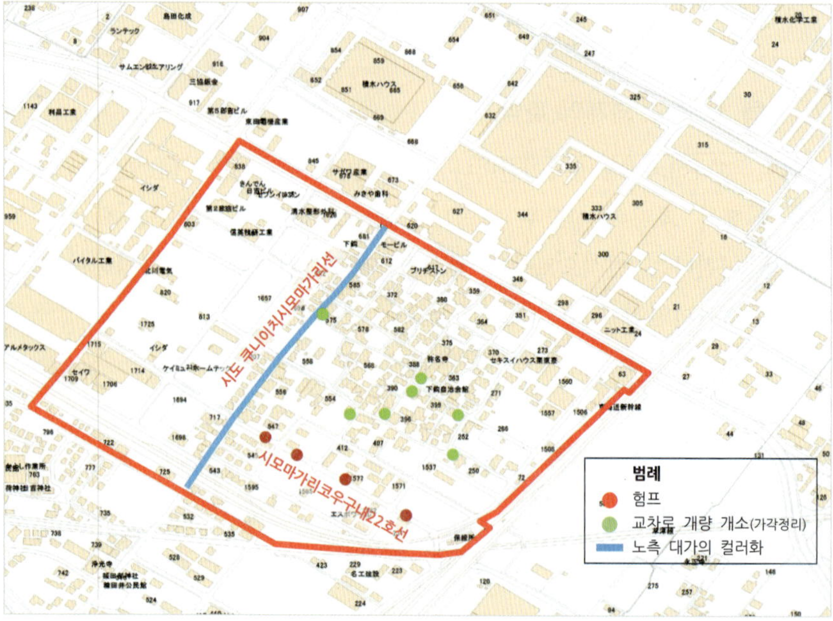

(C) INCREMENTP.CORP

그림 1.6.19 시모마가리코우 사업계획

■ 시도 쿠니이치시모마가리선(측구, 교차로의 칼라화)

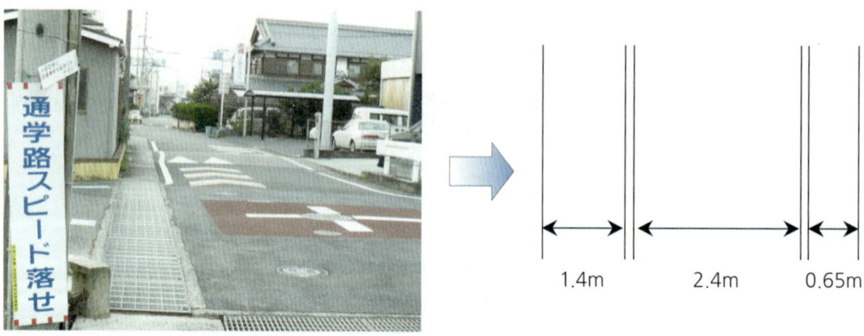

그림 1.6.20 시도 쿠니이치시모마가리선의 가드 하부의 평면도

사진 1.6.16 시도 쿠니이치시모마가리선 1

사진 1.6.17 시도 쿠니이치시모마가리선 2

사진 1.6.18 시모마가리코우 구내 22호선(험프) 1

사진 1.6.19 시모마가리코우 구내 22호선(험프) 2

사진 1.6.20 시모마가리코우 구내 22호선(험프) 3

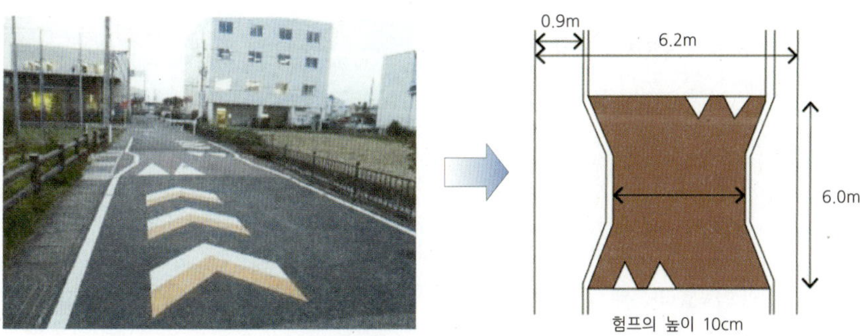

사진 1.6.21 시모마가리코우 구내 22호선의 험프와 평면도

5) 스텝 4: 과제 해결의 확인

① 교통량 조사

지구 내 교통량이 4,000대로부터 3,509대로 감소(대/12h)하였다.

자치회, 정부, 컨설턴트에 의한 사전 사후 조사를 실시하였다.

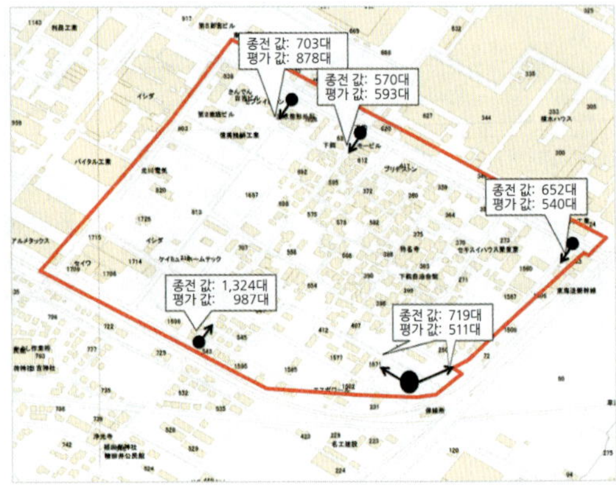

(C) INCREMENTP.CORP

그림 1.6.22 교통량 조사결과

② 통과 차량 주행속도의 저감

스피드건을 이용한 조사결과에 의하면 각 조사 노선에서 30km/h 전후에까지 속도 감소 효과를 확인할 수 있었다(40대 평균치). 자치회, 정부, 컨설턴트에 의한 사전·사후 조사를 실시했다.

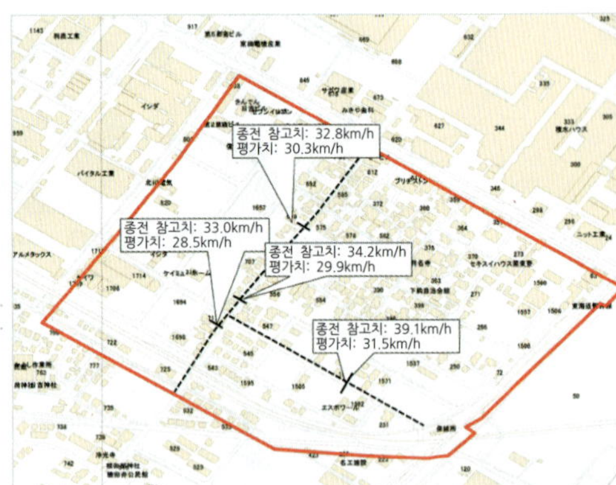

(C) INCREMENTP.CORP

그림 1.6.23 주행속도 조사결과

③ 그 외의 효과 분석 등

- 안전하게 걸을 수 있는 도로비율(설문조사 평가)
- 양호한 거주환경과 안심에 대한 만족도(설문조사 평가)
- 지역 커뮤니티 활동의 빈도
- 취락구역 내 도로의 긴급차량 통과율

(3) 기타

「가로 위원회」, 「환경 위원회」, 「교류 위원회」의 활동이 현재도 계속되고 있다(월 1회 정도). 「가로 위원회」에서는 시도 쿠니이치시모마가리선의 통과교통량의 저감을 위한 방안에 대해서 경찰과 함께 스터디 그룹을 실시 예정이다.

또한 정기적이고 지속적인 마을 만들기 뉴스(「시모코우」 뉴스 전 28호 발행)의 발행을 통해 지역주민의 마을 만들기에 대한 의식이 높아졌고 충실한 자치회 활동과 참가자 증가로 이어지고 있다.

그림 1.6.24 「시모코우」 뉴스

제2부
수법편

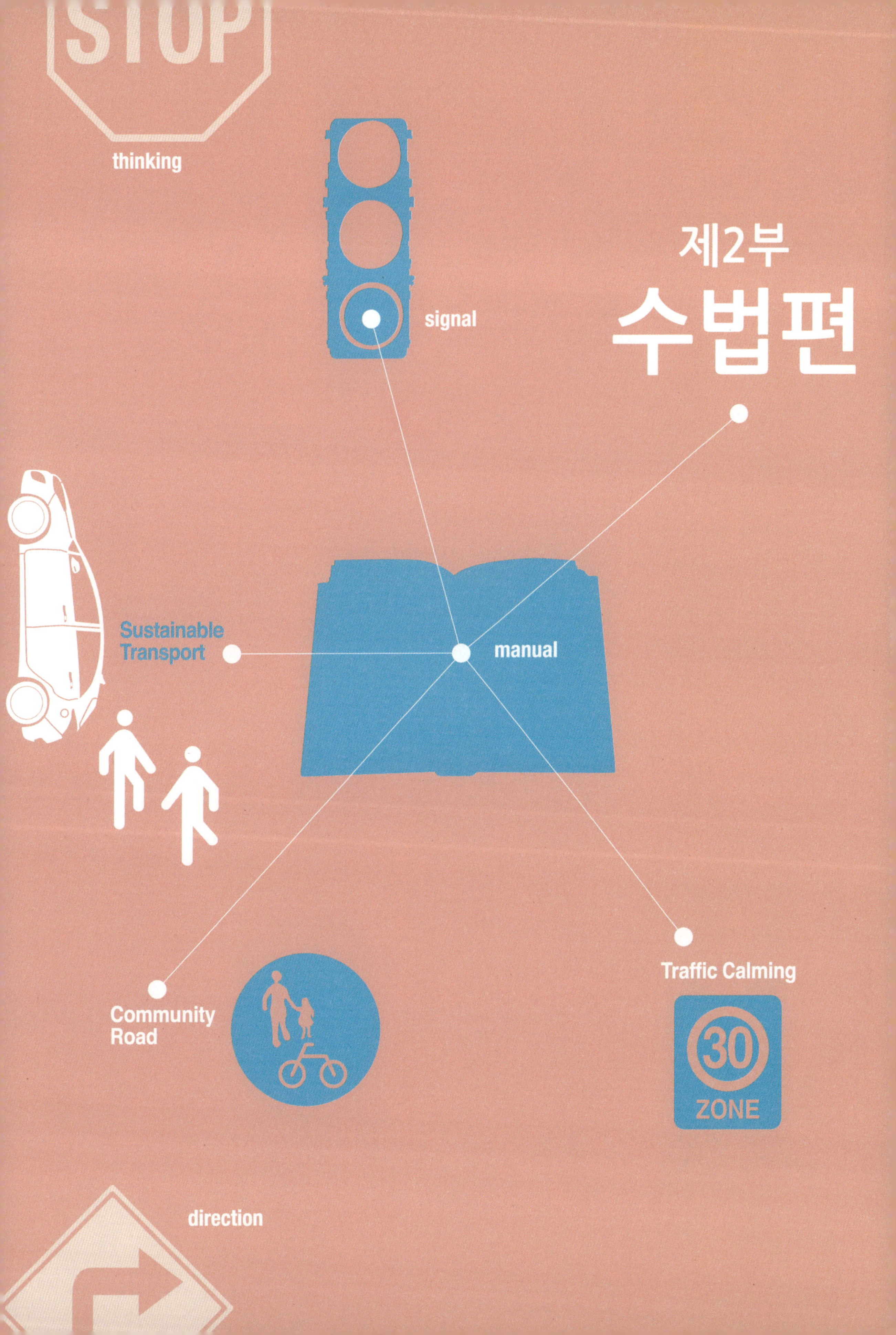
STOP
thinking
signal
Sustainable Transport
manual
Community Road
Traffic Calming
30
ZONE
direction

2.1 수법의 종류와 적용 개념

존이나 도로구간의 정비 컨셉을 달성하기 위해서 도입하는 수법에는 소프트적 수법인 교통규제나 법정외표시가 있으며, 하드적 수법인 도로구조나 횡단면 구성을 개조하고 변경해 자동차 교통을 억제하는 물리적 디바이스가 있다. 이러한 수법을 조합함에 있어서 효과와 적용의 개념에 대하여 살펴보기로 한다.

수법에 따라서는 「교통량의 억제」, 「속도의 억제」, 「노상주차 대책」과 「보행환경의 개선」이라는 복수의 용도에 적용할 수 있다.

도로구간별 수법을 선정하는 데 있어서는 존이나 도로구간에서의 정비 콘셉트에 따라서 각 수법의 용도에 맞추어 시행하고 도로기능(타입)에 대한 수법의 적용을 확인할 필요가 있다.

수법을 선정할 때에 주요한 포인트는 다음과 같다.

- 도로기능(타입), 도로망 형태 가운데 위치
- 통행차량의 조건(노선버스, 긴급차, 쓰레기수집차 등)
- 도로 폭
- 연도시설의 분포나 건물의 입지 상황
- 교통상황(자동차, 자전거, 보행자 등의 이용경로나 교통량 등)
- 주차 상황
- 녹지의 분포나 거리경관의 상황
- 주민 의향

2.1.1 교통규제 등(소프트적 수법)

소프트적 수법으로는 최고속도 규제나 통행금지 등으로 대표되는 교통규제를 수반하는 것과 구획선이나 법정외표시(교차로 교차마크 등)의 설치나 재검토 등 교통규제를 수반하지 않는 것이 있다. 존대책의 정비 컨셉이 「교통량의 억제」, 「속도의 억제」, 「노상주차 대책」, 「보행환경의 개선」가운데 과연 무엇인지 확인한 후에 그곳에 맞는 적당한 용도를 가진 수법을 적절히 선택하여 실시하는 것이 중요하다.

(1) 수법의 종류와 용도

생활도로의 존에 있어서 교통규제를 수반하는 주된 대책으로는 표 2.1.1, 교통규제를 수반하지 않는 주된 대책은 표 2.1.2와 같다.

구역을 대상으로 하는 것은 최고속도 30km/h의 구역규제가 있다. 그 외에 일반적으로 도로구간(노선별)에 적용되는 주차금지나 대형차 등 통행금지에 대해서도 필요에 따라서 구역을 대상으로 규제하는 것을 고려할 수 있다.

도로구간을 대상으로 하는 것은 보행자용 도로나 일방통행 등이 있으며, 복수의 대책과 조합함으로써 통과교통을 효과적으로 배제할 수 있다.

교차로를 대상으로 하는 것은 일시정지나 교차로 십자 마크 등 안전한 교차로 통행을 확보하는 것과 교통의 흐름을 제어하여 통과교통을 억제하는 지정방향 외 진행금지가 있다.

표 2.1.1 소프트적 수법의 종류(교통규제)

대상	수법	개요
구역	최고속도 30km/h 구역 규제	특정 구역에 있어서 차의 주행속도를 제한함으로써, 교통사고의 발생을 억제하고 교통안전을 확보함. 규제 표지는 구역의 입구 · 출구에 설치함
	주차금지	노상주차를 금지하고 교통의 안전과 원활을 도모함
	대형차 등 통행금지	연도 환경보전을 위해서 특정노선 혹은 특정 구역에 대하여 일정 기준 이상의 대형차(특히 화물차)의 통행을 금지함. 규제대상이 되는 차량이 출입하는 시설 등의 상황을 근거로 실시함
도로구간	보행자용 도로	차량통행을 금지하고 보행자 통행의 안전을 확보함. 통과교통뿐만 아니라, 주민 등의 차량도 규제대상이 되기 때문에 영향범위 전체의 합의가 필요함
	일방통행	자동차 통행의 안전과 원활화를 도모하기 위해서 차량의 진행방향을 지정함. 우회로가 근처에 있는 것이 전제로 함
	주차가능	주차금지 장소 또는 도로 좌측단 이외의 장소에 주차할 수 있는 장소를 지정하고 교통안전과 원활을 도모함. 필요성을 충분히 검토해 지정함
	시간제한 주차구역	노외주차장이 정비되어 있지 않은 장소에 있어서 어쩔 수 없이 단시간 주차 수요를 시간제한 주차구간에 유도하는 것으로써, 교통안전과 원활의 확보를 도모할 뿐 아니라, 주차질서를 확립함. 도로기능에 과다한 영향을 미침과 동시에 노외주차장 정비 등을 저해할 우려도 있으므로, 그 실시에 대해서는 신중하게 대응함
	가로 가장자리 구역의 설치 · 확폭	가로 가장자리 구역을 설치 · 확폭함으로써 보행자 안전을 확보하는 것과 동시에 차도 폭이 5.5m 미만인 경우, 차도 중앙선을 제거해 차량의 속도억제를 도모함
	횡단보도	보행자의 횡단장소를 지정하는 것과 동시에 차량에 대해서 보행자가 횡단하는 장소인 것을 알려 횡단 보행자 안전을 확보함
교차로	지정방향 외 통행금지	교차로에서 지정한 방향 이외의 진행을 금지하고 교통안전과 원활을 도모함. 일방통행의 역행이나 통행금지의 진입을 막는 것을 목적으로 실시하는 경우도 있음
	일시정지	교차로에서 일시 정지해야 할 장소를 지정해 안전 확인을 환기시키고 사고 감소를 도모함

표 2.1.2 소프트적 수법의 종류(법정외표시)

대상	수법	개요
도로구간	감속 마크	감속이 필요한 구간(급커브, 급내리막, 연속커브, 추돌사고 다발구간 등)의 앞 및 그 필요구간에 연속적인 마크를 표시함. 차량속도를 억제해 교통사고 억제를 도모함
도로구간	통학로 (문자표시)	차도에 통학로인 것을 문자로 표시함으로써, 차량에 주의주행을 환기시키고 특히 아동에 대한 교통사고의 감소를 도모함
도로구간 · 교차로	칼라포장	도로구간과 교차로의 양쪽에서 사용됨. 칼라포장은 생활도로에서는 교차로, 내리막길, 커브, 가로 가장자리 구역 등에 설치하고, 보행자, 자전거 이용자 등의 안전을 확보하여 정온한 교통환경의 보전을 도모함. 버스전용 통행시간대 및 노선버스 등 우선통행 시간대에서는 일반 운전자에게 그 존재를 명확하게 해 노상주차의 억제, 차선 내에 진입 억제, 대피양보 의무를 인식시켜 교통사고의 억제를 도모함
교차로	점선 라인 (지도선)	원칙적으로 신호기가 없는 교차로 등에서 차도 외측선 등을 교차로 내에 파선으로 연장해서 자동차의 통행부분을 명시하는 것이 바람직한 경우에 설치함. 우선관계의 표시라고 오인될 우려가 있기 때문에 우선관계가 명확하지 않은 교차로부에는 설치하지 않음
교차로	교차로 십자마크	중앙선이 없는 도로가 교차 하는 +자 형태 · T형 교차로에서 도로의 교차가 도로의 상황에 의해 불명확한 경우에 마주보면서 충돌하는 사고를 방지하기 위해서 설치함. 다지 · 변형 교차로 및 중앙선이 표시되고 있는 도로에는 설치하지 않음

※ 법정외표시는 공안위원회와 도로관리자 중 누가 설치할 것인가 법적으로 정해져 있지 않다.

감속마크

통학로(문자표시)

교차로의 칼라포장과 교차로 마크

노면마킹

사진 2.1.1 법정외표시

(2) 수법의 적용 개념

존이나 도로구간별로 교통규제 등의 적용에 있어서는 표 2.1.3에 나타낸 바와 같이 대로 존이나 도로구간마다 달성해야 할 정비 컨셉과 도로기능을 감안하여 적절한 수법을 선정한다.

용도와 도로기능에서 본 교통규제 등 적용의 기본적인 개념은 표 2.1.4와 같다.

표 2.1.3 교통규제 등(소프트적 수법)과 용도 및 도로기능(타입)의 관계

분류		용도				도로기능			비고
대상	수법	교통량 억제	속도 억제	노상 주차 대책	보행 환경 개선	타입 I	타입 II	타입 III	
구역	최고속도 30km/h 규제	○	◎	-	○				원칙 존 전역 출입구에 구역 표식을 설치
	주차금지	-	-	◎	○				연도상황 및 도로폭원 감안
	대형차 통행금지	◎	-	-	○				
도로구간	보행자도로	◎	-	○	◎	×	△	△	
	일방통행	◎	-	-	-	△	△	△	속도상승에 배려함
	주차 가능(시간 제한 구간 규제 등)	-	-	◎	-	△	△	×	연도 상황 및 도로폭원 감안
	가로 가장자리 구역 설치·확폭	-	○	○	◎	△	o	△	
	감속마크	-	◎	-	○	o	o	△	법정외표시
	통학로 (문자표시)	-	◎	-	○	×	△	△	위와 같음
	횡단보도	-	○	-	◎	o	△	△	
	칼라포장	-	◎	○	◎	o	o	o	법정외표시
교차로	지정방향 외 통행금지	◎	-	-	-	△	△	△	어떤 교차로의 상황에도 대응하여 적용함
	일시정지	-	◎	-	○	△	△	△	
	점선라인	-	◎	-	-	△	△	×	법정외표시
	교차로 십자마크	-	◎	-	○	×	△	△	위와 같음

※ 용도에 대한 효과 ◎ 직접적인 효과 있음 ○ 간접적인 효과 있음 — 효과 없음

※ 도로기능에 대한 적용 o 적극적으로 적용함 △ 상황에 따라 적용 × 거의 적용 안함

표 2.1.4 교통규제 등(소프트적 수법)과 용도 및 도로기능(타입)의 관계

	용도			
	교통량의 억제	속도의 억제	노상주차대책	보행환경의 개선
타입 I	• 원칙적으로 대형차 등 통행금지로 함 (다만, 노선버스는 제외함)	• 중앙선의 제거 등에 의해 차도 폭을 좁혀 가로 가장자리 구역을 설치 혹은 확폭함	• 노상주차가 많고 일반차량의 통행 저해요인이 되고 있는 도로에서는 주차금지로 함 • 근린상가 등 단시간의 노상주차가 많은 도로에서는 시간제한 주차구간을 도입함	• 보행자의 안전을 확보하기 위해서 가로 가장자리 구역을 설치하거나 확폭함 • 횡단보행자의 안전성을 확보하기 위해서 횡단보도를 설치함
타입 II	• 대형차 등 통행금지 • 자동차 샛길이 될 것 같은 도로에서 보행자만을 통행시키는 경우에 있어서 시간대 등을 정해서 보행자용 도로로 함 • 일방통행, 지정방향 외 진행금지를 조합하여 통과교통이 진입하기 어려운 도로망 체계로 함	• 타입 I 과의 교차로에서 일시정지를 도입함 • 타입 II 혹은 III 과의 교차로에서는 주의 주행을 환기하기 위해서 교차로 십자 마크를 설치함	• 노상주차가 많은 도로에서는 노외주차공간과 균형을 맞추고 필요에 따라서 주차금지로 함	• 차 진입이나 노상주차를 억제, 보행자 안전을 확보하기 위해서 가로 가장자리 구역을 설치, 칼라 포장을 실시함 • 아동의 안전성을 확보하기 위해서 통학로(문자 표시)를 설치함
타입 III	• 대형차 등 통행금지 • 자동차 샛길이 될 것 같은 도로에서 보행자만을 통행시키는 경우에 있어서 시간대 등을 정해서 보행자용 도로로 함	• 타입 I 과의 교차로에서는 일시정지를 도입함 • 타입 II 혹은 III 과의 교차로에 있어서 주의주행을 환기하기 위해서 교차로 크로스 마크를 설치함	• 노상주차가 많은 도로에서는 노외주차공간과 균형을 맞추고 필요에 따라서 주차금지로 함	

타입 I : 존 내의 발생·집중교통을 외주(外周)도로로 유도하는 존의 골격 도로
타입 II : 존 내의 교통을 타입I로 유도함과 동시에 각 주거지에 대한 서비스 기능을 가지는 도로
타입 III : 존의 마지막에서 각 주거지에 대한 서비스 기능을 갖지만, 이용 차량은 한정되어 주로 보행자가 이용하는 도로
제1부 「1.3.2 도로기능」의 설정을 참조할 것

■ 존 입구에 있어서 소프트적 수법의 적용

○ 존 입구를 명시

존 입구에 있어서의 소프트적 수법의 적용은 외주의 간선도로로부터의

통과교통을 억제하기 위해서 중요하다.

존 입구에서는 최고속도 30km/h의 구역규제가 지정되어 있는 경우, 표식 「구역 여기부터」, 「구역 여기까지」를 설치한다. 도로 이용자의 인식을 높이기 위해서 표식에 존 대책을 실시하고 있는 지구명을 나타내는 간판을 붙이는 것이 바람직하다.

사진 2.1.2 존 경계의 표식
(나고야시 미도리구)

○ 외주의 간선도로로부터 존에의 유입을 억제

- 존 입구부의 도로구간에 대형차 등 통행금지를 표시하고 있으면, 존 내를 통행시키는 것이 위험한 대형차 등의 통행을 억제할 수 있다.
- 존 입구부의 도로구간에 존 내로부터 외주도로에 일방통행이 지정되어 있으면 존으로 차량유입을 억제할 수 있다.
- 외주도로 측에 우회전 금지나 좌회전 금지가 지정되어 있으면 존으로 좌우회전에 의한 차량유입을 억제할 수 있다.

2.1.2 물리적 디바이스(하드적 수법)

하드적 수법의 대표적인 것으로 험프나 차도 폭좁힘, 시케인 등이 있다.
물리적 디바이스는 하나의 수법이 복수의 용도에 대응하고 있으며, 또한 수법에 따라 효과의 정도가 차이가 있기 때문에 「교통량의 억제」, 「속도의 억제」, 「노상주차 대책」, 「보행환경의 개선」에 「경관의 개선」을 추가하면 최적이 될 수 있다. 도로구간 등에서 물리적 디바이스의 적용은 도로구간별로 달성해야 할 정비 컨셉과 도로기능을 감안하여 적절한 수법을 선정토록 한다.

(1) 수법의 종류와 용도

주된 물리적 디바이스의 종류는 표 2.1.5와 같이 분류된다. 또한 각각의 형상 이미지를 그림 2.1.1과 그림 2.1.2에 나타내었다. 수법의 대표적인 것으로는 험프나 차도 폭좁힘, 시케인 등이 있으며, 포장, 차도 선형, 볼라드 등이 주된 구성요소로 되어있다. 험프는 차에 수직방향의 움직임을 주는 것, 시케인은 차도 선형을 좌우로 변환시키는 것이다.

도로구간을 대상으로 하는 것과 교차로를 대상으로 하는 것이 있으며, 교차로에서는 교차로 입구와 교차로 내에 배치하는 것이 있다.

도로구간에서 배치 패턴은 험프나 차도 폭좁힘과 같이 단독 혹은 이산적으로 배치하는 「점배치」와 시케인과 같이 연속한 구간을 대상으로 배치하는 「선배치」가 있다. 「선배치」는 연속적으로 속도를 저감시키는 효과가 있다. 「점배치」도 연속적으로 배치하는 것으로 「선배치」와 같은 효과를 기대할 수 있다.

표 2.1.5 물리적 디바이스의 종류

대상	수법	개요
도로구간	험프	차도노면에 설치된 凸부 중간부에 평평한 부분이 있는 사다리꼴 험프와 그렇지 않는 활꼴 험프가 있다. 어느 것이라도 노면과의 사이에 완만한 경사면을 이룬다.
	차도 폭좁힘	차도 폭을 물리적 또는 시각적으로 좁게 하는 것으로써 저속주행을 유도하는 것
	시케인	차량통행 영역의 선형을 지그재그 또는 사행시켜 속도저감을 도모하는 것
	통행차단	도로구간 일부를 차단해서 물리적으로 차량통행을 제한하는 것
	주정차공간	주차수요 등에 대하여 필요 최저한의 공간을 한정해 확보하는 것. 보도의 일부에 설치하지만 폭좁힘이나 시케인으로 해왔던 차도의 일부에 설치하는 것도 있다.
교차로	교차로 입구 험프	형태는 도로구간의 험프와 같이 사다리꼴과 활모양의 험프가 있다.
	교차로 전면 험프	교차로 전체를 북돋우는 타입의 험프
	교차로 폭좁힘	형태는 도로구간의 험프와 경우와 같다. 사고방지, 교통류컨트롤에 제공한다.
	차단 (경사, 교차로)	교차로 내 혹은 교차로 도로입구에 통행차단을 설치하고 차가 통행할 수 있는 방향을 한정한다.

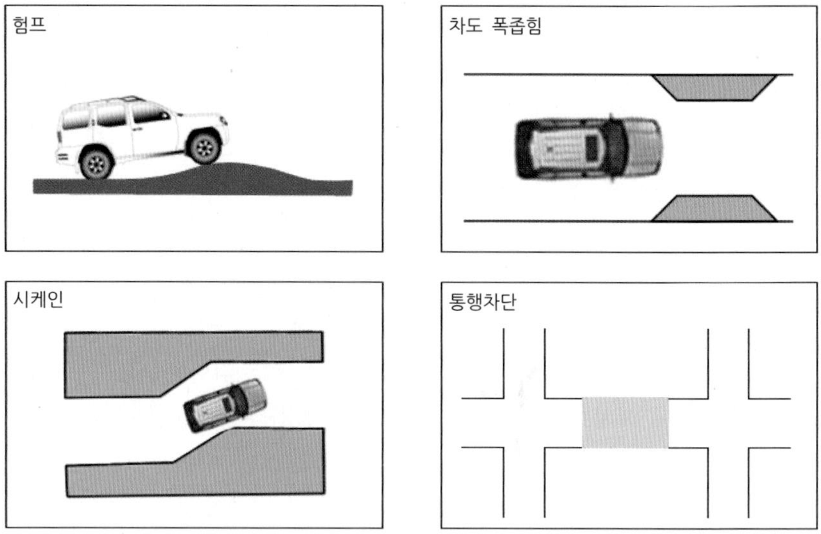

그림 2.1.1 주요 물리적 디바이스의 형태(도로구간)

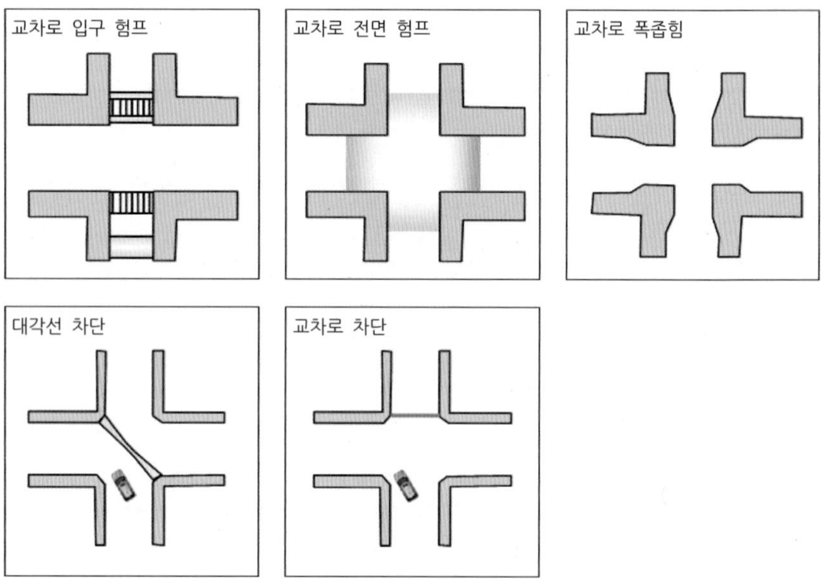

그림 2.1.2 주요 물리적 디바이스의 형태(교차로)

(2) 수법의 적용 개념

물리적 디바이스 용도는 하나의 수법이 복수 용도에 대응하고 있으며, 각 용도의 효과 정도는 수법에 따라 차이가 있지만 「교통량의 억제」, 「속도의 억제」, 「노상주차 대책」, 「보행환경의 개선」외에도 「경관의 개선」을 추가할 경우 최적이라 할 수 있다.

도로구간별로 물리적 디바이스의 적용은 도로구간마다 달성해야 할 정비 콘셉트와 도로기능을 감안하여 적절한 수법을 선정한다.

물리적 디바이스와 용도 그리고 도로기능과의 관계는 표 2.1.6와 같다.

표 2.1.6 물리적 디바이스(하드적 수법)와 용도 및 도로기능(타입)의 관계

분류		용도					도로기능			비고
대상	수법	교통량 억제	속도 억제	노상 주차 대책	보행 환경 개선	경관 개선	타입 I	타입 II	타입 III	
도로구간	험프(사다리꼴 활꼴)	○	◎	-	☆	☆	△	○	△	
	차도 폭좁힘	○	◎	☆	☆	☆	△	○	△	
	시케인	○	◎	☆	-	☆	△	○	○	
	통행 차단	◎	-	-	☆	☆	△	○	○	
	주정차 공간	-	☆	◎	-	☆	△	△	△	연도상황 및 도로폭원을 감안함
교차로	교차로 입구 험프	△	○	-	◎	☆	△	○	○	타입 I 교차하는 경우
							×	○	△	타입 II 교차하는 경우
							×	×	×	타입 III 교차하는 경우
	교차로 전면 험프	△	○	-	◎	☆	△	○	×	타입 I 교차하는 경우
								○	△	타입 II 교차하는 경우
									△	타입 III 교차하는 경우
	교차로 폭좁힘	○	○	☆	☆	☆	△	○	○	타입 I 교차하는 경우
							△	○	○	타입 II 교차하는 경우
							△	△	○	타입 III 교차하는 경우
	경사 차단	○	-	-	☆	☆	○	○	○	타입 I 교차하는 경우
							×	○	△	타입 II 교차하는 경우
							×	×	△	타입 III 교차하는 경우
	교차로 차단	○	-	-	☆	☆	×	○	△	타입 I 교차하는 경우
							×	×	△	타입 II 교차하는 경우
							×	×	×	타입 III 교차하는 경우

※ 용도에 대한 효과 ◎ 효과 큼 ○ 효과 보통 △ 효과 적음
☆ 어떻게 설치하느냐에 따라 효과를 얻을 수 있음
— 효과 없음(거의 관계없음)

※ 도로기능에 대한 적용 ○ 설치가 적용되고 있음 △ 상황에 따라 설치를 고려할 수 있음
× 거의 적용되지 않음

도로기능에 대응한 물리적 디바이스의 설치의 개념은 다음과 같다.

- 타입I 도로는 존 내 교통을 신속하게 존 외곽도로로 끌어낼 필요가 있기 때문에 자동차 통행의 제약은 적어질 수밖에 없다. 이 때문에 디바이스는 존 입구에서 처리와 교차로에서 대응이 중심이 된다고 볼 수 있다.
- 타입II 도로는 존의 거주자의 서비스를 위한 도로이며, 보행자나 자전거 통행의 안전성이나 쾌적성을 도모할 수 있도록 도로구간이나 교차로에서 시설물의 설치로 볼 수 있다.
- 타입III 도로는 연도거주자에게 관련한 차량 이외는 통행하지 않는 상황도 있기 때문에 경우에 따라서는 존 입구에서 처리나 교차로에서 대응만으로 볼 수 있다.

○ 타입 I 의 적용 예

예: 존 입구에 험프 혹은 차도 폭좁힘을 설치
타입 I 의 교차로에 교차로 전면 험프를 설치

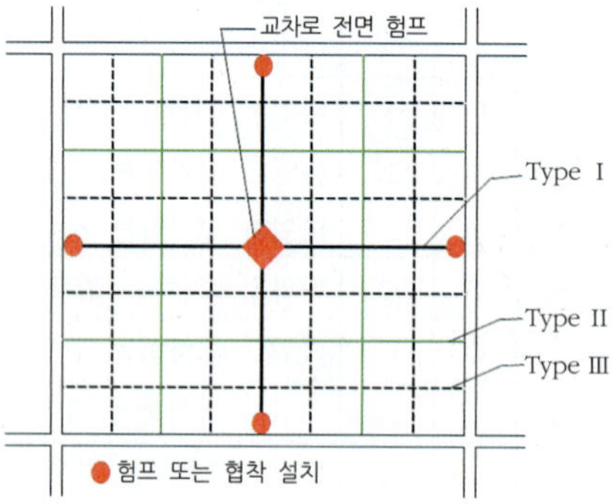

○ 타입 II · 타입 III 의 적용 예

예1: 존 입구에 험프 또는 협착을 설치

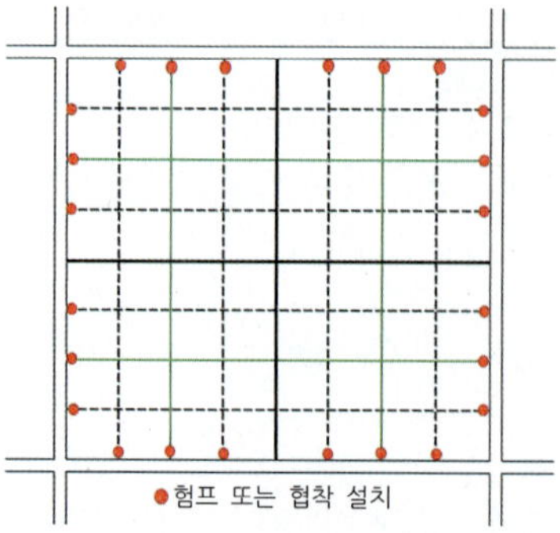

예2: Type II 의 도로구간에 시케인 등 디바이스를 설치
교차로 전면 험프 설치

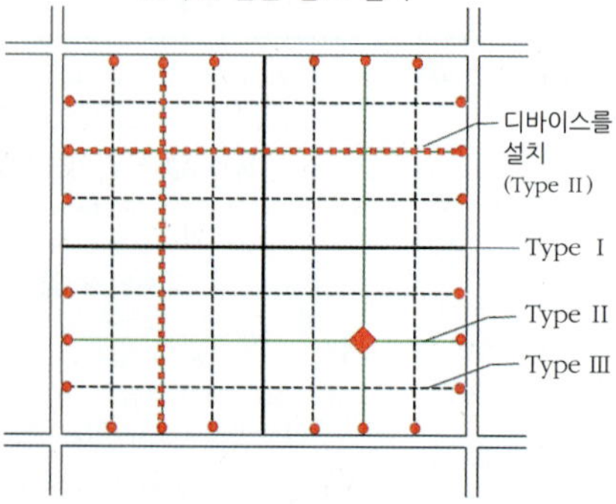

■ 존 입구에 있어서 물리적 디바이스의 적용

존 입구에서는 경계부로서의 인상을 강하게 통과교통의 진입을 방지하는 것이 바람직하다. 그렇기 때문에 험프나 차도 폭좁힘 등, 혹은 완만한 보도(보도의 연장에 사다리꼴 험프를 설치한 것), 완만한 횡단보도(완만한 보도에 횡단보도를 그린 것)를 단독으로 혹은 조합하여 설치하는 것이 바람직하다.

완만한 횡단보도
(가나가와현 후지사와시 고난다이)

(오사카시 히가시요도가와구 호우신)

(나고야시 미도리구나가네다이)

존 출입구를 좁게 보이게 함으로써 존으로 진입을 억제한다.

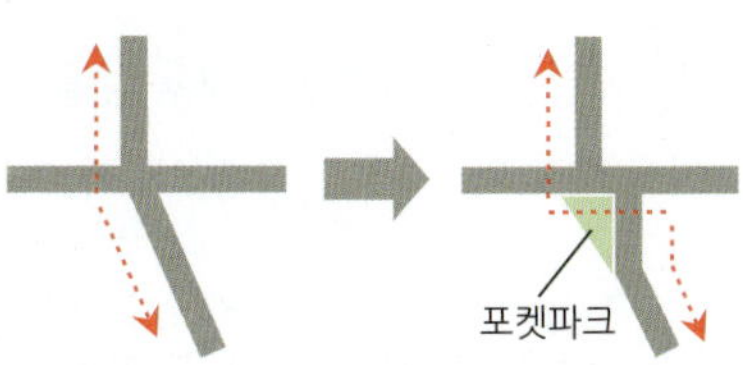

종전의 십자교차로를 불일치 교차로로 고쳐, 직진교통의 통행억제를 도모하고 있다.
(나가노시미와야나기 마을)

사진 2.1.3 존 입구의 물리적 디바이스 적용 예

2.1.3 교통규제 등(소프트적 수법)과 물리적 디바이스(하드적 수법)의 조합

존 대책에서는 존 내의 교통안전 등의 목표 실현을 도모하기 위해서 교통규제 등(소프트적 수법)과 물리적 디바이스(하드적 수법)를 적절히 조합한 대책의 실시가 중요하다. 그 때 보도의 설치·확폭이나 도로 반사경·도로 조명등 등의 설치·개선 등 기존 교통안전대책도 실시한다. 또한 조합한 대책을 실현해 원활히 사업을 진행시키려면 공안위원회와 도로관리자와의 제휴가 중요하다.

존 대책에서는 교통규제 등(소프트적 수법)과 물리적 디바이스(하드적 수법)를 적절히 조합하는 것으로, 상승적인 작용 등에 의해서 「통과교통 배제」, 「주행속도의 억제」, 「노상주차의 적정화」 등의 실현을 도모하는 시책이다. 존 전체로는 교통규제와 물리적 디바이스가 적절한 조합이 될 수 있도록 충분히 배려할 필요가 있다.

이러한 대책과 함께 보도설치 · 확폭이나 도로반사경 · 도로조명등 등의 설치 · 개선 등의 기존 교통안전대책도 아울러 실시한다.

(1) 교통규제와 물리적 디바이스의 편성 예

1) 속도규제와 물리적 디바이스

최고속도 30km/h의 구역규제만으로는 충분한 효과가 되기 어렵다고 판단되는 경우, 물리적 디바이스를 조합하여 속도의 억제를 도모할 필요가 있다.

2) 일방통행 규제와 시케인·차도 폭좁힘

상호통행의 도로구간에 일방통행 규제를 도입하는 것으로 교통량을 억제할 수 있지만, 반대방향의 차량이 줄어듦으로써 속도 상승의 우려도 있다.

이러한 문제는 시케인, 차도 폭좁힘 또는 험프에 의해 속도억제를 도모하는 편성이 유효하다.

3) 차량통행 규제와 물리적 디바이스

① 대형차 등 통행금지와 차도 폭좁힘

대형차 등 통행금지 규제에 의해서 대형차를 배제하는 것으로 차도 폭좁힘 설치장소의 유효 폭원을 좁히는 것이 가능하다. 교통규제와 조합하는 것으로 보다 작은 차도 폭좁힘부의 실현이 가능하게 되고 보다 큰 속도억제 효과를 기대할 수 있다.

② 통행차단과 보행자용 도로

도로를 통행 차단하는 경우, 보행자용 도로의 교통규제에 의해 보행자가 차도를 통행할 수 있는 도로공간으로 할 수 있다.

4) 효과의 부가

① 험프와 보도

고원식 혹은 세미 플랫형의 보도가 있는 도로에 있어서 험프의 상부에 횡단보도를 설치하여 원만한 횡단보도로 만드는 것으로써 횡단보도에 있어서 속도억제 효과도 있으며, 속도억제의 이유를 운전자가 이해하기 쉽기 때문에 상승효과도 있다. 더욱이 횡단보도 주변의 보도의 턱을 없애고 교통약자의 보행공간을 제공하게 된다.

② 하역공간의 확보

상점가 등에 있어서 생활도로 대책으로서 속도억제를 위한 시케인 등의 물리적 디바이스와 함께 하역공간을 확보함으로써 지구 경관의 정형화하고 안전성 향상을 도모할 수 있다.

(2) 소프트적 수법과 하드적 수법의 조합에 있어서 유의점

1) 공안위원회와 도로관리자의 제휴 체제의 강화

존 규제를 포함한 교통규제는 공안위원회에 의하는 것으로 물리적 디바이스의 설치는 도로관리자에게 의한 것이다. 원활한 사업의 실시가 가능하도록 공안위원회와 도로관리자가 서로 연락을 통하여 충분한 협력관계가 될 수 있도록 체제를 정비해 둔다.

대상 지구의 선정이나 사업의 초기 단계에 있어서 문제점의 파악(교통사고의 발생상황 등), 계획안의 입안, 홍보활동, 사업실시, 사후평가까지

양자가 제휴하는 것이 중요하다.

한편 검토 조직을 시작할 때 현지 주민이나 또 다른 소방·구급, 도로를 이용하는 사업자(노선버스 사업자 등) 등의 관계기관도 포함하여 종합적인 체제로 하는 것이 중요하다. 특히 버스사업자 등에 대해서는 험프 등의 시설물이 승차감에 영향을 주기 때문에 배려할 필요가 있다.

2) 실시 시기에 대한 주의

교통규제와 물리적 디바이스의 조합은 상승효과를 얻기 위해서 실시 시기를 맞추는 것이 바람직하다.

2.2 주요 수법의 특징과 적용상의 유의점

2.2.1 교통규제 등(소프트적 수법)

교통규제에 대하여 다음과 같은 수법에 대해 기술한다.

(1) 최고속도 30km/h의 구역 규제

(2) 대형차 등 통행금지

(3) 보행자용 도로

(4) 일방통행

(5) 주차금지와 주차가능

(6) 가로 가장자리 구역의 설치 · 확폭

(7) 일시정지 규제와 노면표시

- 각 타이틀(대상 수법) 아래 그림에는 각 대상 수법에 있어서의 적용 장소나 용도, 적용 도로 타입을 표시하고 있다.

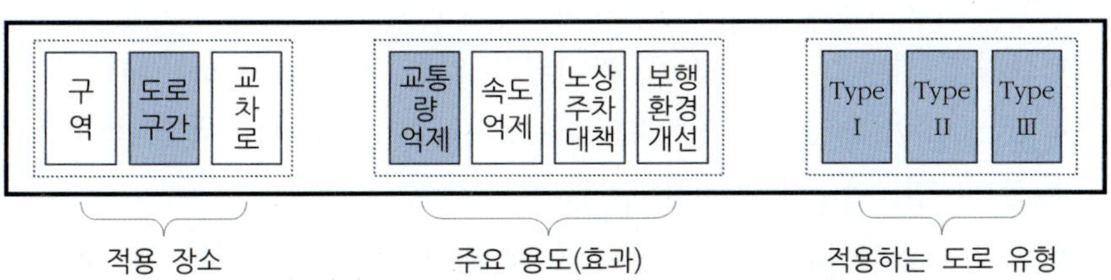

※ 적용하는 도로 유형은 [1.3.2 도로기능의 설정]을 참조

○ 표시색

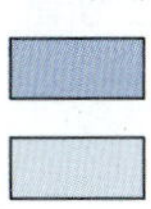

설치가 적합함

상황에 따라 설치가 가능함

○ 적용할 위치가 교차지점부의 경우 적용하는 도로 유형

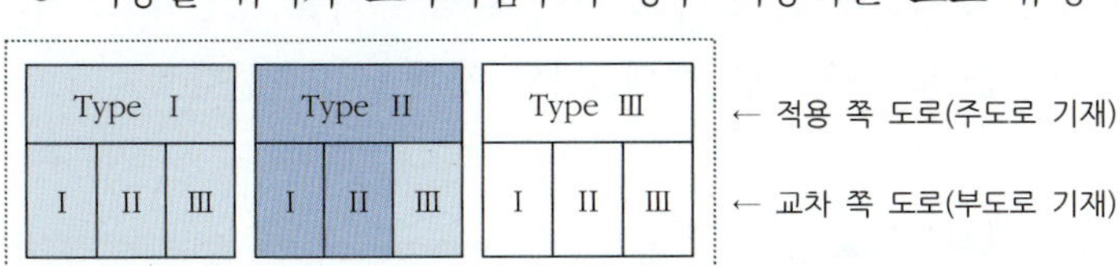

(1) 최고속도 30km/h의 구역 규제

구역	도로구간	교차로	교통량 억제	속도 억제	노상 주차 대책	보행 환경 개선	Type I	Type II	Type III

사진 2.2.1 30km/h 최고속도의 표지
(여기부터)
(나고야시 미도리구)

사진 2.2.2 30km/h 최고속도의 표지
(여기까지)
(사이타마현 요사카와시)

1) 목적

네트워크 형태로서 면적으로 확대되고 있는 복수의 도로에 대해서 최고속도 30km/h를 지정하는 것으로, 표지는 이하에 나타내는 목적으로 구역(존)의 입・출구에 설치한다.

- 도시에 있어서의 특정의 구역(존)에 있고, 자동차에 의한 생활환경에의 영향을 완화해 그 개선을 목표로 하기 위한 종합적인 교통 관리를 실시하고 있는 것을 명시한다.
- 자동차의 주행속도를 제한하는 것으로써 교통사고의 발생을 억제하고, 또 교통사고에 의한 피해를 중요시하고, 자동차 교통이 교통약자에게 주는 위협을 경감시켜 교통의 안전을 확보한다.
- 차의 주행속도를 적정화, 균일화하는 것으로 자동차 교통이 현지 주민에게 주는 소음, 배기가스라고 하는 환경 부하를 경감하고, 거기에 어울린 다양한 도로의 이용 형태, 가로 경관을 창출한다.

2) 구역규제의 개념

구역규제는 특정의 구역(존) 내의 복수의 생활도로에 대해서 구역(존) 내의 속도를 원칙 30km/h로 지정(규제)하는 것이다. 구역규제는 구역의 경계부에 구역규제표지를 설치해서 규제 기점과 종점을 나타내어 실시한다. 이하에 경찰청에 의한 구역규제에 관한 교통규제 기준을 제시하였다(참고자료 참조).

- 생활도로에 있어서 속도 규제에 대해서는 보행자·차량의 통행 실태나 교통사고의 발생 상황을 감안하여 주민, 지자체, 도로관리자의 의견을 근거로 하고 속도를 억제해야 할 도로를 선정하고, 이러한 도로에 있어서 최고속도는 30km/h를 원칙으로 한다.
- 생활도로가 집적하여 존재하는 경우는 구역을 지정하여 규제를 검토한다.
- 생활도로에 있어서 구역의 존 경계부에 구역 규제표지(구역 규제표지)를 좌측의 측구에 설치한다.
- 입구부를 알리기 위해서 존 입구의 우측의 측구에도 아울러 설치할 수 있다.

3) 실시 요건

구역규제 표지는 구역(존)의 경계 부분인 도로의 입구, 출구부분에 표지를 설치한다. 표지를 어디에 설치할 것인지 위치 등을 연구하고 구역(존)의 입구(게이트 형태)를 강조하는 것으로써, 차의 운전자 이외의 도로 이용자에게도 구역(존)을 인식할 수 있도록 한다. 구역(존)을 보다 명확하게 하기 위해서는 존 내의 도로 디자인을 외곽도로 디자인과 다르게 하는 것이 바람직하다.

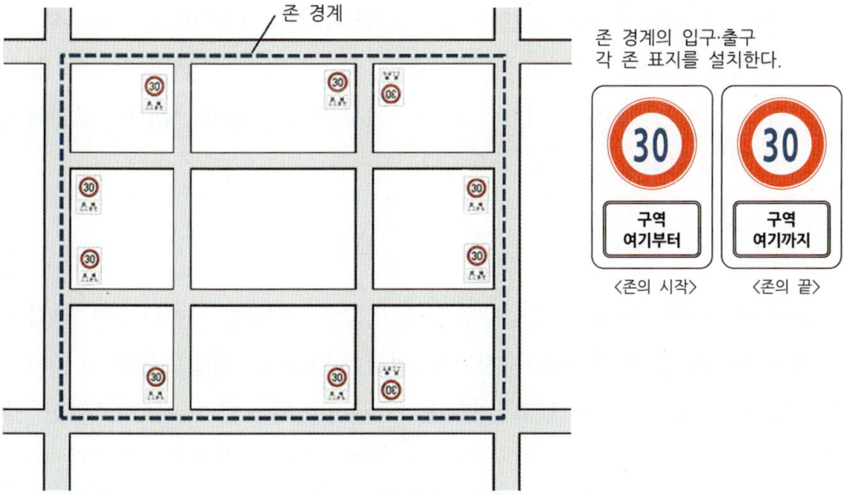

그림 2.2.1 표지의 설치 예

[조합]

구역규제 표지는 입구에서 보지 못하고 존에 들어가면 운전자는 존 내에 있다는 것을 깨닫지 못하는 경우가 있다. 이러한 상황을 막기 위해서는 존 입구부의 강조나 존 내부의 도로의 디자인의 변경 등을 검토한다.

[대책 예]

입구의 강조 존 내의 강조	• 표지와 차도 폭좁힘 • 표지와 험프, 고원식 보도, 고원식 횡단보도 • 노면의 포장의 색, 재질, 모양 패턴을 바꾼다. • 도로 부속물, 점용물, 가로풍경 등 경관의 이미지를 바꾼다.

4) 효과

종래부터 도로구간 또는 교차로를 대상으로 규제표지 대부분이 이 구역규제 표지에 의해서 알릴 수 있어 과잉된 표지를 억제할 수 있다. 물리적 디바이스나 도로디자인에 의한 심리적 효과를 병용함으로써, 「속도억제」, 「교통량 억제」 효과가 더욱 유효하게 된다.

5) 유의점

속도규제는 도로 폭이나 구조에 의해서 규제 준수율이 낮아지는 경우가 있다. 이 때문에 속도를 억제하기 위한 물리적 디바이스의 설치도 함께 검토하게 된다. 규제속도의 준수율을 향상시켜 지역의 안전성을 향상시키기 위해서는 물리적 디바이스의 설치뿐만이 아니라 시민이 참여하면서 분위기를 만들고 교육도 중요하다.

6) 기존 사례

2006년 9월에 발생한 보육원생 사상사고로 인하여 사이타마현 카와구치시에서는 주로 보행자나 자전거가 일상 이용하는 생활도로의 교통사고 방지대책을 검토하게 되었고 최고속도 30km/h의 속도규제를 포함한 생활도로의 교통안전대책을 실시했다. 구체적으로는 시바(芝) 구역과 니시카와구치 구역에 있어서 최고속도 30km/h 속도규제를 실시했다. 시바지구에서는 최고속도 30km/h 구역규제를 약 1.6km 사방 큰 면적에서 실시하고 있다.

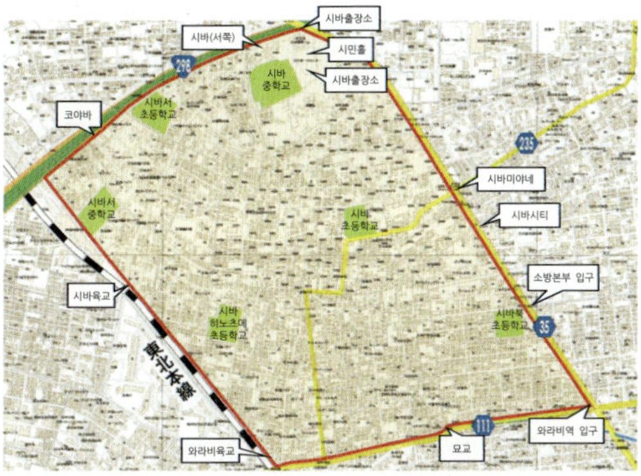

시바 지구

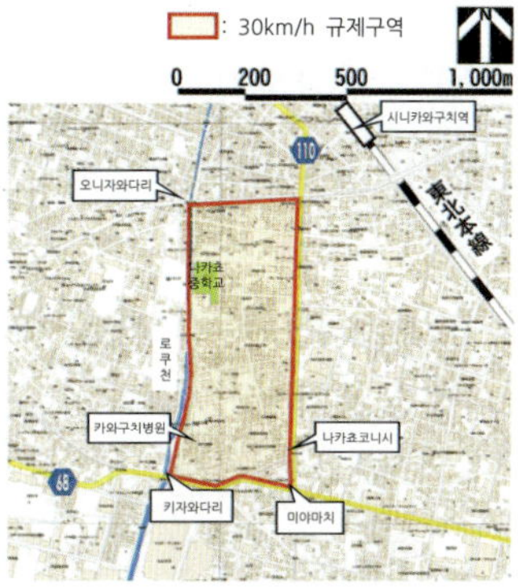

니시카와구치 지구

그림 2.2.2 카와구치시의 30km/h의 구역 설정

사진 2.2.3 카와구치시의 30km/h의 구역 설정

(2) 대형차 등 통행금지

구역	도로구간	교차로		교통량억제	속도억제	노상주차대책	보행환경개선		Type I	Type II	Type III

사진 2.2.4 대형차 등 통행금지의 표시
(동경도 세타가야구)

사진 2.2.5 대형차 등 통행
(동경도 미타카시)

1) 목적

연도 환경보전 때문에 특정 노선 혹은 특정 구역에 대해서 어느 일정 기준 이상의 대형차(화물차 등)를 종일 혹은 일정한 시간에 한해서 통행을 금지한다.

2) 실시 요건

- 여기서 말하는 대형차 등이란 차량 총중량 8t 이상, 최대 적재량 5t 이상, 승차정원 11명 이상의 자동차와 대형 특수 자동차를 말한다.
- 대형차 등에 해당하지 않는 트럭의 통행을 금지할 필요가 있는 경우에는 최대 적재량을 지정해 트럭의 통행을 금지한다.
- 대형차 등의 진입하고 있으며 이를 억제하고 싶은 도로에서는 다른 우회로가 확보되는 경우에 종일 대형 트럭의 통행금지 규제를 실시한다.
- 일방통행 도로에서 차도 폭을 확보 가능하지 않은 경우에는 대형차 등의 통행금지 규제를 실시한다.

[조합]

차도 폭좁힘 부의 폭으로 3m를 채용하는 경우에는 대형차 등의 통행금지 규제를 실시하는 것을 고려할 수 있다.

표 2.2.1 대형차 등의 정의

도로표지판	통행금지 도로표지판을 대상으로 하는 차량
 대형화물자동차 등 통행금지(305)	· 대형 화물자동차 · 특정 중형 화물자동차 · 대형 특수자동차
 적재량 3톤 이상의 화물자동차 등 통행금지(305의2)	적재량 3톤 이상의 화물자동차 · 특정 중형 화물자동차 · 대형 화물자동차 · 대형 특수자동차
 대형승용자동차 등 통행금지(306)	· 대형 승용자동차 · 특정 중형승용자동차
 대형화물자동차 및 대형승용자동차 등 통행금지(310)	· 대형화물자동차 · 특정 중형화물자동차 · 특정 중형승용자동차 · 대형 승용자동차 · 대형 특수자동차

3) 효과

- 진동이나 소음 등에의 영향이 큰 대형차량의 진입이 억제되기 때문에 교통정온화의 효과가 크고 교통공해가 완화되어 환경의 향상에도 연계된다.
- 험프 진입 시 진동 등의 저감을 기대할 수 있다. 차도 폭좁힘, 시케인에 있어 속도억제 효과의 높은 모양을 이용할 수 있다.

4) 유의점

- 원칙적으로는 대형차 등이 통행할 수 있는 대체노선을 확보한다.
- 대체노선에 있어서 현저하게 대형차교통의 증가나 소음발생 개소의 확대를 초래하지 않도록 한다.
- 통행금지 구간이나 구역에 대형차 등의 차고가 있는 경우나, 트럭에 의한 집배 등으로 통행하는 경우는 별도 경찰서장의 허가를 얻을 필요가 있다.

(3) 보행자 전용도로

구역	도로구간	교차로	교통량 억제	속도억제	노상주차대책	보행환경개선	Type I	Type II	Type III

사진 2.2.6 보행자용 도로(시간 규제)
(시즈오카시 시미즈구)

사진 2.2.7 보행자용 도로(종일)
(시즈오카시 시미즈구)

1) 목적

보행자용 도로는 차량의 통행을 금지하여 도로 전체에 있어서 보행자 통행의 안전과 원활을 도모하는 것을 목적으로 한다. 여기서 보행자는 도로교통법상의 보행자이며, 소아용 유모차, 신체장애자용 휠체어를 포함한다.

아침, 저녁 등 보행자가 많은 시간대를 지정해 실시할 수도 있다.

2) 실시 요건

- 보행자 통행이 많아서 자동차 샛길이 될 것 같은 도로에서 보행자의 안전한 통행을 확보해야 할 도로(학교, 복지시설의 주변 등)에서 차량 통행금지 규제를 실시한다.
- 아침, 점심, 저녁, 휴일 등 특정 시간이나 요일을 지정하고 보행자 안전한 통행을 확보해야 할 도로(보행자천국, 아케이드, 역 주변 등)에서 차량의 통행금지 규제를 실시한다.
- 보행자 안전한 통행을 확보함과 동시에 보통 자전거 이외의 차량 통행을 금지하는 경우는 보조표지로 「자전거를 제외」를 택한다.

그림 2.2.3 도로표식(325의4) 보행자전용

3) 효과

- 차량 진입이 금지되었기 때문에 교통사고나 노상의 불법주차 문제가 해결된다.
- 보행자 공간을 확대하여 존 내의 안전성이 확보된다.

4) 유의점

- 차량통행금지 규제와는 달리 도로전체를 보행자가 통행할 수 있다.
- 보행자용 도로에 차량인 자전거의 통행을 인정할지 아닌지는 교통상황을 토대로 검토할 필요가 있다.
- 통학로 등에 있어서 보행자용 도로의 연도에 주차장이나 차고 등이 있는 경우에는 차량의 사용자는 경찰서장의 통행허가증의 교부를 받을 필요가 있다. 허가증을 받지 않은 차량은 현지 주민이라도 우회

등을 해야 한다.

- 철도역이나 상업시설 주변의 도로에서 차량의 전면 통행금지 규제를 실시하면 노선버스나 택시의 편리성이 현저하게 저하되는 경우에는 자전거 외에 공공교통(노선버스, 택시 등)의 통행을 인정하는 트랜짓으로 하는 것도 고려할 수 있다.
- 보행자용 도로의 교통규제에 추가적으로 주민이나 상점 등이 규제시간 중에 바리게이트를 설치하는 것도 유효한 방법이다.

칼럼: 보행자용 도로를 사용한 트랜짓 몰

- 일본에서는 보행자와 버스를 대상으로 한 트랜짓몰이 이시카와현 카나자와시 군마현 마에바시시 오키나와현 나하시에서 볼 수 있다.

일반차량이 통행할 수 없는 요코야스에쵸 상점가를 버스가 통행

사진 2.2.8 카나자와시 후랏도버스

(4) 일방통행

사진 2.2.9 일방통행규제
(사이타마현 구마가야시)

사진 2.2.10 일방통행규제
(사이타마현 코노스시)

1) 목적

폭이 좁고 자동차의 엇갈림이 곤란한 구간이나 보행자의 안전 확보가 곤란한 곳에서 통행방향을 한정하여 공간을 창출할 수 있다. 통과교통을 배제하는 효과가 있다.

2) 실시 요건

- 원칙으로 부근에 우회로가 있어야 하며 우회거리가 극단적으로 길지 않게 배려한다.
- 평행하는 도로의 쌍방을 일방통행으로 하는 경우 방향별의 편성을 충분히 고려해서 지역 내 교통 영향을 억제하도록 배려한다.

[조합]

- 차도 폭좁힘 시케인을 설치하면 자동차의 속도억제 효과가 높아지기 때문에 차도 폭을 좁힐 수 있는 일방통행과의 조합이 효과적이다.
- 일방통행의 도로끼리가 접속하는 교차로에는 소규모 도류화를 설치한다.

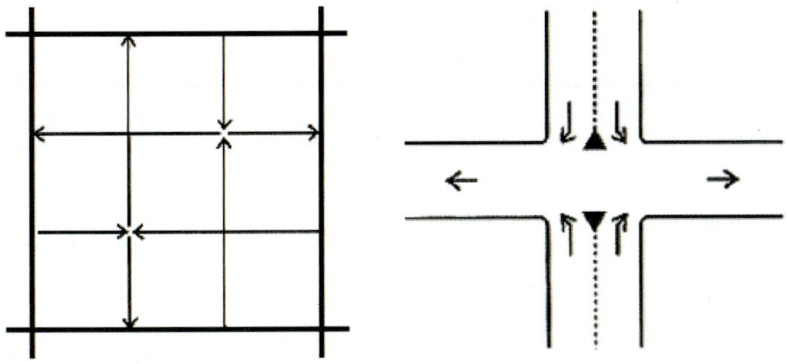

그림 2.2.4 일방통행과 도류화

그림 2.2.5 도로표식(326-A)
일방통행

그림 2.2.6 도로표식(303)
차량출입금지

3) 효과

- 일방통행의 경우 교차로에 있어서 종착점(동선이 교착하는 점)이 상호통행 경우에 비해서 차량이 큰 폭으로 감소하고 교차로에서의 원활성과 잠재적인 안전성이 향상한다.
- 일방통행에 의해서 편방향의 차도 폭원을 축소 가능할 뿐만 아니라, 중앙분리대 등도 불필요해지기 때문에 도로공간을 유효하게 활용하는 것이 가능하다.

4) 유의점

- 버스노선의 경우 왕복차로와 복수차로에서 다른 경로에 의한 운행이 될 수 있으므로 영향을 고려할 필요가 있다.

(5) 주차금지와 주차가능

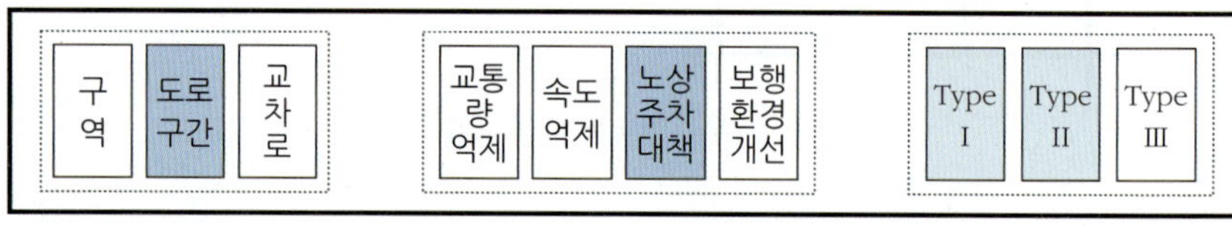

사진 2.2.11 주차금지
(사이타마현 구마가야시)

사진 2.2.12 주차가능
(시즈오카시 규구)

1) 목적

노상의 불법주차 차량에 의한 피해를 해소하고 지역에 있어서 교통안전과 원활을 도모하는 것을 목적으로 하며, 질서 있는 주차관리를 실시한다.

2) 실시 요건

- 교통규제를 실시하는 경우는 도로표지(주정차금지 315, 주차금지 316) 외에도 보도가 있는 장소에서는 도로표지(주정차금지 103, 주차금지 104)에 의해서 실시할 수 있다.
- 주차면이나 주차미터 등에 의해, 주정차 가능한 장소를 설치하는 일도 노상주차 대책으로서 유효하다. 주차해도 좋은 장소에는 표지(주차가능 403)를 설치한다.

그림 2.2.7 도로표식
(좌 315, 중 316, 우 403)

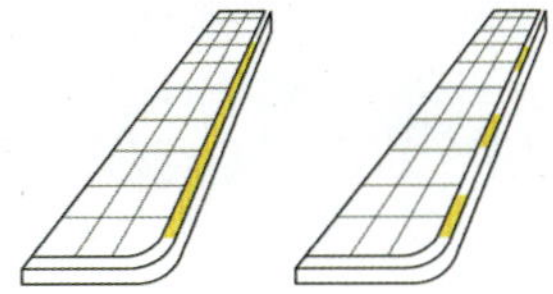

그림 2.2.8 도로표시
(좌 103, 우 104)

3) 효과

주차의 적정화를 도모함으로써 돌출사고를 방지하는 것과 동시에 소방차나 구급차 등 긴급차량의 주행 혹은 소화·구급활동의 저해를 해소한다.

4) 유의점

- 노상주차 차량을 존으로부터 배제할 필요가 있는 경우 주차금지 구역규제를 실시한다.
- 상점가와 인접하는 주택지 등에서 외부인의 주차가 노상 점거할 우려가 있는 도로에서는 지구 실정에 따라 구역이나 구간의 주차금지 규제를 실시한다.
- 상점가의 도로 등 불특정 다수의 이용자가 단시간 주차하는 도로에서는 노상에 주차공간을 지정하고 시간제한주차 구간 규제(주차미터기, 주차발권기)를 실시할 수 있다.
- 볼라드의 설치 등으로 물리적으로 주정차를 배제하는 경우에는 폭원축소에 의한 자동차의 주행이나 보행자에게 영향도 있기 때문에 주민과의 합의형성이 필요하다.

칼럼: 볼라드를 설치해 주정차를 배제한 사례(사이타마시 오미야구 히카와 참배길)

히카와 참배길에서는 도로 상에서 속도억제나 주정차 차량의 배제를 목적으로, 볼라드에 의한 효과를 사회실험으로 확인한 후 보도와 볼라드를 설치했다.

사진 2.2.13 정비 전

사진 2.2.14 사회실험 기간 중

히카와 참배길에서 마쯔리가 열릴 때 지게차가 통과하기 때문에 볼라드를 제거함

사진 2.2.16 축제의 상황

사진 2.2.15 시공 후

(6) 가로 가장자리 구역의 설치·확폭

구역	도로구간	교차로		교통량 억제	속도 억제	노상주차 대책	보행환경 개선		Type I	Type II	Type III

사진 2.2.17 노측대
(키타큐슈시 야와타니시구)

사진 2.2.18 주정차금지 노측대(좌측)
(기후현 기후시)

1) 목적

가로 가장자리 구역을 설치함으로써 보도가 설치되지 않은 도로에 있어서의 보행자 및 경차량의 통행길을 확보해 교통안전과 원활을 도모한다. 또 가로 가장자리 구역을 확폭하여 차도 폭이 5.5m 미만이 되는 경우는 차도 중앙선을 지우고 차량 속도억제를 도모한다.

2) 실시 요건

가로 가장자리 구역은 다음 3가지 종류가 있으며 그 가운데 선택은 적용조건이나 폭 구성을 감안 후 결정한다. 보행자의 안전성 향상에는 가로 가장자리 구역의 칼라포장화나 포장재의 연구가 유효하다.

- 가로 가장자리 구역: 경차량을 제외한 차량통행을 금지한다. 가로 가장자리 구역은 보행자 및 경차량이 통행
- 주정차 금지길 가장자리 구역: 위와 같고 주정차를 금지한다. 가로 가장자리 구역은 보행자 및 경차량이 통행
- 보행자용 가로 가장자리 구역: 차량의 통행 및 주정차를 금지한다. 가로 가장자리 구역은 보행자가 통행

■ 적용조건과 폭원 기준

가로 가장자리 구역의 부분을 제외하고 도로구조령에서 규정하는 차도 폭을 확보할 수 있는 것. 가로 가장자리 구역의 폭은 원칙적으로 1.5m 이상(보행자용 가로 가장자리 구역은 1m 이상), 어쩔 수 없는 경우 0.5m 이상(주정차금지 가로 가장자리 구역과 보행자용 가로 가장자리 구역은 0.75m 이상)

- 가로 가장자리 구역: 원칙적으로 보행자 또는 자전거의 교통량이 많은 경우

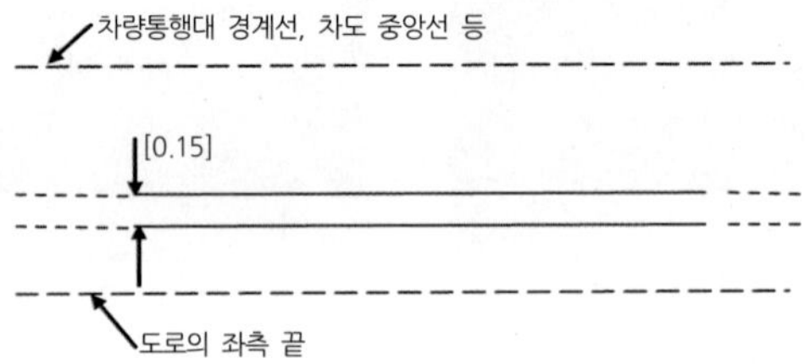

노측대(108)

- 주정차금지 가로 가장자리 구역: 가로 가장자리 구역과 같다. 단, 가로 가장자리 구역로의 주정차를 금지할 필요가 있는 경우

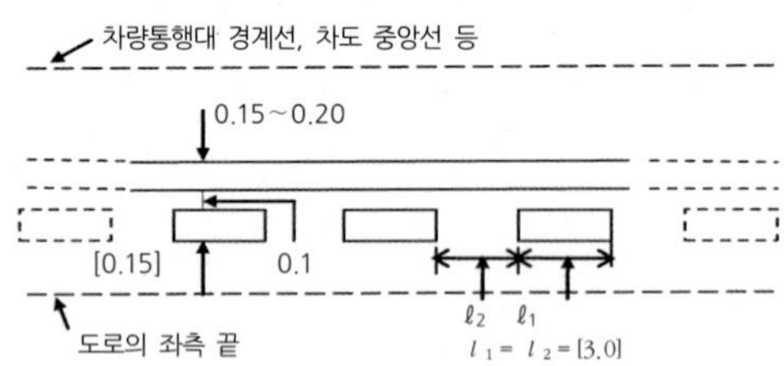

주정차금지 노측대(108의2)

- 보행자용 가로 가장자리 구역: 주정차 금지 가로 가장자리 구역과 같다. 단, 가로 가장자리 구역 내의 자전거 통행을 금지할 필요가 있는 경우

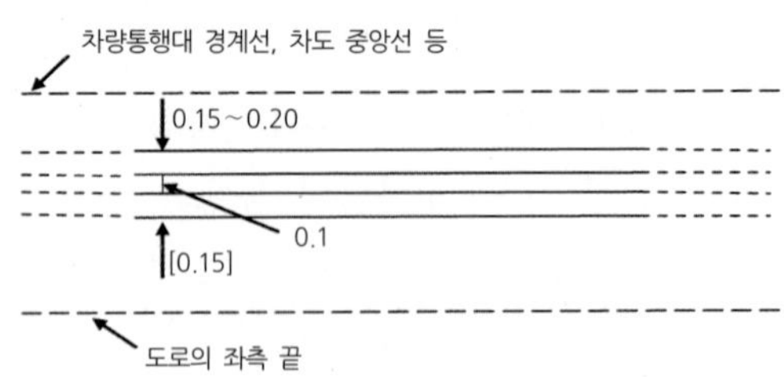

보행자용 노측대(108의3)

단위: m

그림 2.2.9 노측대의 종류

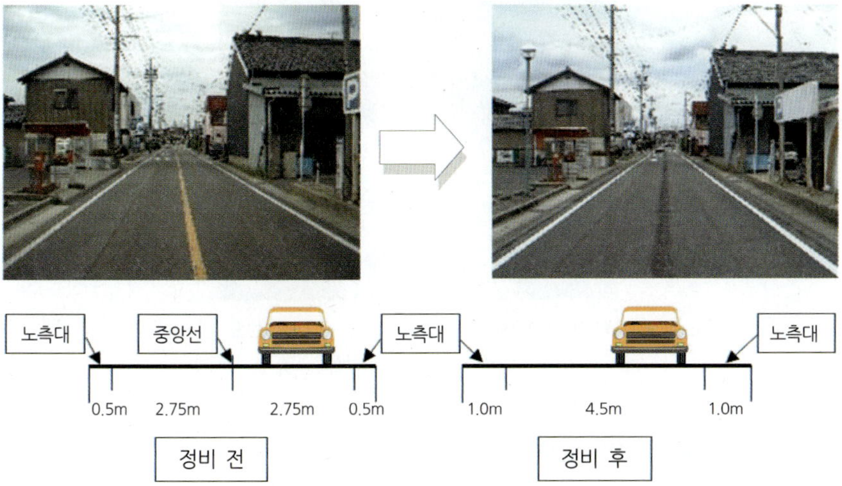

그림 2.2.10 노측대 확폭과 중앙선 말소의 대책 사례
(아이치현 토요타시)

3) 효과

- 가로 가장자리 구역을 칼라포장화하거나 포장재를 설치함으로써 운전자에게 보행자 공간을 주의환기시킬 수 있다.

4) 유의점

- 노측 부분의 점용 물건의 이전 등 도로환경의 정비를 실시한다.
- 가로 가장자리 구역의 칼라포장화나 포장재는 경관에 배려한 색이나 디자인으로 한다.
- 가로 가장자리 구역 확폭과 중앙선 제거에 의한 대책을 실시했을 경우, 중앙선 제거에 의해 교차도로의 우선 관계가 불명확하게 되기 쉽기 때문에 교차로 십자 마크 등으로 교차로를 명시하거나 교차도로측에서의 일시정지 규제 등을 실시한다.
- 교차도로의 가로 가장자리 구역의 외측선에 맞추어 외곽도로의 보도 연결부를 설치하면, 보행자의 차도 횡단거리가 짧아져서 보행자 안전성이 향상된다. 존 외곽도로의 교차로부에서는 교차 도로의 가로 가장자리 구역에 맞춘 보도 설치를 실시하는 것이 바람직하다.

사진 2.2.19 노측대에 맞게 설치한 보도
(도쿄도 분쿄구 하쿠산)

(7) 일시정비규제와 노면표시

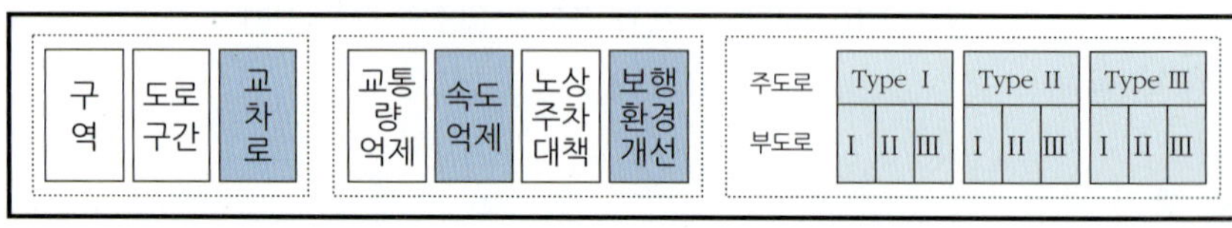

사진 2.2.20 일시정시 규제
(나고야시 미즈호구)

사진 2.2.21 협착 이미지
(나고야시 텐파쿠구)

1) 목적

교차하는 도로의 우선 관계의 명확화와 교차로에서의 주의주행을 환기하고 정면충돌 등의 교통사고 방지를 도모하는 것을 목적으로 한다.

2) 실시 요건

그림 2.2.11
도로표식(330)
일시정지

- 도로표지(330)을 설치하는 것과 동시에 법정외 표시「정지」에 의해, 일시정지의 규제를 실시한다(법정외표시「정지」사양이나 설치 위치는 참고자료「법정외표시 등의 설치 지침에 대하여 참조).

- 전방향 일시정지 규제는 원칙으로서 실시하지 않는다.
- 폭원에 차이가 있는 도로의 교차로에서는 좁은 도로를 규제한다.
- 폭원이 같은 도로의 교차로에서는 교통량의 적은 도로를 규제한다.
- T자형 교차로의 경우는 부딪치는 방향의 도로를 규제한다.

[조합]

- 험프나 폭좁힘 등의 물리적 디바이스를 조합함으로써 준수율이 높아지고 대형사고 방지 효과를 기대할 수 있다.
- 좁은 도로 사이의 교차로에서는 교차로 크로스 마크에 의해서 도로이용자에게 교차도로라는 것을 알려줘 교통규제의 실효성을 높일 수 있다.

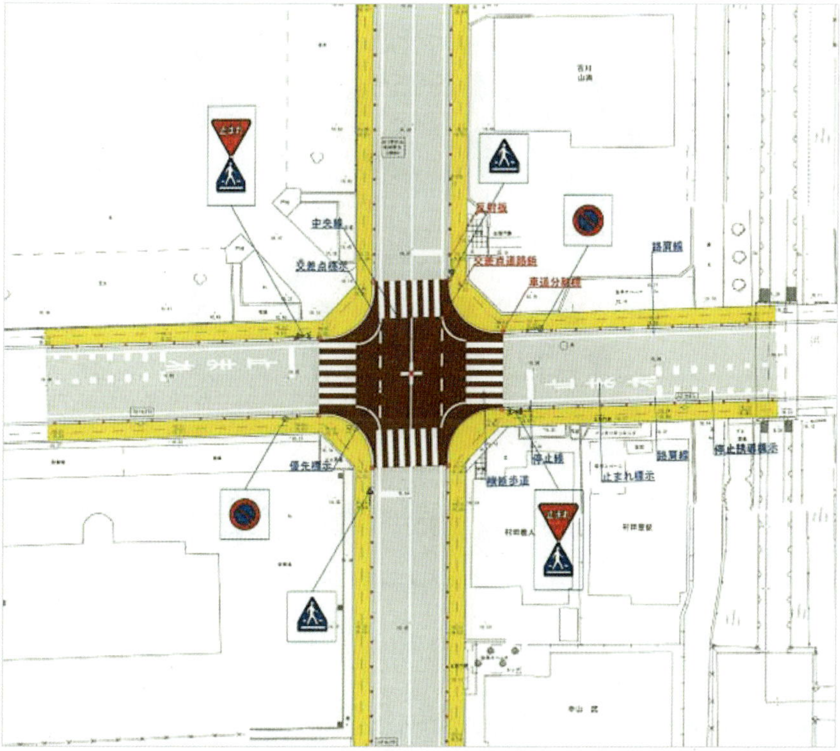

그림 2.2.12 개량 이미지
(사가현 사가시)

[참고] 표시방법 및 일시정지율

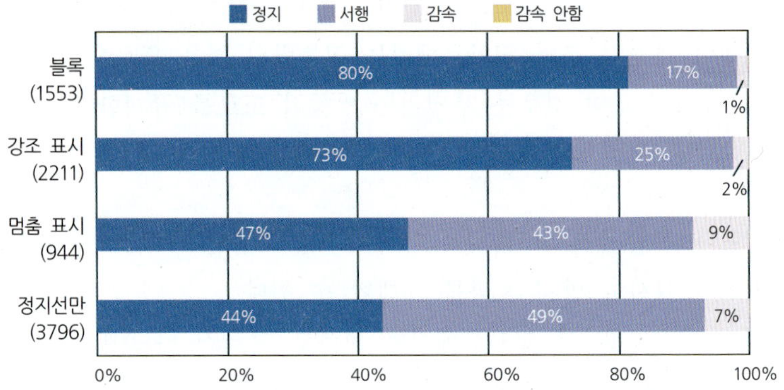

출처: 郊外部無信号交差点における交通挙動実態の研究,
鹿島寛·横山哲, 土木計画学研究·講演集 No. 19(2), 1996

그림 2.2.13 표시방법별 일시정지율

3) 효과

- 교차로에 있어서 주의주행이 환기되어 정면충돌의 사고를 방지할 수 있다.
- 교차하는 도로의 주종관계를 명확화할 수 있다.

4) 유의점

- 야간의 일시정지를 특히 명확하게 할 필요가 있는 경우는 자체발광이나 등화식의 일시정지 표지를 설치한다.

2.2.2 물리적 디바이스(하드적 수법)

물리적 디바이스에 대하여 아래와 같은 수법에 대해 설명한다.

(1) 범프

(2) 차도 폭좁힘

(3) 시케인

(4) 차단

- 각 타이틀(기재 대상수법)의 범위 내에는 기재 대상의 수법에 있어서 적용 장소나 용도, 적용도로 타입을 표시하고 있다(「2.2.1 교통규제 등(소프트적 수법)」 참조).

(1) 험프

■ 도로구간 험프(활꼴, 사다리꼴 험프)

구역	**도로구간**	교차로	**교통량억제**	**속도억제**	노상주차대책	**보행환경개선**	**경관개선**	Type I	**Type II**	Type III

사진 2.2.22 활꼴 험프
(사이타마현 아사카시)

사진 2.2.23 활꼴 험프
(홋카이도 오비히로시)

정비 전 정비 후

사진 2.2.24 사다리꼴 험프
(지바현 후나바시시)

사진 2.2.25 사다리꼴 험프(슬림횡단보도)
(나고야시 나카가와구)

사진 2.2.26 사다리꼴 험프
(홋카이도 오비히로시)

■ 교차로 입구 험프, 고원식 보도, 고원식 횡단보도(교차로부)

구역	도로구간	교차로

교통량 억제	속도 억제	노상 주차 대책	보행 환경 개선	경관 개선

주도로	Type I			Type II			Type III		
부도로	I	II	III	I	II	III	I	II	III

사진 2.2.27 교차로 입구 험프
(사이타마현 쓰루가시마시)

사진 2.2.28 교차로 입구 험프
(사이타마현 삿데시)

정비 전

정비 후

사진 2.2.29 슬림 보도
(지바현 후나바시시)

■ 교차로 전면 험프

구역	도로구간	교차로	교통량억제	속도억제	노상주차대책	보행환경개선	경관개선	주도로 / 부도로	Type I	Type II	Type III
								부도로	I II III	I II III	I II III

사진 2.2.30 교차로 전면 험프
(센다이시 와카바야시구)

1) 목적

험프는 설치 위치에 따라 「도로구간 험프」와 「교차로 험프」로 대별된다.

■ 도로구간 험프

도로구간에 설치하는 경우 목적은 차량의 속도억제이다.

■ 교차로 험프

교차로에 설치하는 경우 목적은 일시정지 준수 촉진 등에 의한 정면충돌 사고의 삭감이다. 험프의 형상과 설치 위치에 따라 험프가 횡단보도를 겸해 원활한 횡단보행을 지원할 수 있다.

2) 구조 요건 등

① 도로구조령에 있어서 위치설정

험프는 구조령 제31조 2의 「凸부」로서 정해져 있다. 한편 제4종 제4급 및 제3종 제5급 이외의 도로에 있어서도 교통안전상 필요가 있는 경우는 험프를 설치할 수 있다.

■ 도로구조령 제31조의2
제4종 제4급의 도로 또는 주로 근린에 거주하는 사람의 이용에 제공하는 제3종 제5급 도로에는 자동차를 감속시켜 보행자 또는 자전거의 안전한 통행을 확보할 필요가 있는 경우 차도 및 이것에 접속하는 노견의 노면에 凸부를 설치하거나 또는 차도에 협착부 혹은 굴곡부에 설치하는 것이다.

• 험프의 진동 · 소음 문제에의 대응

이제까지 험프는 「소음 · 진동 문제가 있다」라고 믿고 있는 사람이 적지 않다. 이전에 많이 사용되었던 「원호」나 「사다리꼴」의 형상은 험프를 넘을 때 소음 · 진동의 문제를 일으켜 연도주민 등의 불평에 의해 철거를 한 사례도 있다. 또한 「연장이 짧은 것이 영향이 적은 것은 아닌가」라고 착각하여 길이 1~2m 정도의 짧은 험프를 설치해서 오히려 소음 · 진동의 문제를 일으키게 하고 있는 예가 아직도 끊이지 않고 있다.

험프를 넘을 때 소음 · 진동의 문제는 벌써 최근의 험프 연구에 의해 해결됐다. 연구 성과를 토대로 바람직한 형상의 험프가 설치된 지점에서는 속도억제나 주의환기에 큰 효과가 있어서 교통사고가 크게 줄어드는 것이 입증되고 있다.

설치에 있어서 연도주민 등의 이해를 얻는 것이 필요한 것은 말할 것도 없다. 그러나 생활도로의 존 대책의 툴로서 올바른 형상의 험프 도입을 적극적으로 검토하는 것이 필요하다.

② 연구 성과에 의한 험프의 형상

험프에서 소음 · 진동을 발생시키지 않기 위해서는 형상에 대해 이하의 원칙을 지키는 것이 필수이다.

- 차량의 전륜과 후륜이 동시에 험프에 걸치는 정도의 길이(4m 이상)로 한다.
- 길이 1~2m 정도의 짧은 험프는 소음 · 진동을 발생시킬 우려가 있다. 따라서 부지 내 통로에서 주의환기 등으로 한정한다.
- 험프의 높이는 지금까지 일본의 실적에서는 높이 10cm의 험프가 효과 및 안전성 측면에서 가장 많이 이용되고 있다.
- 험프의 높이는 너무 낮으면 효과가 없고 너무 높으면 위험을 수반한다. 덧붙여 버스가 다니는 도로에 설치한 험프는 버스의 승차감과 승객의 안전성을 고려해 높이 7cm로 한 예가 있다.

- 험프는 그 형상으로부터 맨 위부분에 평탄부를 가지지 않는 활모양 험프(그림 2.2.14)와 평탄부가 있는 사다리꼴 험프(그림 2.2.15)로 대별된다.
- 어느 형상에서도 맨 위 정상부와 연결되는 형상은 사인 곡선과 같은 원만한 형태를 원칙으로 한다.
- 구배부를 사인곡선 이외의 형상으로 하는 경우에는 사인곡선과 동일한 정도의 소음 · 진동이 되는 것을 확인할 수 있어야 한다.

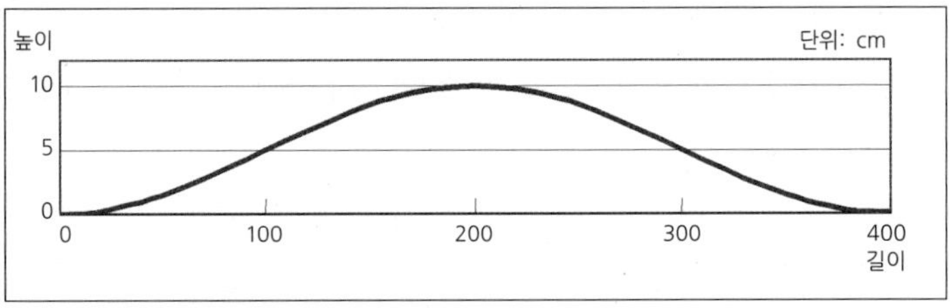

○ 험프 모양: 활 모양(정상부에 평탄부를 가지지 않는다. 사인 곡선에 따라 긋는다.)
구조 조건: 길이 4.0m, 중앙부 높이 10cm

그림 2.2.14 사인 곡선 험프(L=4.0m)의 종단 현상

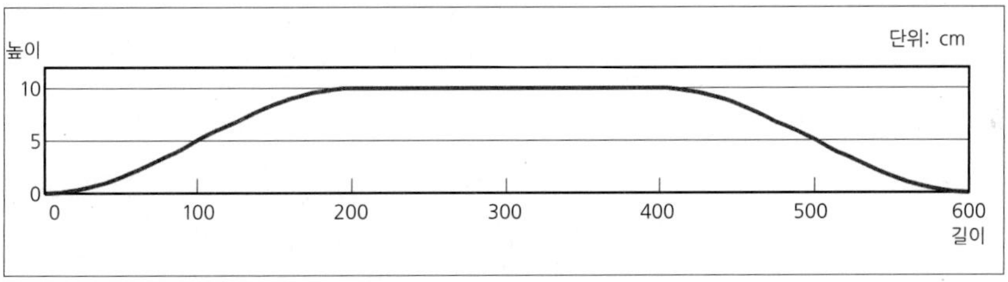

○ 험프의 형상: 사다리꼴(정상부에 평탄부가 있다. 사인 곡선에 따라 긋는다.)
구조 조건: 길이 6.0m(평탄부, 중앙부 높이 10cm)

그림 2.2.15 사인 곡선 험프(L=6.0m)의 종단 현상

표 2.2.2 시점으로부터의 거리와 높이

시점부터 거리(cm)	0	10	20	30	40	50	60	70	80	90	100	110	120	130	140	150	160	170	180	190	200
높이(cm)	0.0	0.1	0.3	0.6	1.0	1.5	2.1	2.8	3.5	4.2	5.0	5.8	6.5	7.2	7.9	8.5	9.0	9.4	9.7	9.9	10.0

※ 여기서 나타낸 높이 10cm, 길이 2.0m의 험프는 이동 원활화를 위해서 필요한 도로의 구조에 관한 기준을 정하는 성령(2006년 12월 19일, 국토교통성령 제116호) 도로의 베리어프리 기준(종단구배 5% 이하, 부득이한 경우 8% 이하)을 만족시키고 있다. 때문에 이러한 험프에 의해서 보행자 등 통행에 대해 큰 영향은 미치지 않는다.

③ 험프 형상의 선택

- 험프 설치 시 형상 선택에 대해서는 이하의 관점과 존 상황으로부터 판단한다.
- 고원식 횡단보도로 이용하는 경우는 사다리꼴 험프로 한다.
- 저상버스가 통과하는 노선에서는 길이가 짧은 활꼴험프로 하면 차량 밑바닥에 험프가 닫을 수 있기 때문에 사다리꼴 험프가 바람직하다.
- 사다리꼴 험프, 활꼴 험프 모두 차량 주행속도가 30km/h 정도 이하이면 어느 형상에서도 소음 · 진동문제는 발생하지 않는다.
- 활꼴 험프는 속도억제 효과가 크다.
- 차량의 주행속도가 30km/h를 넘으면 활꼴험프의 경우는 소음 · 진동이 발생하기 쉽다.
- 사다리꼴 험프는 차량 주행속도가 30km/h를 넘는 경우에 있어서도 어느 정도 소음 · 진동이 억제된다.
- 사다리꼴 험프는 평탄부가 길어질수록 소음 · 진동은 작아지지만, 속도억제 효과도 작아진다.

④ 험프의 노면표시

험프의 노면표시는 「법정외표시 등의 설치 지침에 대하여」(2006년 7월 경찰청 교통규제 참고자료 참조)에 제시되고 있다. 자료에 의하면 저변 75cm, 높이 185cm의 삼각형 표시를 험프 굴곡부에 설치하게 되어 있다. 이 표시에 의해서 운전자가 사전 험프의 존재를 알고 속도를 떨어뜨려 험프에 진입하는 것이 가능하게 된다.

⑤ 험프의 설치방법과 설치 개념

■ **도로구간 험프**

a) 일반 도로구간 험프

도로구간에 설치하는 험프는 세계적으로 가장 일반적인 험프이다. 속도억제가 목적이기 때문에 가장 속도가 내기 쉬운 도로구간 중간부에 설치하는 경우가 많다. 그러나 차량 주행속도가 너무 높은 경우에는 소음이나 진동이 발생하거나 재가속음이 발생하거나 그러기 쉽고, 연도 거주자 등으로부터 불평을 토로하는 경우가 있다. 이러한 사태를 방지하기 위해서 「⑥ 험프 설치 위치의 이해」를 참고로 적절한 설치 위치를 검토한다.

사진 2.2.31 도로구간 험프
(지바현 마츠도시)

사진 2.2.32 도로구간 험프
(도쿄도 분쿄우구)

b) 횡단보도 부분의 설치(고원식 횡단보도의 형성)

도로구간에 설치된 횡단보도에 사다리꼴 험프를 설치하는 것으로 고원식 횡단보도가 된다. 차량의 속도를 억제하고 횡단 보행자 등의 안전을 도모할 뿐만 아니라, 이동 제약을 갖는 사람들(휠체어 이용자, 유모차 등)의 도로의 횡단을 완만하게 해서 일상생활의 활동을 지원하는 베리어프리화의 효과도 있다.

사진 2.2.33 스무스 횡단보도
(나고야시 나카가와구)

사진 2.2.34 스무스 횡단보도
(도쿄도 카츠시카구)

■ **교차로 험프**

a) 교차로 입구 험프

무신호 교차로의 정지선 앞에 설치하는 험프로서 교차로 정지선으로부터 개략 10~30m 정도 이내에 설치한다. 주의환기에 의한 사고억제가 목적이다. 사이타마현에서는 교통사고 80%가 감소되는 등 각지에서 극히 높은 사고 감소효과를 나타내고 있다. 도로구간 험프와 같이 재가속음도 문제가 되지 않기 때문에 적극적인 도입이 특히 추천된다.

험프 설치 위치는 교차로에서의 좌우회전에 대한 핸들 조작의 영향이 없는 위치로 한다. 교차로 바로 옆에 설치하면 정지선의 시인이나 운전 거동에의 악영향이 발생한다.

사진 2.2.35 교차로 입구 험프
(사이타마현 아게오시)

사진 2.2.36 교차로 입구 험프
(지바현 마츠도시)

b) 고원식 보도 · 고원식 횡단보도(교차로부)

외주도로의 보도 연장 위치에 험프를 설치하는 것으로 험프의 상부에 횡단보도를 표시하지 않으면 고원식 보도, 표시하면 고원식 횡단보도로 불린다. 어느 경우든 교차로의 단절된 부분을 나타내어 차도와 보도의 경계를 분명히 할 필요가 있다.

교차로 입구 험프와 같이 생활도로로부터 외주도로에 나가려고 하는 차량의 운전자에게 주의환기시키는 것 외에도 외주도로로부터 생활도로에 들어가려고 하는 차량의 운전자에게 주의환기를 실시함으로써 외주도로의 보도 통행이 원활하게 되어 일상생활의 활동을 지원하는 베리어프리화의 효과도 있다.

정비 전

정비 후

사진 2.2.37 슬림 보도
(지바현 후나바시시)

c) 교차로 전면 험프

교차로 내부를 전면적으로 북돋우는 험프이다. 교차로의 시인성 향상이나 전방향의 차량의 속도억제를 목적으로 한다. 생활도로에서는 차고 등의 통로가 연도에 빈번히 존재하기 때문에 도로구간 험프의 설치가 곤란한 경우가 있다. 그 경우에도 교차로 전면 험프의 설치가 유효하다. 또 횡단하는 보행자의 일상생활의 활동을 지원하는 베리어프리화의 효과도 있다.

한편 존 내에서 교차하는 도로의 우선관계가 불명확하게 될 우려가 있기 때문에 표지나 표시를 하여 우선관계를 나타내는 것이 필요하다. 존의 외주도로 등에 교차로 전면 험프를 설치하는 경우는 우선측 차량도 험프를 넘게 되어 소음 · 진동 문제가 생기기 때문에 우선측의 규제속도가 40km/h 이상의 경우는 원칙적으로 불가하다. 또한 적설 한랭지나 적설지에서는 노면의 종단구배에 의해 일시정지 후의 발진이 곤란해지는 경우가 있기 때문에 경사진 부분의 위치를 차량 정지 위치 앞으로 하는 등 고려할 필요가 있다.

사진 2.2.38 교차로 전면 험프
(센다이시 와카바야시구)

[조합]

험프는 도로구간의 차도 폭좁힘이나 교차로 좁힘과 조합하는 경우 보다 높은 속도억제 효과를 기대할 수 있다.

사진 2.2.39 교차로 입구 험프
(사이타마현 미요시마치)

⑥ 험프 설치위치의 기준(도로구간 험프 및 교차로 험프)

추천 정도를 ☆의 수로 나타내 보이고 있으며, ☆의 수가 많을수록(☆ 5개 만점) 추천도가 높은 것을 나타낸다.

추천도는 효과뿐만 아니라 연도주민 등의 수용성 등에 대해서도 고려하고 있다. 따라서 예를 들면, C 타입이나 F 타입은 도로구간에서의 속도억제 효과가 높은 반면, 험프가 보급되어 있지 않은 현 단계에서는 소음·진동의 발생이 염려되기 때문에 추천도가 낮아지고 있다.

[보충]

- 설치비용에 대해서는 고려하지 않는다.
- 도로구간의 입구와 출구를 명기하기 위해서 일방통행도로를 예로서 나타낸다. 대면 통행의 경우 다음 표를 참고해 대응하기 바란다(험프상의 노면표시는 양측으로 필요하다).
- 폭좁힘과의 조합에 대해서는 고려하고 있지 않다(예를 들어, ☆ 수가 적은 C 타입이나 F 타입에 있어서도 사전에 폭좁힘 등을 설치함으로써 부작용을 최소한으로 억제될 가능성이 있다).
- 고원식 횡단보도에 대해서는 별도 고려하는 것으로 한다(예를 들어, C 타입이어도 도로구간의 중간부에 보행자전용도로가 교차하고 있는 경우 등에는 그 위치에 고원식 횡단보도를 설치하는 것이 유효한 경우가 있다. 그 경우는 표지나 표시 등에 의한 사전 주지를 충분히 실시해야 한다).
- 가장 속도를 낼 수 있는 도로구간에 험프를 설치하는 경우 험프 간격을 짧게 안하면 재가속음이 생기기 쉽다(한편, 도로구간의 입구 및 출구 험프에 대해서는 원래 속도가 낮은 위치에 있기 때문에 재가속음

문제는 적다).

■ 험프 1기의 경우

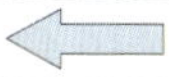	추천도	
a 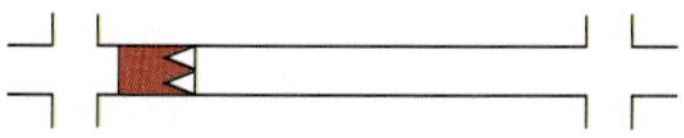	☆☆☆ (☆☆☆☆)	교차로 바로 앞에 험프를 설치하여 일시정지나 서행하게 하는 효과가 있다. 도로구간 속도 문제가 적고, 교차로의 전면 충돌사고가 크게 문제시되지 않으면 ☆ 4개에 해당한다.
b 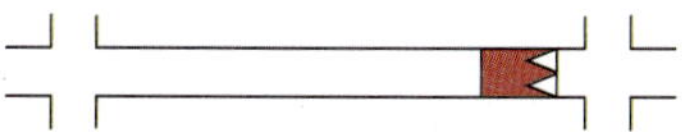	☆½	도로구간의 입구 부근에 설치하는 것으로, 운전자에게 주의깊은 운전을 유도한다고 하는 효과를 얻을 수 있다.
c 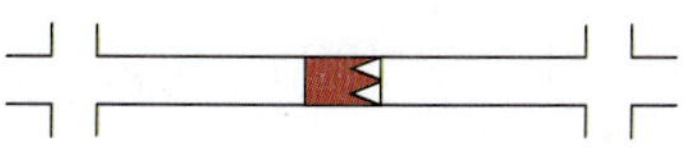	☆	소음 · 진동이나, 재가속음이 발생할 우려가 있다.

■ 험프 2기의 경우

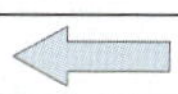	추천도	
d 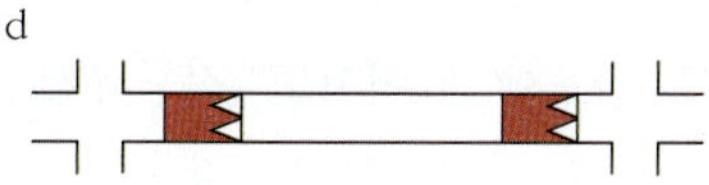	☆☆☆ (☆☆☆☆½)	도로 입구에서 주의를 환기시키면서 출구 교차로에서 일시정지나 서행을 유도할 수 있다. 도로구간의 문제가 적은 경우는 ☆ 4.5에 해당한다.
e 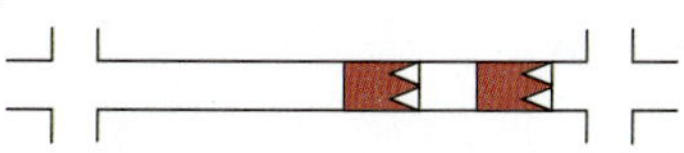	☆½	도로구간에서 속도억제를 기대할 수 있다. 2번째의 험프와의 간격이 50m 이상이 되면 재가속음을 일으키기 쉽다. 도로가간의 2번째 험프를 넘은 지점에서 재가속음이 생길 우려가 있다.
f 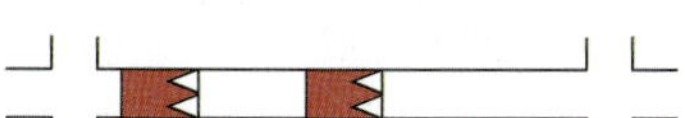	☆	최초 험프에 고속으로 진입할 우려가 있으며, 소음 · 진동이 발생할 우려가 있다. 또한 2번째 험프와의 간격이 50m 이상이 되면 재가속음을 일으키기 쉽다.

■ 험프

	추천도	
g 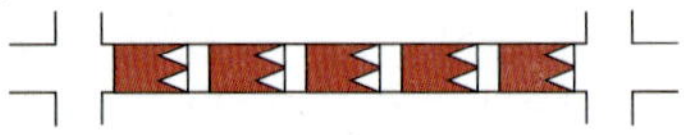	☆☆☆☆☆	도로구간 전체의 속도억제를 도모할 수 있으며, 교차로에서 일시정지도 유도할 수 있다. 험프 간격은 50m 정도까지로 한다. 20m로 하면 재가속음을 거의 완전하게 통제할 수 있다. 비용이나 설치 위치 때문에 많은 험프를 설치할 수 없는 경우는 중간부 험프의 일부를 차도 폭좁힘 등으로 대체하는 것도 고려할 수 있다.

3) 효과

험프에 의한 교통사고 저감 효과는 매우 크고 사이타마현에서 험프를 설치한 4곳의 설치 전·설치 후 각 1년간의 사고 건수를 비교한 결과 사고 건수가 80% 감소(4개소 합계, 사전 1년 사이 18건이었던 사고가 사후 1년간 4건으로 감소)라고 하는 결과가 보고되고 있다.

속도억제 효과 및 소음·진동에 대하여 상세하게 분석한 사례를 보면 속도는 확실히 억제되고 있지만 학습효과로 인하여 효과가 희미해지지는 않는다. 소음에 있어서는 험프 설치로 속도가 억제되어 엔진음이 작아져서 소음도 작아지는 것이다. 다만, 규제속도를 웃도는 차량(특히 대형차량)의 통과 시에는 큰 소음이 발생하기도 한다. 한편 진동에 대해서는 사전·사후에 거의 변하지 않는 경향이 있다. 다만 대형차로 비교하면 험프 설치한 쪽이 높은 값을 나타낸다. 그 경우에 있어서도 진동규제법 시행규칙(1976년 총리부령 제58호)의 요청한도를 크게 밑도는 값이다

다음 그림은 사이타마시에서 3주간에 걸쳐서 설치된 교차로 입구 험프의 계측 예를 나타낸다.

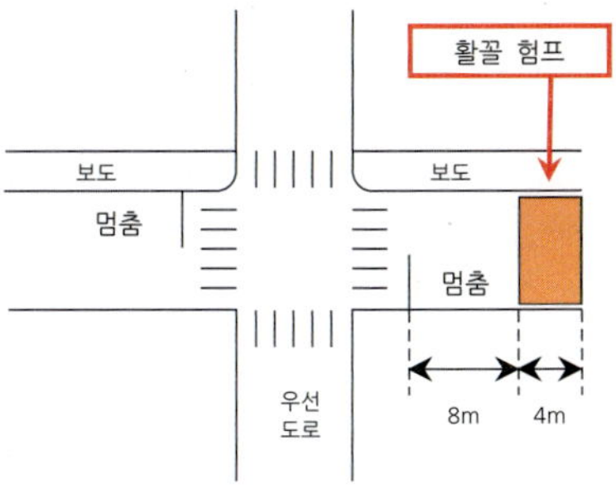

교차로 입구 험프의 설치 위치

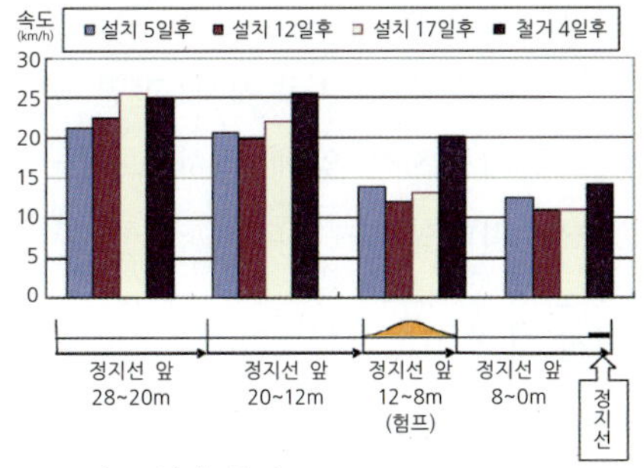

속도억제 효과(각 구간별 평균속도)

차종	샘플 수	소음순간최고 평균값(dB)	최대값 (dB)	최소값 (dB)
험프 설치 전(6월 9일 8:00~9:50)				
대형차	6	72.4	90.7	66.0
버스	0	0.0	0.0	0.0
승용차	38	65.1	73.7	57.1
특수자동차	2	72.1	73.9	70.2
자동이륜원동기	4	70.5	78.0	64.6
	계	전체평균	전체대값	전체소값
	50	66.7	90.7	57.1
험프 설치 중(6월 18일 8:00~10:00)				
대형차	3	69.0	73.6	65.8
버스	2	69.3	71.6	67.0
승용차	70	62.0	76.2	51.1
특수자동차	2	72.0	73.4	70.5
자동이륜원동기	5	66.8	76.5	60.6
	계	전체평균	전체대값	전체소값
	82	63.0	76.5	51.1
험프 설치 후(7월 4일 8:00~10:00)				
대형차	6	68.1	70.4	65.9
버스	1	67.4	67.4	67.4
승용차	67	64.6	73.8	56.7
특수자동차	4	72.2	75.1	67.3
자동이륜원동기	1	62.1	62.1	62.1
	계	전체평균	전체대값	전체소값
	79	65.2	75.1	56.7

소음의 변화

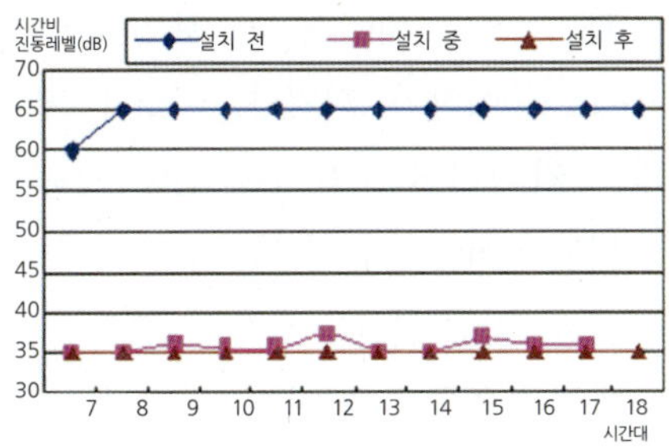

요청한도 진동의 변화

출처: ハンプの長期公道実験による有効性の検証一地区道路の事故多発交差点における安全性向上に関する実験的研究, 久保田尚·坂本邦宏·崔正秀·武本東·中野英明, 土木計画学研究·論文集 Vo1. 21, 2004

그림 2.2.16 험프 설치에 따른 속도·소음·진동의 계측 예
(사이타마시)

4) 유의점

험프 자체의 소음 · 진동은 사인곡선 등 적절한 설계를 하면 명확해질 수 있는 것이 이미 밝혀지고 있다.

한편, 험프는 폭좁힘 등과 같이 도로상이 있는 「점」의 대책으로써, 그 「점」을 넘은 후의 엔진의 재가속음이 문제가 되는 경우가 있다. 따라서 구간 전체로 30km/h 이하의 속도를 달성하는 의미에서 험프는 연속 설치하는 것이 바람직하다.

다만, 비용 문제나 설치 개소의 문제(생활도로의 경우, 차고나 현관 위치의 문제로 설치 제약이 있는 경우가 많다)가 있는 경우는 폭좁힘 등의 병용도 검토할 필요가 있다.

한편 무신호 교차로에서 전면 충돌사고가 특히 문제가 되어 있는 경우에는 일시정지선 앞에 교차로 입구 험프를 설치함으로써 사고 저감에 큰 효과를 기대할 수 있다.

[참고] 험프의 설치 간격

험프를 복수 설치하는 경우 간격은 50m 이하, 가능하면 20m 이하로 하는 것이 바람직하다.

과거 설치 예(그림)를 보면 간격이 40m이면, 속도의 85퍼센타일 값이 30km/h 이하가 되지만, 60m가 되면 30km/h를 넘어 버린다. 또한 50m 정도 간격이면 소음이나 진동 계측치도 충분히 낮아지고 있다.

다만 50m 간격 경우는 험프로 속도를 떨어뜨린 차량이 재가속하는 경우가 있어서 그때 엔진음에 대한 불평이 연도주민으로부터 나오는 경우도 있다.

재가속음을 억제하기 위해서는 간격을 한층 더 좁은 20m 정도로 하면 좋다. 간격을 20m 정도로 한 사례(그림)에서는 험프 사이의 속도가 20km/h로 재가속음이 억제되고 있는 것을 확인할 수 있다. 소음 · 진동에 관한 연도주민의 평가도 높다.

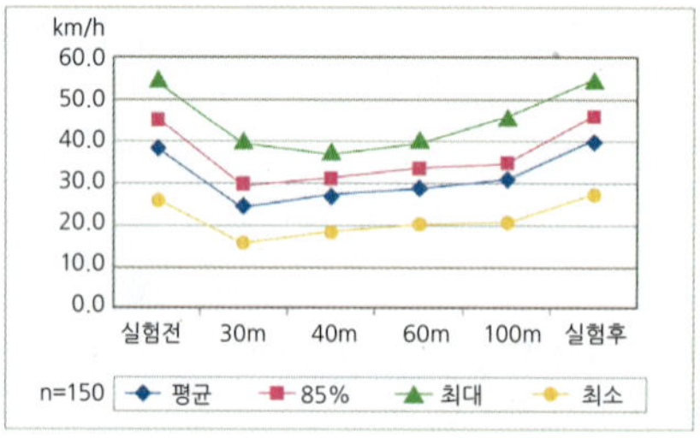

험프 설치 간격별 구간 속도

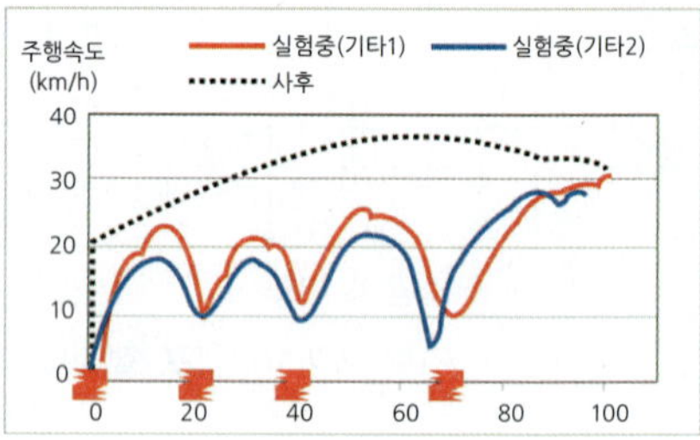

속도 프로필

출처: 交通調査データと住民意識の比較に基づくハンプの設置効果と課題に関する研究, 吉田雅俊·小嶋文·久保田尚, 土木計画学研究·論文集, Vol. 25, 2008

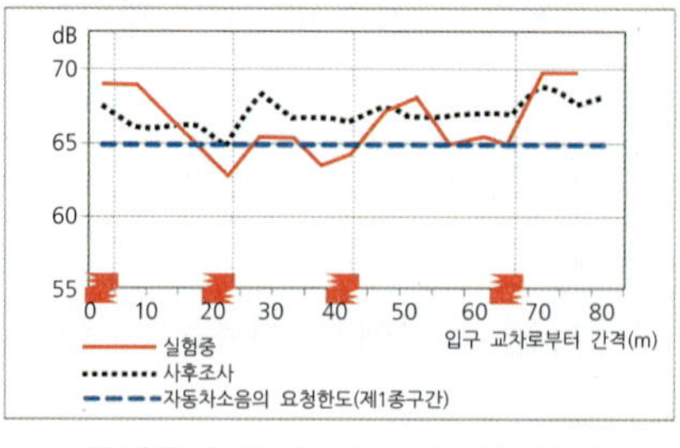

보통자동차 통과 시 순간소음 평균치

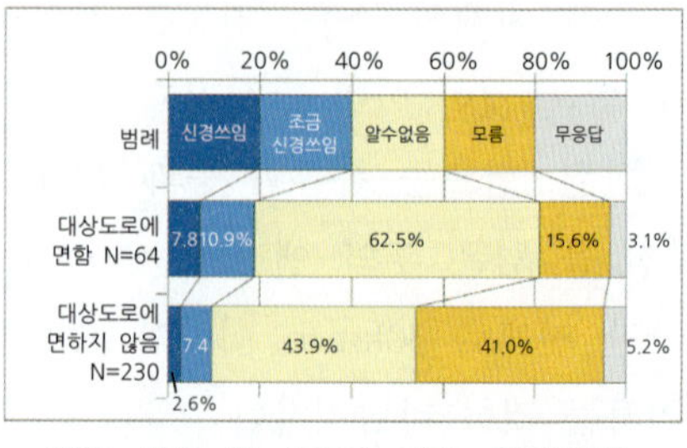

험프 설치 시 소음에 대한 주민의식

출처: ハンフの短区間連続設置における周辺環境への影響および有効性の検証, 市原慎介·吉田進悟·小嶋文·久保田尚, 土木学会論文集 D3, Vol. 67, No. 5, 2011

(2) 폭좁힘

■ 도로구간의 폭좁힘

구역	도로구간	교차로		교통량 억제	속도 억제	노상주차 대책	보행환경 개선	경관 개선		Type I	Type II	Type III

사진 2.2.40 도로 폭좁힘
(지바현 카마가야시)

사진 2.2.41 도로 폭좁힘
(도쿄도 분쿄우구)

■ 교차로 폭좁힘

구역	도로구간	교차로		교통량 억제	속도 억제	노상주차 대책	보행환경 개선	경관 개선		주도로	Type I			Type II			Type III		
										부도로	I	II	III	I	II	III	I	II	III

사진 2.2.42 교차로 폭좁힘
(오사카시 히가시요도가와구)

사진 2.2.43 교차로 폭좁힘
(나고야시 미도리구)

1) 목적

폭좁힘은 「도로구간 폭좁힘」와 「교차로 폭좁힘」이 있으며, 목적은 다음과 같다.

■ 도로구간 폭좁힘

도로구간의 폭좁힘은 차량의 통행부분의 폭을 물리적으로 좁게 하는 것으로써, 통과교통의 억제나 통행하는 차량의 주행속도를 억제한다. 폭의 좁은 도로에서도 잘 검토하면 적용할 수 있고 비교적 싼 비용으로 도입할 수 있다.

또한 연속설치나 험프 등과의 조합에 의해 재가속을 억제하는 물리적 디바이스도 있다.

■ 교차로 폭좁힘

교차로 폭좁힘은 교차로 부분 혹은 교차로 바로 옆에서 보도부의 회전부나 볼라드, 식재의 설치로 차량의 통행부분의 폭을 좁힘으로써 통과교통의 억제나 통행하는 차량의 주행속도를 억제한다. 보행자의 차도 횡단거리를 짧게 해서 교차로에서 사고를 미리 예방할 수도 있다. 한편 구조요건은 도로구간의 폭좁힘과 같은 모양이다.

2) 구조요건 등

① 폭좁힘의 폭원

- 도로구조령에서는 제5조 제5항 「제3종 제5급 또는 제4종 제4급의 보통도로의 차도의 폭은 … (중략) … 제31조의2의 규정에 의해 차도에 협착부를 마련하는 경우에는 3미터로 할 수 있다」라고 기술되고 있다.
- 폭좁힘의 폭은 교통량이나 속도억제 효과를 높이기 위해서 통행차량을 한정하고 폭좁힘의 폭원을 더욱 좁게 하고 있다.

② 폭좁힘의 종류

볼라드 설치에 의한 폭좁힘, 가드레일이나 보도부의 확폭에 의한 폭좁힘이 있다. 또한 운전자에게 주의환기하기 위해서 칼라포장, 인터로킹 블록 포장이나 이미지 험프 등을 설치하기도 한다.

사진 2.2.44 볼라드 설치에 의한 폭좁힘
(도쿄도 세타가야구)

사진 2.2.45 보도부 확폭에 의한 폭좁힘
(나고야시 니시구)

[조합]

- 폭좁힘의 연속설치(20m 간격)나 다른 디바이스(험프 · 시케인 등)와의 조합으로 속도나 재가속의 억제효과를 기대할 수 있다.
- 폭좁힘과 횡단보도의 조합은 보행자의 차도횡단거리가 짧아지고 보행자와 자동차 간의 시인성이 높인다는 점에서 유효하다.
- 대형차 등 통행금지 규제와 교차로 폭좁힘을 조합함으로써 대형차의 진입금지 효과가 높아진다.
- 일방통행 규제를 적용할 때 교차로 폭좁힘과 조합하면 효과적이다.
- 교차로 폭좁힘과 교차로 전면험프를 조합하면 교차로에서의 보행자의 차도 횡단거리가 짧아지고 또 평탄하게 할 수 있기 때문에 보행환경 개선에 효과가 있다.

3) 효과

■ 도로구간 폭좁힘

도로구간의 폭좁힘을 적절히 설치하면 교통량의 감소, 주행속도 저하 효과를 얻을 수 있다.

카츠시카구 아오토 지구의 사례에서는 폭좁힘의 설치로 지구내에 유입하는 교통량(24시간 합계의 전차량 교통량)에 다음과 같은 효과를 얻을 수 있었다.

도로폭원 6m, 차도 폭좁힘 약 3m 볼라드·교차로 바로 앞에 설치

사진 2.2.46 아오토 지구의 차도 폭좁힘

- 정비 후 약 6개월 후에 약 34% 감소
- 정비 후 약 1년 8개월 후에 약 28% 감소

표 2.2.3 아오토 지구의 정비 효과(교통량)

	정비 전			정비 후 약 6개월			정비 후 약 1년8개월		
	합계	소·중형차	대형차	합계	소·중형차	대형차	합계	소·중형차	대형차
주간12시간 (7:00~19:00)	1036	924	65	652	590	27	731	609	37
				37% 감소	36% 감소	58% 감소	29% 감소	34% 감소	43% 감소
야간12시간 (19:00~7:00)	185	161	9	159	140	7	154	127	6
				14% 감소	13% 감소	22% 감소	17% 감소	21% 감소	33% 감소
24시간 합계	1221	1085	74	811	730	34	885	736	43
				34% 감소	33% 감소	54% 감소	28% 감소	32% 감소	42% 감소
아침시간대 (7:00~9:00)	204	175	16	170	153	7	167	141	11
				17% 감소	13% 감소	56% 감소	18% 감소	19% 감소	31% 감소

주 1: 차량 길이가 550cm 이상의 차량을 대형차로 함

주 2: "합계"는 "소·중형차", "대형차" 그 외 차량 길이 측정 불가능한 차량, 속도 측정 불능 차량을 포함

출처: コミニテイ·ゾーンにおける交通安全施策効果の検証, 渡辺久仁子·牧野幸子·橋本成仁·長谷川豊, 第25回交通工学研究発表会論文報告集, 2005

도로폭원 8m
보도 일부 확폭 3m

사진 2.2.47 분쿄우구의 구도 1046호 차도 폭좁힘

또한 분쿄우구의 구도 1046호 사례에서는 주행속도가 약 3km/h 저하(정비 전 평균속도 21.2km/h → 정비 후 평균 18.6km/h)로 되었으며, 35km/h 이상으로 주행하는 차량이 없어졌다.

도로폭원 5m
차도 폭좁힘 3m

사진 2.2.48 분쿄우구 구도 869호 차도 폭좁힘

분쿄우구의 구도 846호 사례에서는 주행속도가 16km/h 저하(정비 전 평균 35.0km/h → 정비 후 평균 19.3km/h)로 큰 속도억제 효과를 얻을 수 있었다.

■ 교차로 폭좁힘

- 도로구간의 폭좁힘과 같은 효과에 추가적으로 보도부가 넓혀지는 것은 운전자와 보행자 쌍방의 시인성이 향상된다. 또한 횡단거리도 짧아져서 안전성도 향상된다.
- 구역 경계에 설치하는 경우 구역 경계를 강조할 수 있어 통과교통의 진입을 억제하는 효과도 기대할 수 있다.

사진 2.2.49 보행자 통행을 배려한 차도 폭좁힘
(도쿄도 무사시노시)

3) 유의점

■ 도로구간 폭좁힘

- 보도가 없는 도로에 폭좁힘을 설치하는 경우 보행자가 폭좁힘의 외측을 통행할 수 있도록 주택 경계선으로부터 1m 정도 떨어져 설치할 필요가 있다.
- 폭좁힘의 폭을 3m보다 좁히는 것도 가능하다. 그러나 그렇게 함으로써 통행할 수 있는 차량이 한정될 우려가 있기 때문에 현지 주민과의 합의형성을 적절히 실시할 필요가 있다. 또한 긴급 시에 긴급차량(소방차 등)이 넘어트리는 것을 전제로 고무제 폴에 의해 형성한 예와 축제 등의 이벤트 시에 탈착할 수 있게 설치한 예도 있다.
- 야간의 시인성 저하에 의해서 폭좁힘부의 통행 시 안전성이 저하하는 것도 고려하여 폭좁힘부에서는 도로조명등을 설치해서 보행자나 자전거의 존재를 인식할 수 있도록 하는 것이 바람직하다. 또한 폭좁힘에 볼라드 등을 이용하는 경우에는 반사판이나 자발광식 시선유도안표 등을 달아서 야간 시 시인성을 향상시킬 필요가 있다.
- 볼라드 등에 의한 폭좁힘을 실시하는 경우 보행자·자전거가 볼라드 등에 접촉·충돌하더라도 다치지 않는 소재를 선정하는 것이 바람직하다.
- 폭좁힘부(교차로 폭좁힘도 동일)에 식재를 설치하는 경우에는 수목

의 높이나 형상 등이 보행자나 차량의 시인성을 저해하지 않도록 수종 선정에 배려할 필요가 있다.

■ **교차로 폭좁힘**

- 교차로 폭좁힘의 앞 노측 부분은 경우에 따라 노상 주정차하기 쉬운 공간을 제공하게 될 수도 있으므로 주정차할 수 없도록 검토가 필요하다.

(3) 시케인

사진 2.2.50 크랭크형 시케인
(나고야시 미즈호구)

사진 2.2.51 슬라롬형 시케인
(도쿄도 키타구)

1) 목적

시케인은 차량 통행부분의 선형을 지그재그로 하거나 사행시켜서 운전자에게 좌우의 핸들 조작을 강요하는 것으로, 차량의 주행속도를 저감시키는 구조이다. 확 트인 직선도로에 비하면 시각적인 심리효과도 있기 때문에 속도억제와 교통량의 억제를 기대할 수 있다.

2) 구조요건 등

시케인은 도로구조령 제31조의2 「차도의 굴곡부」로서 정해져 있다. 한편 제4종 제4급 및 제3종 제5급의 도로에 있어서 교통안전상 필요한 경우에 설치할 수 있다. 시케인은 그 형상에 따라 크랭크형과 슬라롬형의 2가지로 분류할 수 있다.

■ 크랭크형

직선적인 선형의 변화에 의해 차도를 굴절시키는 방법이다. 지그재그의 차도 형상으로 인해 심리적인 속도억제 효과는 높다.

■ 슬라롬형

곡선으로 차도를 사행시킨 것이다. 곡율이 차량의 최소곡선반경에 가까워지는 만큼 속도억제 효과는 높아지지만, 좌우의 시프트를 크게 해 느긋하게 사행시켜도 속도억제 효과를 기대할 수 있으므로, 폭이 큰 도로에서 적용 가능성이 있다. 시각적으로는 보기 좋고 경관적으로는 우수하다고 볼 수 있다.

[조합]

시케인과 교차로 폭좁힘과의 조합으로 속도 및 교통량 억제를 보다 기대할 수 있다. 그리고 차도 폭을 좁히는 것이 가능해지는 일방통행 규제와 조합하게 되면 시케인의 폭을 크게 취할 수 있기 때문에 속도억제 효과를 보다 기대할 수 있다.

사진 2.2.52 슬람롬형 시케인과 교차로 폭좁힘의 조합
(나고야시 미도리구)

3) 효과

기존 연구에 의하면 구조조건에 따라 30km/h 이하에 속도억제 효과를 기대할 수 있는 물리적 디바이스라고 보고되고 있다(그림 2.2.17 참조).

4) 유의점

① 굴절폭 치수

- 굴절폭이 적으면 속도억제 효과가 없기 때문에 굴절폭은 가능하면

크게 할 필요가 있다.

- 시케인의 경우 F(굴절폭) /w(총폭원)의 값을 0.37 이상 함으로써 구간의 속도를 30km/h 이하로 억제를 기대할 수 있다.
- 예를 들면, 단일 단면의 총폭원(w)이 5.5m 정도의 도로가 있다면 굴절폭(F)을 2m 정도로 하여 최대속도 30km/h 이하로 억제를 기대할 수 있다.
- 고무제질 폴을 이용하여 간단하고 쉬운 시케인을 설치하는 실험에서 F/W = 0.36으로 했을 경우 구간 내 최대속도의 85%테일 값은 35km/h가 된 사례가 있다.

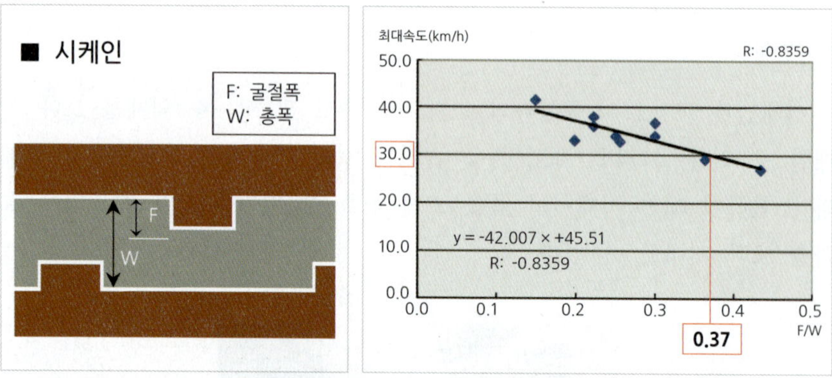

출처: 物理的デバイス形状の違いによる速度抑制効果に関する研究, 本田肇·伊藤克広·金子正洋, 第30回交通工学研究会発表論文集, 2010

그림 2.2.17 보행속도와 시케인의 구조 관련

② 긴급차에의 대응

- 시케인 설치할 때에 상정되는 최대 사이즈의 자동차가 서행하여 지장없이 통행할 수 있는 것이 필요하다. 특히 긴급차량(소방차 등)의 통행에는 배려가 필요하고 주행궤적을 고려해 설계할 필요가 있다.

③ 시인성의 확보

- 야간에는 시케인을 구성하는 공작물에 대한 시인성 향상을 위하여 조명을 설치하는 등의 배려가 필요하지만 데리네이터나 자발광 말뚝에 의해 선형을 알기 쉽게 할 필요가 있다.
- 식재 등을 설치하는 경우 아이의 뛰어들 때 잘 알아볼 수 있도록 높이에 유의한다(높이 75cm 이하가 바람직하다).

④ 주차대의 설치

- 시케인과 주정차 스페이스를 조합하여 교통안전대책과 주정차대책을 겸할 수도 있다.
- 상가 등에서는 시케인 굴절폭을 활용해 하역주차공간을 확보하는 것도 고려할 수 있다.

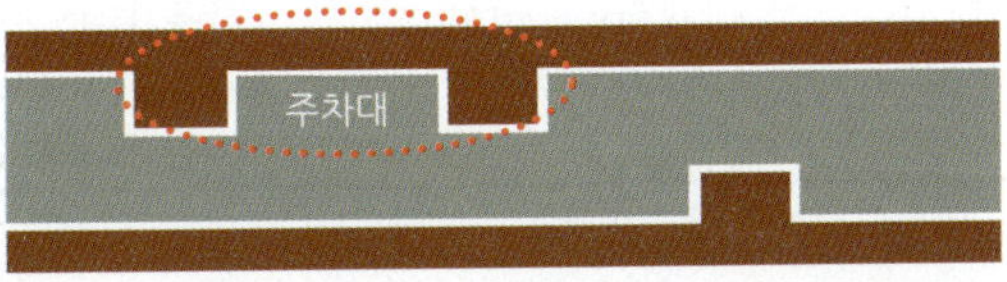

그림 2.2.18 시케인에 있어서 하역주차대 설치 이미지

⑤ 적설 한랭지 대응

- 적설 한랭지나 적설지에서 시케인의 도입은 동절기의 적설의 상황이나 제설 등의 관리방침, 그리고 동절기와 그 이외 시기에 있어서 시케인의 효용 등을 감안하여 적절한 형상을 결정할 필요가 있다.
- 도로 관리상 검토항목으로 제설의 용이함, 제설에 의한 파손 등을 고려할 필요가 있다.

※ 적설 한랭지에서 시케인 사양의 예

크랭크형 시케인은 세로 차이 폭 6m 혹은 8m, 굴절폭 1m로 한다. 슬라롬 시케인은 상대하는 커브의 정점 간의 거리를 최소 30m로 하고 굴절 폭은 도로부지 내에서 최대가 되도록 설정한다.

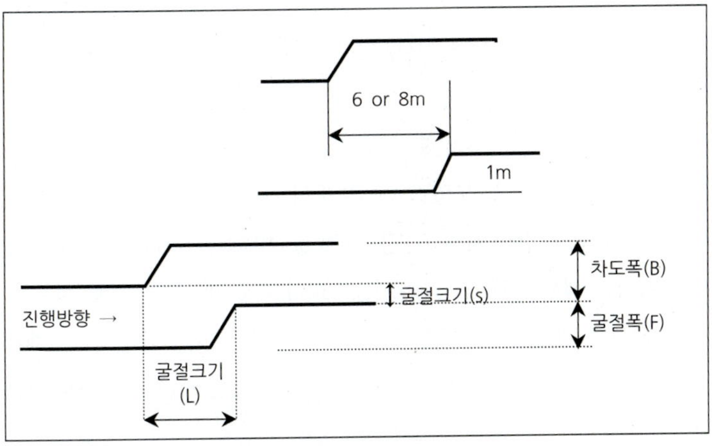

그림 2.2.19 시케인 설치 사양

(4) 차단

■ 교차로 경사 차단, 교차로 차단

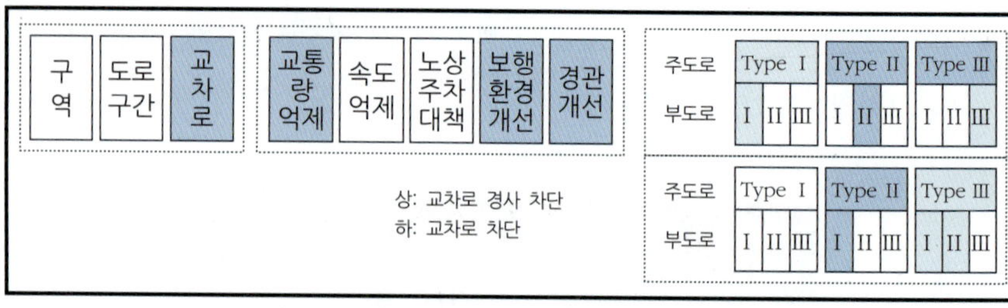

■ 통행 차단

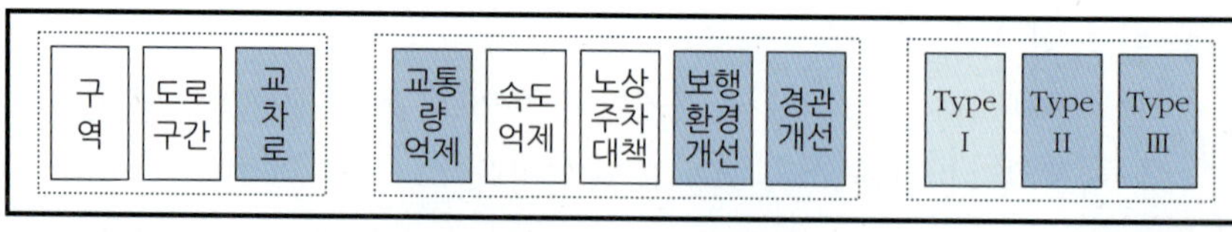

사진 2.2.53 교차로 경사 차단
(효고현 아마가사키 쓰카구치 지구)

사진 2.2.54 관광시설 앞 통행 차단
(에히메현 마츠야마시 도우고 온천 앞)

1) 목적

① 교차로 경사 차단, 교차로 차단

존 내의 교차로에서 통행차단을 위해서 구조를 마련하는 것으로, 이것에 의해 특정의 유출방향에의 차량 진행을 방해해 차량의 진행방향을 한정하는 것이다. 생활도로에 있어서는 교차로를 비스듬하게 차단해 특정 방향에의 유출을 제한하는 「교차로 경사 차단」이나, 좁은 도로에서 간선도로로 나가는 경우 등에 교차로 유입 부를 차단하는 「교차로 차단」 등이 있다.

계획적으로 정비된 주택 시가지, 관광지에서 보행자 체류공간을 확보하는 경우 등에 통행차단을 실시한 예를 볼 수 있다.

그림 2.2.20은 아마가사키시 쓰카구치 지구의 교차로 경사 차단의 사례로 격자모양의 시가지의 남북 생활도로를 비스듬하게 차단하고 동서도로를 일방통행으로 통과교통을 배제하여 차량의 교통동선을 컨트롤 한다. 차량 통행금지 부분은 보도로서 제정비하고 있다.

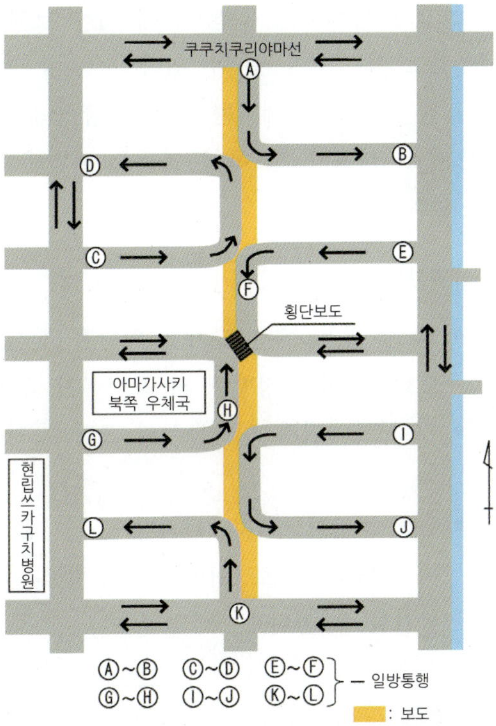

그림 2.2.20 쓰카구치 지구의 교차로 경사 차단

사진 2.2.55 교차로 경사 차단
(아마가사키 쓰카구치 지구)

사진 2.2.56 차단된 도로의 보도정비 상황
(아마가사키 쓰카구치 지구)

② 통행차단

도로구간의 일부를 차단함으로써 물리적으로 차량의 진행방향의 제한이나 통행차단을 실시하여 교통량을 억제한다. 차량을 통행차단하는 경우에서도 자전거나 보행자 등 특정의 교통을 선별해 통행시키는 목적으로도 사용하면서 아울러 여유공간 등도 확보할 수 있다. 주택 단지에서는 컬드삭(막다른 길)으로 활용되고 있다.

상점가 등에서는 통행차단에 의한 보행자 공간을 확보해 활기 만들기를 하고 있는 예도 볼 수 있다.

또한 여러 나라에서는 자동 승강식의 볼라드에 의해 거주자의 차량이나 버스, 화물차 등 특정 교통을 선별해 존 내 유출입시키는 사례도 볼 수 있다.

[조합]

- 존 출입구등에서 교차로 차단을 실시하는 경우 간선도로 등의 외주도로에서의 지정방향 외 통행금지 규제와의 조합할 필요가 있다.
- 교차로 차단과 일방통행의 조합에 의해 존 내의 통과교통을 억제할 수 있다.
- 통행 차단한 구간은 자전거·보행자용 도로나 보행자용 도로와 조합해 지정하는 것으로 연속적인 보행공간이나 보행자의 체류 공간 등을 확보할 수 있다.

2) 효과

- 차량통행을 완전하게 차단할 수 있기 때문에 통과교통의 억제 효과가 있다.
- 차량통행을 완전하게 차단할 수 있고 차도를 활용하여 안전한 보행자 자전거의 공간을 확보하는 것이 가능하다.
- 차단공간을 식수나 보행자를 위한 공간으로 할 수 있어서 교통안전이나 양호한 경관의 정비에 도움이 된다. 또한 상업지에서는 활기를 연출하는 공간 등에도 활용할 수 있다.

3) 유의점

- 차량의 통행을 완전하게 차단하기 때문에 지역주민의 합의형성이 중요하다. 막다른 골목이 되는 경우에는 사적 이용을 하는 경우가 있기 때문에 적정한 이용을 도모할 필요가 있다.
- 차단하는 공작물의 시인성은 중요하며, 특히 야간의 주의환기에 유의할 필요가 있다.
- 차단에 의해서 막다른 골목이 되는 경우는 마지막 부분에 회차 공간을 설치할 필요가 있다. 그리고 존 내를 통행하는 운전자에게 막다른 곳이라는 것을 사전에 알려둘 필요가 있다.

칼럼: 간선도로의 액세스 제한을 위한 교차로 차단의 사례

동경 시나가와구의 오이마치역 주변의 도로를 정비하면서 간선도로에서 지구 내 좁은 도로로 차량의 유출입을 제한하기 위해서 기존 좁은 도로의 일부를 교차로 차단하고, 간선도로의 차량에 있어서의 정비를 실시했다. 통행 차단을 한 공간은 보행자전용도로로 하였다.

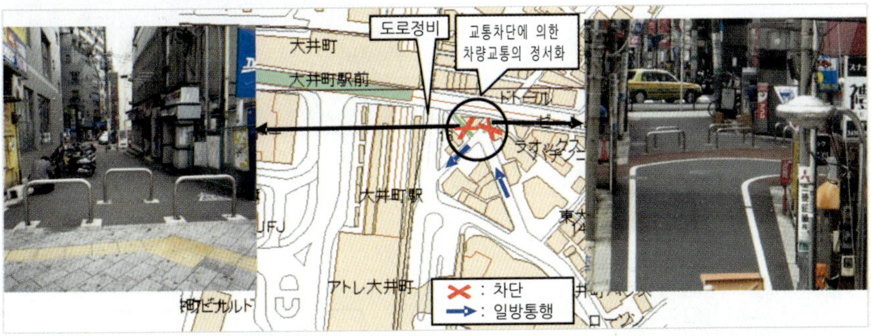

(c)INCREMENTP.CORP

그림 2.2.21 좁은 도로의 교통차단 상황

칼럼: 시간통행 규제에 의한 바리게이트 설치 예

스쿨존이나 상점가의 도로와 같이 보행자 통행이 많은 시간대를 지정해 차량 통행금지의 규제(도로교통법 제8조 제1항, 제9조)에 의해 통과 차량을 배제하고 차도를 일시적으로 보행자를 위한 공간으로 할 수 있다. 잘못해 차량이 유입하는 등 준수가 과제이지만 수동의 바리게이트 등 대책과 아울러 실시하고 있다.

사진 2.2.57 스쿨존의 바리케이트

바리게이트의 설치를 사람이 하는 경우 매회의 설치나 철거가 필요한데 계속해 나가기 위해서는 지구 주민의 이해와 협력이 필요하다. 외국에서는 자동 승강식 볼라드의 설치 운용함으로써 지구 주민의 부담경감과 지구 내에의 진입차량을 선별해서 통과시킬 수 있다.

칼럼: 특정 차량의 통행을 허가하는 수단: 자동 승강식 볼라드

외국에서는 중심시가지나 역사적 시가지에서 차량유입을 억제해 안전하고 쾌적한 보행공간이나 모임공간을 확보하기 위해서 자동 승강식 볼라드를 설치하고 있는 경우가 있다. 통과교통을 배제하고 버스 등의 공공교통이나 지구 내의 거주자 차량 등 특정의 교통만을 선별해 유출입시킬 수 있다.

사진 2.2.58 자동 승강식 볼라드

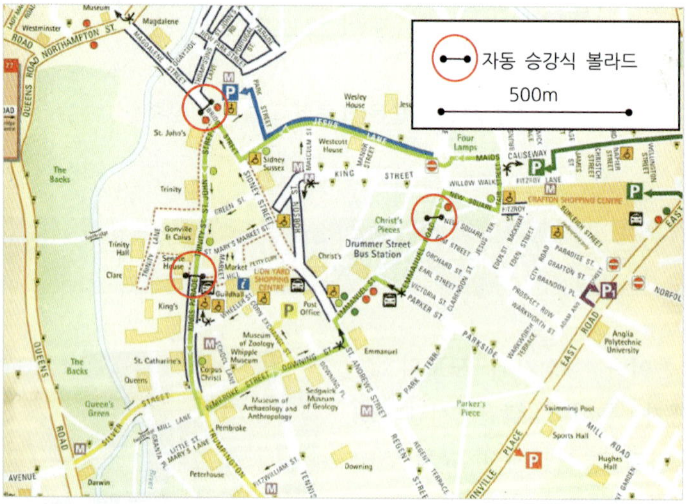

그림 2.2.22 역사적 시가지의 차량 진입 규제와 자동 승강식 볼라드

좌: 일반차량은 유입이 안 됨
우: 버스 등 특정차량 통행 시 볼라드가 내려져 통행이 가능함

사진 2.2.59 볼라드가 올라간 상태

사진 2.2.60 볼라드가 내려진 상태

2.3 설치 예(교통규제와 물리적 디바이스의 주요 조합)

2.3.1 보도가 있는 도로

(1) 폭좁힘 + 일방통행 규제(종일)

소재지	도쿄도 분쿄우구	노선명	구도 1046호	실시 연장	740m	대표 폭원	8.0m

과제
보도의 평균 폭이 약 1.2m로서 좁고 불연속이고 전주가 보도 안에 설치되어 있어 연속적이고 원활한 보행이 곤란했다.

도입한 수법과 정비 내용 등
- 주간(7~19시) 일방통행 규제를 종일규제로 변경하고 폭원 구성을 재검토하는 것과 동시에 무전주화(지중화)하여 표준으로 양측 보도 2.0m, 차도 폭 4.0m를 확보했다.
- 차량 출입구의 위치를 연도주민과 협의해서 횡단보도부 등 속도억제를 도모하고 싶은 곳에 폭좁힘(차도 폭 3.0m)을 7개소 설치했다.

사진 2.3.1 차도 폭좁힘부

사진 2.3.2 차도 폭좁힘부

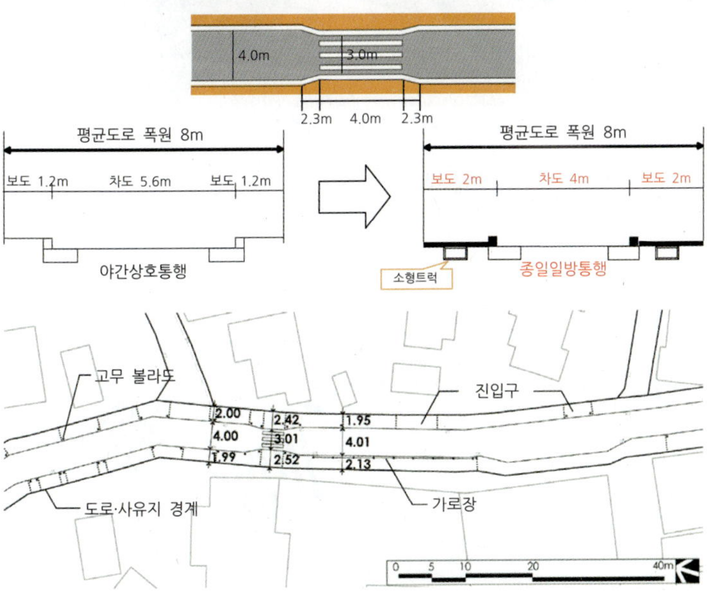

출처: 분쿄우구 자료

그림 2.3.1 구간 평면도

2.3.2 보도가 없는 도로

(1) 폭좁힘 + 칼라포장 + 일방통행 규제

소재지	도쿄도 카츠시카구	노선명	슈토쿠 거리	실시 연장	800m	대표 폭원	6.0m

과제·정비 목표

중소공장이나 상점가, 주거가 혼재하고 있는 지구이며, 국도 6호(미토 가도)와 환상 7호선에 둘러싸여 있기 때문에 통과교통이 많이 유입해 교통사고도 다발하고 있다.

지구 전체 자동차와 보행자·자전거 공존과 안전·쾌적한 생활공간 실현을 목표로 했다.

도입한 수법과 정비내용 등

- 현지 주민과 워크숍으로 디바이스를 도입한 계획안을 작성 → 사회실험 실시 → 워크숍에서 폭 좁음 폭을 현장에서 3종류 설치하고 속도저하와 통행상황을 확인했다. 연도주민 설문결과에 따라 폭좁힘을 선정해 설치위치를 수정했다.
- 차도를 ILB 포장으로 하고 차가 주의해 주행하도록 보행자전용도로와 같이 보이게 했다. 포장색은 주민중에 색채 디자이너가 있어서 상담하였다.
- 교통사고 발생 개소의 교차로에 폭좁힘, 교차로는 칼라 + 반짝 포장을 정비했다.
- 가로 가장자리는 베리어프리 측면에서 걷기 쉬운 아스팔트 포장으로 했다.
- 교통량은 약 20% 감소하였고 속도도 저감했다. 고속주행 차량이 감소했다. 대형차의 교통량 감소가 크고, 야간에 속도가 크게 저감되었다.
- 도로 이용자는 도로 폭좁힘을 보도와 함께 만들어져서 안전성 향상과 거리가 밝아졌다고 평가하고 있다.

사진 2.3.3 폭좁힘

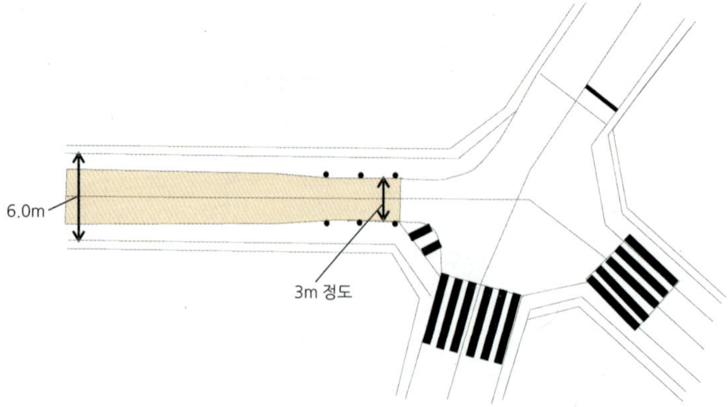

출처: 카츠시카구 2002년 3월 계획 시

그림 2.3.2 구간 평면도

(2) 슬라롬 + 일방통행 규제

소재지	사이타마현 코우노스시	노선명	시도 A-2004호선	실시 연장	430m	대표 폭원	7.0m

과제·정비 목표

시의 중심부에 있는 시청, 중앙공원, 문화센터, 초등학교가 있는 주택지이며, 면허센터 입지에 의해 통과교통과 교통사고가 증가했다. 통과교통을 없애기 위해서 정비했다.

도입한 수법과 정비내용 등

- 지구협의회 등을 설치해서 교통량조사, 설문조사에 의해 현지 요구사항을 추출하고 대책을 검토했다. 사례조사를 실시해 슬라롬을 채용하는 것으로 했다. 또한 시행 설치로 인해 속도억제 효과를 확인한 다음에 구조를 설정했다.
- 일방통행 규제와 설치 간격을 변화시킨 슬라롬을 설치하여 교차로 내 칼라포장도 실시하였다.
- 속도억제 효과를 높이기 위해서 교차로에 가까워질수록 식수 간격이 좁혀지고 있다.

사진 2.3.4 식재에 의한 슬라롬

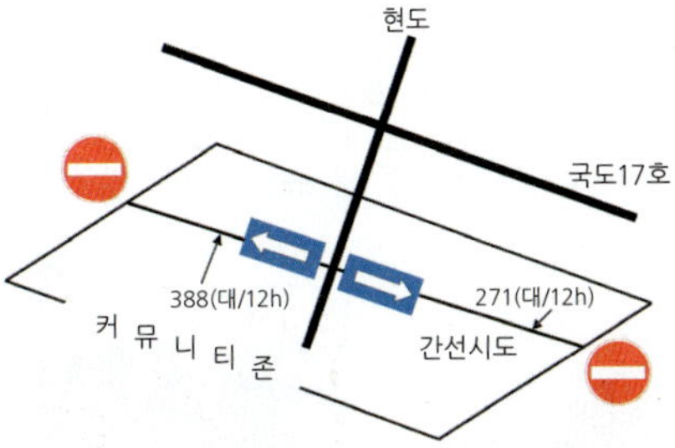

그림 2.3.3 식재에 의한 슬라롬

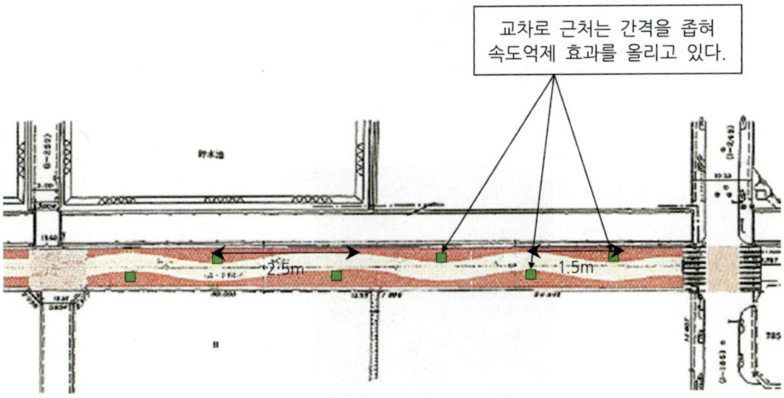

출처: 코우노스시

그림 2.3.4 구간 평면도

(3) 험프 + 칼라포장 + 주정차금지 노측대 + 일방통행 규제

소재지	기후현 기후시	노선명	초등학교 북측의 동서대로	실시 연장	380m	대표 폭원	5.0m

과제

- 현청 소재지인 기후시의 중심역인 기후역의 남쪽에 위치하고 지구 내에는 초등학교, 고등학교, 대규모 상업시설 등이 입지하는 역전 주택지이다.
- 역전으로서 지구의 외주도로 교통량은 많고 혼잡한 외주도로를 피해 지구 내 생활도로를 통과하는 차량도 있다. 통근·통학시간대에는 보행자나 자전거 통행도 많은 상황이었다.

도입한 수법과 정비내용 등

- 지구에 설치된 협의회에서 3가지의 기본방침(① 교통량의 억제와 배제, ② 지구 내 교통의 속도억제, ③ 안전하고 쾌적한 보행환경의 개선)을 설정해 계획을 책정했다.
- 협의회에서는 노선별로 문제점을 정리 → 정비수법의 제안 → 정비실험·설문, 주민의견교환회, 전문가 의견 → 계획 재검토 순으로 계획을 수립하였다.
- 각 노선에 노측대·교차로의 칼라포장, 폭좁힘, 험프, 일방통행, 시간대 통행규제 등의 조합을 검토해 정비했다. 특히 초등학교 주변 통학로는 가로 가장자리 구역을 넓게 하여 보행공간을 확보하고 있다. 아울러 주정차금지 노측대로 하고 있다.
- 정비 전에 사회실험으로서 시험주행 조사, 소음·진동 조사 등을 실시해 주민과의 합의형성을 도모하면서 정비를 진행시켰다.
- 특별히 사후평가는 실시하고 있지 않다. 다만 노선마다 수년에 걸쳐 순차적으로 정비를 진행시키고 있지만 문제는 생기지 않았다.

사진 2.3.5 험프 + 노측대의 칼라화

사진 2.3.6 험프 + 노측대의 칼라화

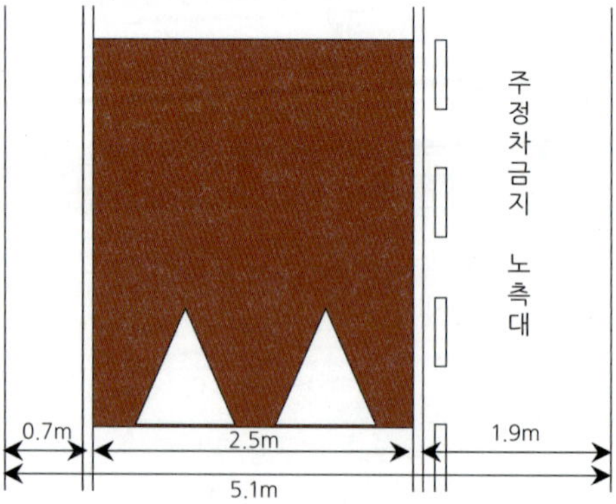

출처: 기후시

그림 2.3.5 구간 평면도

제3부
TPO편

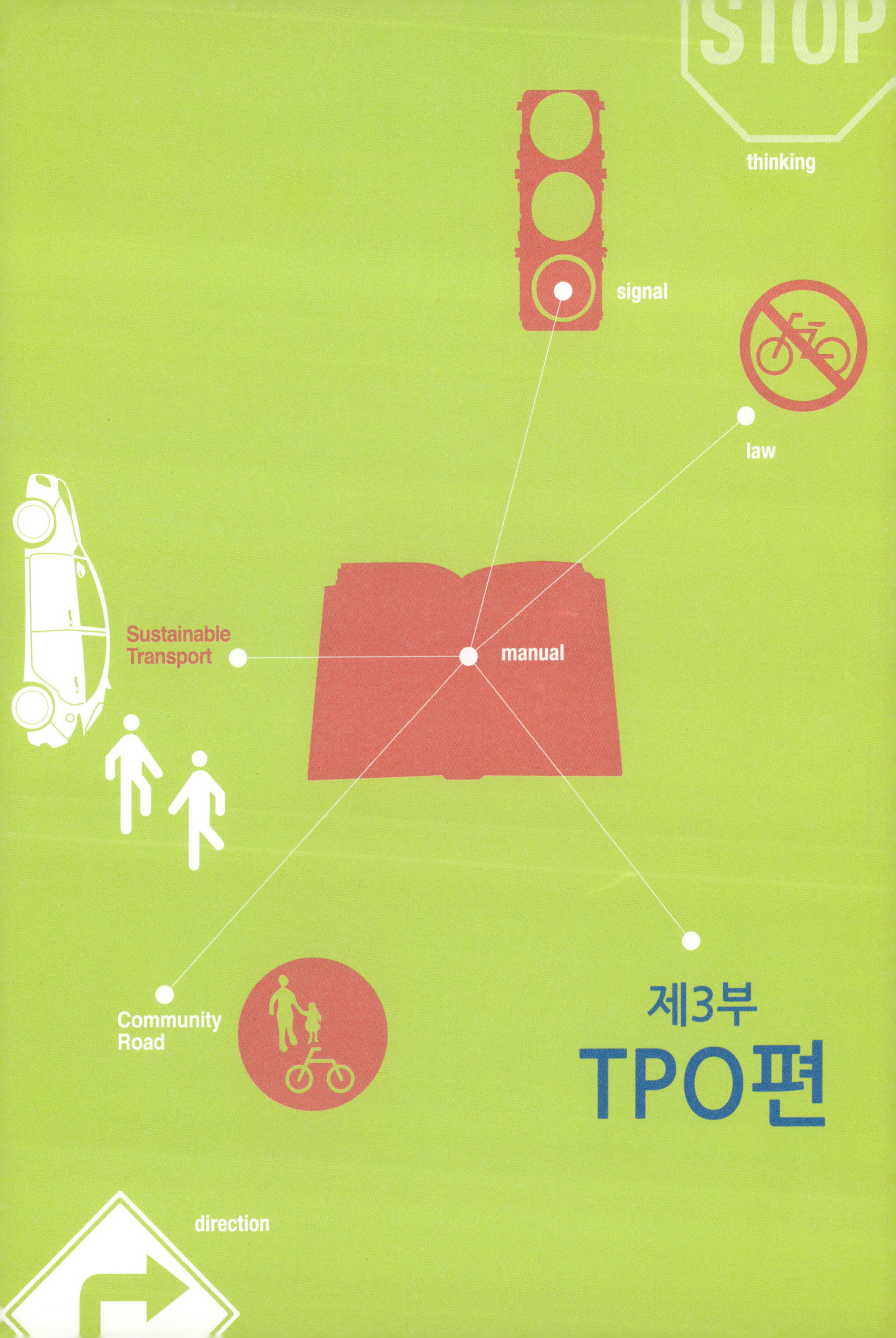
STOP
thinking
signal
law
Sustainable
Transport
manual
Community
Road
direction

3. 시책의 적용 사례 소개

역 주변의 상업지구, 중심시가지, 관광지 등에서는 지역 활성화를 위한 마을을 만들거나 배리어프리 대책 등의 대책을 시행하고 있는 경우가 많다. 이러한 지구에서는 보행자나 자전거, 자동차 수요가 집중하고 있으며, 지역 활력을 창출하기 위해서 보행자나 자전거가 안심하고 원활하게 지구 내 이동이 가능한 환경으로 형성하는 것이 바람직하다. 또한 각종 시책의 수립과 아울러 면적인 교통안전대책을 실시하여 효율적이며 효과적인 정비가 가능하게 된다.

이를 위하여 본 매뉴얼에서는 일본에서의 면적인 교통안전대책과 각종 시책을 제휴한 대책의 개념이나 유의점, 실시 사례에 대해 이하의 5개 사례를 소개하고 각종 시책과 함께 교통안전대책이 추진되는 것을 기대한다.

3.1 중심시가지의 생활도로 대책

3.2 밀집시가지의 생활도로 대책

3.3 관광마을 만들기와 생활도로 대책

3.4 베리어프리와 생활도로 대책

3.5 자전거와 생활도로 대책

또한 한국에서는 일본보다 대책이 늦게 시작되기는 했지만, 급속히 정비가 진전하고 있으므로 그 대책과 시책의 개요를 소개한다.

3.6 한국의 지구 내 도로 개선 대책

3.1 중심시가지의 생활도로 대책

3.1.1 중심시가지의 생활도로 과제

역 주변 등 중심시가지에서는 몇 개의 노선을 중심으로 상업시설이 집중하고 있어서 그러한 노선에 무질서한 위법주차나 방치자전거가 넘쳐나 보행자나 자전거 등의 안전하고 쾌적한 통행이 저해되는 등 도로교통환경에 관련되는 문제가 생기고 있는 경우가 적지 않다. 이 때문에 중심시가지에 있어서 보행자 등을 위한 교통안전대책을 실시하는 것이 필요하게 되고 있다.

3.1.2 중심시가지의 생활도로 대책

(1) 계획의 개념

많은 중심시가지는 중심시가지 활성화 기본계획이나 배리어프리 기본구상 등의 계획이나 구상이 복잡하게 서로 겹치고 있다. 계획 입안 단계에서는 일반적인 생활도로의 대책인 교통안전·교통환경의 과제의 해결과 함께 기존의 각종 구상이나 계획과의 정합성이나 진척 상황에도 배려하지 않으면 안 된다.

사업 실시 단계에서는 전선공동구, 무전선주 등의 각종 사업과 제휴를 도모하면서 일체적이며 효율적인 정비를 진행시킬 수 있다.

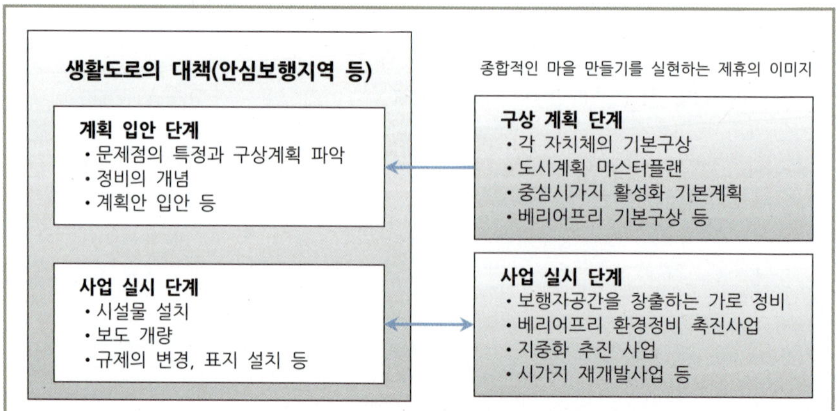

그림 3.1.1 계획의 개념도

(2) 계획 책정에 있어서의 유의점

1) 중심시가지 활성화 기본계획 및 배리어프리 기본구상과의 관련성

중심시가지 활성화 기본계획은 문자 그대로 중심시가지의 마을 만들기에 있어서의 기본적인 계획이다. 계획이 책정되고 있는 지구에서 「안심보행구역」 등을 계획, 실시하는 경우에 그것들이 서로 정합성을 가지도록 배려한다. 또한 상점가조합 등 현지 조직을 감안하여 상업지로서의 구획정리가 분할되지 않게 지구를 설정하는 것이 바람직하다.

중심시가지는 대중교통의 결절점이나 공공시설이 집중해 있어, 배리어프리 기본구상에 근거하는 중점정비지구를 책정하고 있는 자치체도 많다. 중점정비지구에서는 배리어프리화해야 할 노선으로서 생활관련 노선이 지정되어 고령자와 장애자, 보행자 등을 중심으로 보행계 교통의 동선이 설정되게 한다. 특히 보차분리가 이루어지지 않은 생활관련 경로가 존재하여 자동차 교통량이나 속도를 억제하는 대책이 필요한 경우에는 면적인 교통안전계획을 수립하는 것이 바람직하다. 그 외에 경관이나 관광 등 중심시가지의 마을 만들기에 관한 계획과의 정합성도 중요하다.

2) 존의 지정과 경계 설정

주거계 지역의 경우, 간선도로가 존 경계의 외곽도로가 된다. 그러나 중심시가지에서는 간선도로가 상점가나 업무 지구의 주축이 되어, 존 내부로 위치시켜야 할 경우가 존재한다. 이러한 주축을 존 내에 위치시킬 수 있는 조건으로 ① 액세스 기능이 중요한 도로일 것과 ② 해당 도로양측에 상업지구의 강한 일체성 두 가지를 들 수 있다.

3) 교통동선

중심시가지에는 대중교통의 결절점이나 공공시설이 집중하고 있어 이러한 시설에의 이동수단마다의 접근경로에 근거해 교통동선의 설정을 한다. 이때 존 내의 통과교통을 배제하는지 속도억제만으로 대응하는지, 자동차교통에 대한 대처방안의 설정이 중요하다.

(3) 중심시가지에 있어서의 개별대책

1) 보행자우선의 쇼핑도로로서의 정비

보행전용 지구나 대중교통전용 지구와 같은 자동차의 통행에 제약이 있는 도로로 정비하기 위해서는 존 전체의 교통동선을 고려할 필요가 있다. 도로구조는 배리어프리 대응형으로 쾌적성을 높이는 것이 중요하다. 또한 오전에만 화물차 유입을 인정하는 시간 규제의 도입도 검토할 필요가 있다.

좌: 전체 폭원 20m 중 중앙 6m는 긴급용 도로, 그 외측 좌우측 3m씩 시설대, 그 밖 건물측 좌우 4m씩 보행자 통행대, 보행자 통행대는 점자블럭을 설치 베리어프리화, 시설대에는 식수나 조명등 등을 배치하고 있다.

우: 일요일 12~18시에 시 중심부의 메인스트리트를 트랜짓몰로 운영하고 있음

사진 3.1.1 보행전용지구의 사례
(홋카이도 평화의길 쇼핑공원)

사진 3.1.2 대중교통전용지구의 사례
(오키나와 국제도로)

2) 중심시가지에 맞은 도로공간의 디자인

윈도우 쇼핑이나 산책 등 중심시가지를 방문하는 주민과 방문자는 거리를 번화하게 한다. 이러한 중심시가지의 활성화를 위해서는 사람들의 보행을 지원하는 「휴식시설」의 배치나 편안한 분위기나 경관을 형성하는 스트리트 퍼니쳐, 도로변 건축물의 벽면장식, 공터의 설정 등 도로공간과 도로변의 일체적인 정비가 바람직하다.

전선류의 지중화와 가로에 면한 점포의 정비가 되어 있음

〈정비 전〉 〈정비 후〉

그림 3.1.3 도로변 건축물 벽면의 정비 사례
(에히메현 마츠야마시 로프웨이 도로)

그림 3.1.4 상징도로의 사례
(사이타마현 구마다니시 호시카와 심볼도로)

그림 3.1.5 축제장소로 사용하는 도로공간
(사이타마현 구마다니시 마츠리 광장)

좌: 하천을 살린 친수공간이 정비되고, 휴게시설을 갖춘 경관정비가 되어 있음
우: 축제 시에는 행사장이 되는 공간. 도로 중앙을 흐르는 강(왼쪽 사진)을 교차로 부근에서 뚜껑으로 덮어서 공간을 확보하고 있다.

그림 3.1.6 연도와의 일체적인 정비 사례
(미에현 스즈카시·스즈카역 주변지구)

그림 3.1.7 연도와의 일체적인 정비 사례
(미에현 스즈카시·스즈카역 주변지구)

좌: 재개발 빌딩의 광장이 보도와 일체적으로 정비되어 있음
우: 공공시설 부지에 보행공간을 정비해 단차가 없이 연속된 공간으로 되어 있음

3) 물리적 디바이스의 도입

그림 3.1.8 교차로 험프 사례
(요코하마시 나카구·모토마치 상점가)

사진 3.1.9 슬라롬형 시케인 설치의 예
(후쿠시마현 후쿠시마시 도심지구)

좌: 교차로에 험프와 폭좁힘을 설치하여 슬림형 횡단보도로 되어 있음
우: 슬라롬형 시케인 설치와 전선류 지중화로 보행공간을 확보하고 있음

중심시가지나 상업지에는 다양한 보행자가 존재하는 것을 전제로 해서 물리적인 시설의 선정이나 설치를 할 필요가 있다. 예를 들면, 단차 없는 보도나 횡단보도는 베리어프리화도 기대할 수 있지만 화물차의 편리한 적하나 버스 승객의 승하차에 대해서도 고려하여야 할 필요가 있다.

4) 주차시설

중심시가지에서는 쇼핑, 업무 등의 다양한 주차수요가 발생한다. 이러한 주차수요는 교통안전상의 과제뿐만 아니라 정체나 경관을 해치는 원인이 될 수도 있다. 중심시가지의 매력을 높이기 위해서 용도를 고려한 수급 밸런스에 맞는 주차시설을 준비할 필요가 있다. 또한 주차수요가 공급을 초과하고 있는 경우에는 가능한 한 외곽지 주차(중심시가지의 외곽에 주차장을 마련하는 것으로 자동차의 유입을 억제하는 시책)에 의한 노외주차장의 정비가 바람직하다. 게다가 P&R(Park & Ride, 교외의 철도역 주변에 주차장을 설치하여 대중교통의 이용을 촉진하는 시책) 등의 TDM(Transportation Demand Management, 일반적으로는 자가용 중심의 자동차교통 이용을 억제하여 대중교통 이용에의 전환을 도모하는 시책)에 의한 주차수요 저감정책도 검토한다.

중심시가지에서는 주택지 내와 달리 역 주변의 송영에 의한 주정차수요나 상업지구의 하역주차수요 등이 있다. 노외주차장의 용량이 불충분한 경우에는 노상주차의 허용과 규제의 대책을 진행시킨다. 노상주차시설을 설치할 때 협착이나 시케인 등의 시설물과 조합하여 설치하면 좋다. 주차대책에 대해서는 표 3.1.1와 같이 정리한다.

표 3.1.1 주차 대책의 리스트

목적	대책	
주차 시설의 확보	노외주차 대책	노외주차장의 정비, 부설 의무 주차장의 정비 등
	노상주차 대책	노상주차장 단시간의 주차 수요에 대응한 파킹미터
노상주차 억제책	규제	주차금지, 주정차금지
	위법주차의 억제	차도 폭원 축소, 단속의 강화 등 칼라포장에 의한 주차금지 장소의 명시
	그 외 대책	주차 스페이스 이용 허가제
주차장 이용의 적정화 대책	주차장 안내 시스템	주차안내로 불법주차 예방
하역주차의 대응	대응 시설	시설건물 내 하역시설 설치
	노외 대응	포켓 하역공간
	노상 대응	하역공간 베이, 마킹미터 등
	양적 억제책	공동 집배 등

사진 3.1.10 시케인의 주차공간 사례
(후쿠시마현 후쿠시마시·후쿠시마 도심지구)

사진 3.1.11 주차면의 사례
(요코하마시 나카구·모토쵸 상점가)

좌: 시케인의 凸부에 하역 차량의 주차공간을 설치
우: 주차를 좌우 교대로 설치해 속도억제 효과를 발생시킴

5) 자전거 주차시설

중심시가지에서 발생하는 자전거 주차시설은 비교적 장시간의 자전거를 세워두는 철도 이용자의 것과 단시간의 쇼핑객의 것이 있다. 각각의 수요에 대응한 자전거 주차장을 피크 시의 수급을 고려하면서, 노외와 노상의 목적지에 가까운 곳에 설치한다.

6) 버스 정류장

중심시가지에는 많은 버스노선이 운행된다. 또한 커뮤니티버스 등의 버스노선이 지역 내를 운행하는 것도 생각할 수 있다. 보도설치의 상황이나 연도시설의 상황을 고려하면서 안전하고 사용하기 쉬운 버스정류장을 설치한다.

하역장과 같이 협착이나 시케인 등의 시설과 조합하면 좋다. 또한 도로의 이동등 원활화 기준인 베리어프리 기준에 맞춘 보도의 높이나 정착성에 배려하는 등 버스 승강의 용이함에 배려한다.

7) 보행자용 안내표지

안내표지는 지역에 있어 형태의 통일감과 주변 경관과의 통합이 요구된다. 표시내용은 철도역이나 버스터미널, 차량 및 자전거 주차장 등의 교통시설, 공공시설, 핵이 되는 대규모 상업시설이나 상점가 등의 집객시설이나 그 외 랜드마크가 되는 것 등의 위치나 방향을 표시한다.

좌: 전체의 지도와 주요시설의 방향을 나타내고 있음. 우측 안내는 통일된 디자인으로 거리의 명소에 설치되어 있음

우: 점포의 간판을 공통 디자인으로 해서 지역의 통일감을 갖게 하고 있음

사진 3.1.12 보행자용 표지판 예
(쿄토후 우지시)

사진 3.1.13 상포가 점포 표지판 표준화
(에히메현 마츠야마시·로프웨이 거리)

3.1.3 중심시가지의 생활도로 대책의 사례

(1) 에히메현 마츠야마시 반초·야사카 지구 로프웨이 대로

1) 지구의 과제

마츠야마시의 중심시가지에서는, '언덕 위의 구름을 축으로 한 21세기의 마을 만들기 기본구상'에 근거하여, 종합적인 마을조성을 위하여 민관제휴의 대처가 이루어졌다. 그의 일환으로 생활도로의 존 대책이 자리잡고 있다. 여기에서는 반초 · 야사카 지구의 로프웨이 대로를 정비사례로서 그 제휴에 대해 개설한다.

마츠야마시의 얼굴인 마츠야마성의 관람자 수와 로프웨이 · 리프트 이용객 수는 1998~2001년도에 약 20% 감소하고 있었다. 게다가 로프웨이 대로는 마츠야마시의 중심적인 상점가인 오카이도우에 접속하는 상점가이면서 보행공간이 좁고 도보에 의한 산책은 어렵고 활기를 현저하게 잃어버리고 있어, 상업 · 관광 양면으로부터 시급한 정비가 중요한 과제였다.

로프웨이 대로의 교통부문의 과제는 마츠야마시 북부 방면으로의 통과교통량이 많은 것과 도로변의 학교나 북측의 문교 지구에 기인하는 자전거 교통이 많아 특히 통근, 통학 시간대에 있어서의 자전거와 통과차량의 교차가 많은 것이다.

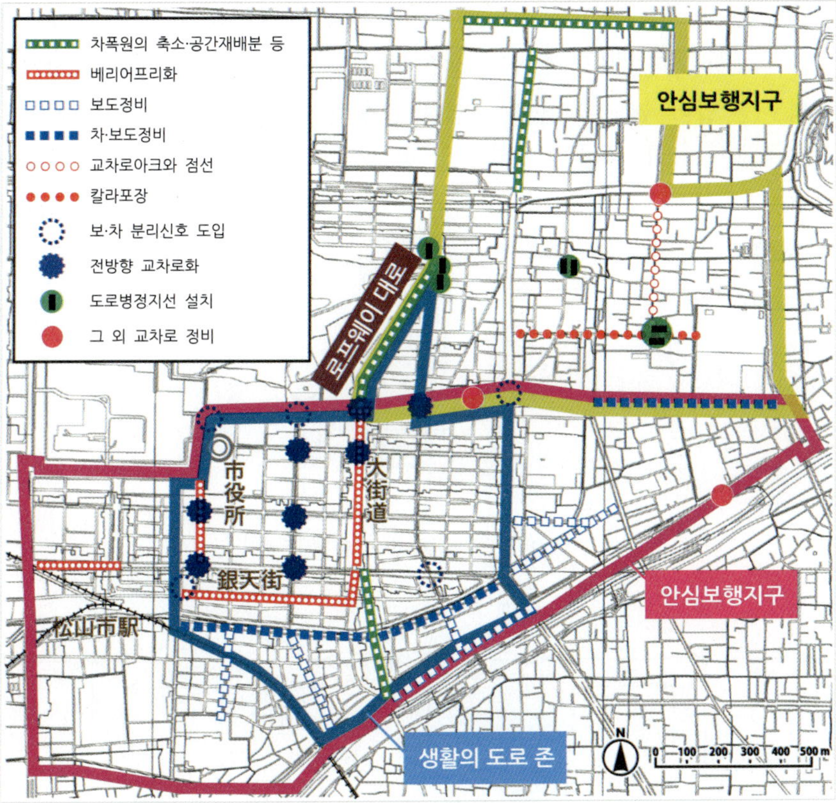

그림 3.1.2 로프웨이 대로의 위치

2) 사회실험의 내용

이러한 과제에 대해서 2003년에 '로프웨이 대로 즐거운 보행자 몰' 사회실험이 실시되었다. 이 사회실험의 내용은 표 3.1.2에 정리하였다.

표 3.1.2 로프웨이 도로의 과제와 사회실험 내용

로프웨이 도로의 과제	해결책	사회실험의 내용
보행자가 회유 가능한 공간의 부족(난립하는 전주와 표지, 자전거, 보행자교통의 충돌 등)	회유성이 높은 보행공간의 창출(전선 지중화, 보도의 확대, 방치자전거의 철거, 베리어프리화 등)	차도부를 축소하여 보행공간을 확대하고 보행자의 증가를 도모함 차도의 평면선형을 슬라롬화하고 통행차량의 속도억제를 도모함 관광지, 교통거점에서 순환버스를 운행하고 상점가, 광광지에의 통행 집중을 도모함
자전거를 세울수 있는 공간의 부족(설치 개소, 용량의 부족)	편리성이 높은 주륜장을 확보(목적지에 근접한 장소에 주륜장의 정비 등)	
관광객의 감소(마츠야마성 입구 경관이 취약)	마츠야마성 입구에 상응한 경관정비(외관 정비 도로경관정비 등)	
자동차 이용객의 의존도가 높음(공공교통의 편리성이 나쁘다)	편리성의 높은 공공교통의 확보와 근린상점가와의 연속성(트랜짓몰, 버스운행대수의 증가 등)	

실험 전의 단면 구성은 그림 3.1.3과 같은 단면 구성의 양방통행 도로에서 보도는 2.5m였다. 보도 상에는 전주가 있고, 자전거 교통량이나 자전거를 세워두는 일이 많기 때문에 쾌적한 보행환경이 확보되어 있지 않았다. 실험에 있어서의 주된 도로형상의 변경은 2차선의 차도를 1차선화하여 보행공간을 확대하는 것과 차도의 선형을 시케인으로 하여 속도억제를 도모하는 것, 자전거의 주행공간을 확보하는 것, 하역공간을 마련하는 것 4가지이다.

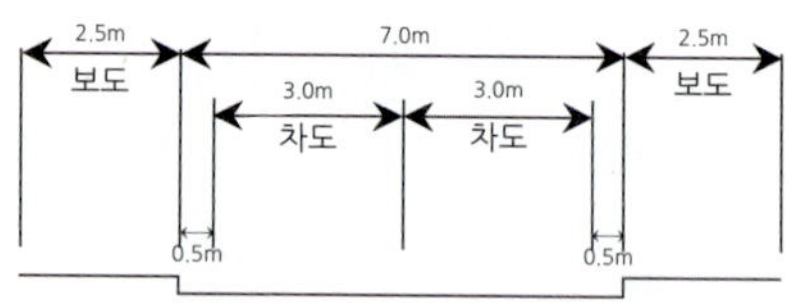

그림 3.1.3 실험 전의 단면 구성

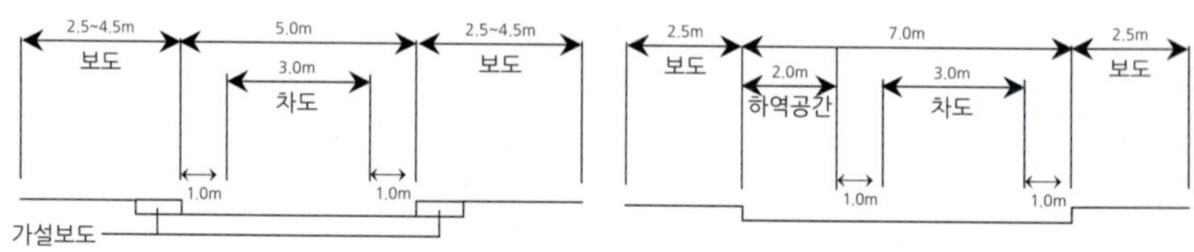

그림 3.1.4 실험 중의 단면 구성

사진 3.1.14 실험 전과 실험 중의 모습

3) 사회실험에 의한 평가

실시된 조사는 교통량 조사(자동차, 자전거, 보행자), 주행속도 조사, 정체 길이 조사, 자전거 주차대수 조사(임시 주륜장, 방치 자전거 주차)의 4개의 실측조사와 이용자 앙케이트 조사(안전성, 쾌적성, 문제점, 실험의 평가 등), 그리고 관광객 수 조사(마츠야마성 관람자 수)이다. 이러한 조사의 결과, 통과교통량이나 자동차 주행속도가 억제되고 보행환경의 개선에 의해서 통행자 수는 증가했다. 한편 표 3.1.3과 같이 자동차 고객의 감소에 의한 매상의 영향을 지적하는 상점가나 시케인에 의해서 버스가 통행하기 어렵다는 과제도 밝혀졌다. 이 실험 결과에 근거하여, 자동차 고객용 주차장과 하역공간 확보에 대한 지역주민과의 협의와 시케인의 선형의 문제에 대하여 그림 3.1.5와 같이 정비되었다.

표 3.1.3 로프웨이 도로의 사회실험 평가

검증 항목	검증 결과	향후의 전개 · 과제 등
상점가로 사람의 유도	보행환경의 개선효과에 의해 통행자수가 증가했다.	상점가에 활기를 가져오기 위해 관련 시책과의 제휴를 도모한다.
상점가에의 영향	상점가에의 차의 진입 억제, 차도 1차선화로 점포 앞 주차 억제함으로써 자동차 이용고객이 감소해 매상도 감소했다고 상점주가 말했다.	자동차고객용 주차장, 하역공간의 확보에 대하여 현지와의 조정이 필요하다. 아울러 자전거 고객에게 편리성을 향상시키는 것과 동시에 각 상점주가 매력 있는 상가를 목표로 할 필요가 있다.
통행 안전성 · 쾌적성의 변화	통과교통의 억제, 슬라롬에 의한 자동차 속도 억제, 자전거 보도로 부터 배제 등에 의해, 보행자의 통행 안전성 · 쾌적성에 대해 높은 평가를 얻었다.	전선류 지중화 등의 관련 시책이 진행 중이며, 한층 더 효과가 기대되지만, 방치 자전거 대책(자전거 스페이스의 확보 등)이 필요하다.
보행자 · 자전거의 동태	보행자는 보도에서 통행하기 쉬워지고 자전거는 약 50%가 자전거 레인을 통과했다.	사람의 유도가 없어졌을 경우 자전거 통행자의 매너를 향상시키기 위한 계발 활동이 필요하다.
자동차의 주행속도	1차선화, 슬라롬형 시케인의 형태를 취함으로써 주행속도는 저하했다.	슬라롬형 시케인은 속도억제 효과가 있는 반면, 버스 등의 대형차량은 노견이 좁고 통행하기 어렵기 때문에 대책이 필요하다.
마츠야마성의 관광객 수	실험 전과 실험 중에서 변화는 볼 수 없었다.	증가한 통행자를 관광지에 유도하기 때문에 관련 시책과의 조정이 필요하다.
통행규제에 따른 타 노선에의 영향	주변 도로의 교통량은 증가했지만 정체의 발생은 볼 수 없었다.	차량이 우회해서 와도 주변 노선의 교통용량에는 여유가 있어서 문제없다.
동선이 연속하는 상점가 영향	연속하는 상점가의 통행량에 실험의 영향이라고 생각되는 변화는 볼 수 없었다.	상점가 상호의 제휴를 높여서 상호의 활기를 높인다.

우: 사회실험에 의해 슬라롬형 시케인의 굴절폭이 완화되었음

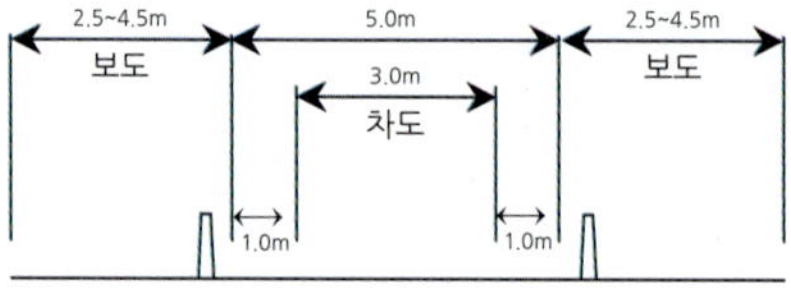

정비 후의 단면 구성

그림 3.1.5 정비 후의 단면

사진 3.1.15 정비 후의 모습

4) 대응체제

마츠야마시 중심시가지의 마을 만들기의 방침은 1998년에 책정된 '언덕 위의 구름을 축으로 한 21세기의 마을 만들기 기본구상'에 근거한다. 이 구상은 거리전체를 지붕이 없는 박물관으로 본 「필드 박물관 구상」의 실현을 목표로 하고 있다.

이 구상은, 「마츠야마성 센터존」을 중심으로 하여 도우고 온천 등 중요한 시설·사적이 집중하는 6개의 서브 센터존을 설정하고 게다가 개별의 시설·사적을 위성의 형태로 하고 있다. 이것들을 둘러싼 회랑형의 동선을 구성하여, 네트워크화를 도모하는 것이다.

자동차 교통에의 규제를 가능하게 하는 제도화로 2003년에 '보고, 걷고, 살아가는 마을 조성 교통특구'의 인정을 받았다. 게다가 위성끼리의 회유성을 높이기 위해서 자동차 교통규제와 종합적인 마을 만들기에 대해 협의하는 장소로서 '교통 등 종합적 마을 만들기 협의회'를 발족했다. 이에 의해 특구로서 지정을 받은 도고·중심부·미츠즈 지구에 있어서의 교통규제와 도로정비, 도로경관을 일체적으로 검토한 마을 만들기를 실시하는 것으로 하였다. 협의회에는 교통의 학식경험자가 출석하고 있다.

구상을 실현하기 위해서 '생활의 가로' 구역과 안심보행구역을 지정하여 앞에서 언급한 로프웨이 대로에서는 교통사회실험제도가 도입되었다. 2003년에는 중심시가지에 도우고 온천이나 JR 마츠야마역을 포함한 약 450ha를 대상으로 한 중심시가지 활성화 기본계획이 책정되어 마을 만들기 교부금으로 다양한 사업이 추진되었다.

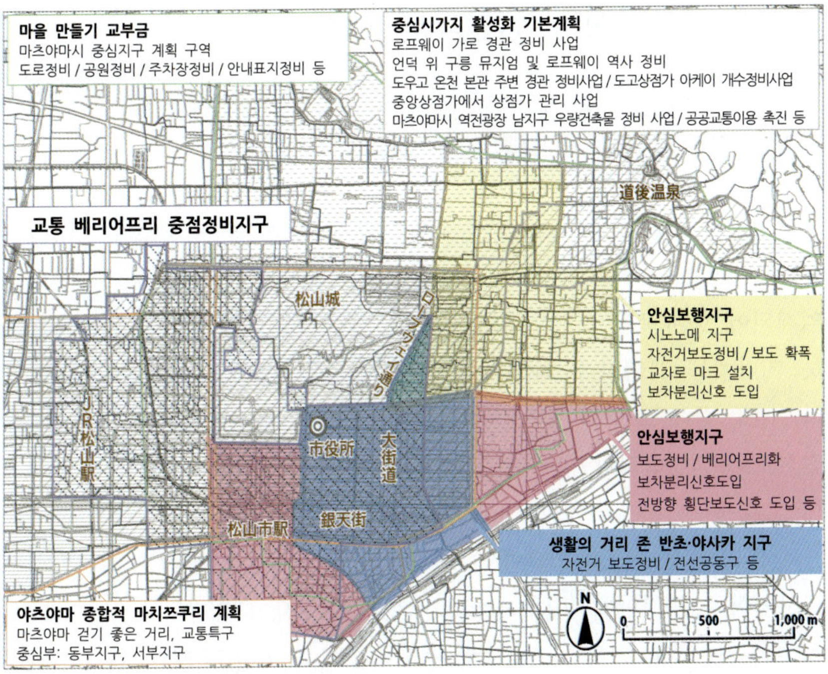

그림 3.1.6 마츠야마시 반쵸우·야사카쵸우 지구의 정비와 사업의 위치도

3.2 밀집시가지의 생활도로 대책

3.2.1 밀집시가지의 생활도로 과제

밀집시가지의 생활도로는 폭 4m 미만의 매우 좁은 도로가 대부분이고, 도로선형도 직선이 아닌 도로의 정비가 미비하다. 때문에 주행속도도 억제되어 통과교통이 유입하기 어렵다. 좁은 도로에서는 자동차와 스치듯 지나치는 보행자나 자전거에 있어서는 큰 회피가 필요한 경우도 있다. 전주 등 도로상의 설치물이 장애물이 되는 경우도 많다. 외곽도로인 간선도로도 미정비인 경우가 있어 매우 좁은 도로나 거기에 가까운 폭원의 도로에서도 통과교통이 유입하는 경우가 있다

한편 밀집시가지는 '방재마을 만들기'의 측면에서 재개발 등의 면적 정비사업이나 특정방재시설로서 도로정비가 요구되고 있다. 도로정비의 완성 이후나 정비 도중에 국소적인 통과교통이 유입할 우려가 있기 때문에 지구전체의 교통환경에도 충분한 배려가 필요하다. 밀집시가지 생활도로의 공통되는 주요한 과제는 아래와 같다

(1) 밀집시가지에서 볼 수 있는 도로 네트워크의 문제

- 간선도로의 미정비에 의한 매우 좁은 생활도로에의 통과교통의 유입
- 주요 생활도로의 부족, 결여(주요 생활도로: 생활도로 네트워크에 대해 집산도로로서 기능하여, 외곽도로와 거주지 도로를 연결하는 도로. 지구집산도로, 지구 내 간선도로, 생활간선도로 등)

(2) 좁은 도로에서의 문제

- 노상주차에 의한 소화활동, 구급 구명활동의 곤란
- 부정형인 도로망과 위험한 형태의 교차로
- 자동차 · 자전거 · 보행자와의 교착에 의한 사고위험
- 건물이나 담, 전주 등 나쁜 전망
- 부정형 도로폭원으로 나쁜 전망이나 자전거 · 보행자 동선의 불연속

(3) 방재의 마을조성에 의한 개발·도로정비에 의한 교통의 변화

- 정비된 지구집산가로에 있어서의 통과교통의 발생
- 개발에 의한 유발교통의 발생

3.2.2 밀집시가지의 생활도로 대책

(1) 계획 책정 시의 유의점

1) 도로정비에 맞춘 존 대책

밀집시가지 정비사업은 주택시가지 종합정비사업에 통합되어, 적극적으로 도로정비를 진행시키는 사업제도로 개정되었다. 이에 의해 특정 지구 방재시설로서의 도로정비를 동반하는 계획의 경우는 폭 6m 이상의 도로가 정비된다. 원래 밀집시가지에서는 피난이나 소화활동을 용이하게 하여, 건축물의 연소를 지연시키기 위해서 지구계획이나 면정비 사업 등의 다양한 수법으로 폭이 넓은 도로를 정비하는 것이 요구되고 있다.

정비되는 도로가 외곽도로인지 주요 생활도로인지에 따라, 그것이 주요 생활도로이면 통과교통의 발생 가능성을 검토한다. 게다가 주변도로를 중심으로 존 전체에의 영향을 예측하여 상정되는 문제에 따라 대책을 시행할 필요가 있다.

2) 면정비 사업에 의한 유발교통에의 대응

특정 지구 방재시설 등 밀집시가지 내에 있어서 면정비 사업에 의해서 지구 내에 새로운 교통수요가 발생하는 것에 충분히 배려해야 한다. 상정되는 교통수요는 주민에 대하여, 시설을 이용하는 자동차이며, 그러한 자동차가 주변의 좁은 도로에 유입하면 영향이 커지게 된다.

면정비 사업의 완성에 앞서 발생하는 자동차 교통의 양과 그러한 목적지를 예측하여 지구 내로의 악영향을 억제하도록 적절히 유도하는 지구 교통계획을 수립하는 것이 필요하다.

3) 지구의 합의에 근거한 지구계획 등

밀집시가지의 정비는 방재성 향상을 목표로 한 지구계획이나 조례에 근거한 계획, 건축협정 등 각각 합의를 얻은 마을 만들기의 계획에 따라서 진행된다. 기존의 지구계획 등이 존재하는 경우는 거기에 생활도로 대책을 포함시키는 것으로 한다. 미수립의 경우는 방재정비 지구계획 등에 지구교통계획을 추가하고, 방재계획을 수립한다.

어느 것이나 정비계획의 내용은 주민의 생활에 깊게 관련되기 때문에, 밀집시가지의 합의형성이 중요하고, 생활도로 대책도 포함해 주민의 생활에 의해 적절한 절차의 시행이 요구된다.

4) 지구계획 등의 내용에 부응하는 유연성

밀집시가지의 정비계획이 재건축에 의한 복구를 중심으로 하는 경우는 계획책정과 사업실시를 명확하게 나누는 것이 아니라 정비의 진척에 따라 계획을 재검토하도록 한다.

(2) 사업 실시 단계의 유의점

1) 확폭 정비 후의 도로의 대책

밀집시가지에서는 비교적 폭이 넓은 도로에 통과교통이 유입하기 쉽다. 폭좁힘이나 볼라드의 설치에 의해서 자동차의 속도억제와 보행자 공간을 확보한다.

좌: 연도의 학교부지와 일체화한 도로구간에 폭좁힘을 설치하여 자동차 속도를 억제하고 보행공간을 확보하고 있음

우: 확폭된 도로에 자동차 진입을 억제하기 위해서 노측대의 포장을 바꾸고 볼라드를 설치하고 있음

사진 3.2.1 폭좁힘에 의한 보행공간 확보 (도쿄도 분쿄우구)

사진 3.2.2 볼라드의 설치에 의한 보행공간의 확보(도쿄도 토시마구)

2) 좁은 도로의 대책

좁은 도로(건축기준법 제42조 제2항으로 한정되고 있는 도로)를 정비하는 경우 개별적으로 다시 세워진 부지만이 중심선으로부터 셋백 하기 위해, 정비 도중에는 부정형인 크랭크와 같은 도로가 된다. 셋백 되어 있지 않은 볼록한 모양의 부지·건물에의 주의환기 등, 개별 대책이 필요한 경우가 있다. 또한 밀집시가지는 도로망이 부정형이기 때문에, 변형교차로가 많아 전망도 나쁘다. 이 때문에 교차로 위치를 나타내는 주의환기가 유효하다.

사진 3.2.3 2항 도로에 있어서의 부정형
(도쿄도 아다치구)

사진 3.2.4 凸부에 있어서 주의환기
(도쿄도 세타가야구·다이시도우2·3가 지구)

좌: 좁은 도로의 정비 중에 보여진 부정형한 도로구간

우: 凸모양 건축물의 방호와 시선 유도표에 의한 주의를 환기하고 있음

사진 3.2.5 교차로의 주의환기 1
(도쿄도 분쿄구·센다기3·4·5가 지구)

사진 3.2.6 교차로의 주의환기 2
(도쿄도 키타구·칸다니쵸)

좌: 좁은 도로의 교차로에 칼라포장함으로써 차의 속도 억제와 교차로에 대한 주의를 환기하고 있음

우: 밀집시가지 안에 있는 독립 행정법인 도시 재생기구가 정비한 단지 외곽도로의 교차로부에 포장재를 궁리하여 차의 진입이나 속도를 억제하고 있음

사진 3.2.7 지중화에 의한 보행공간의 확보
(도쿄도 세타가야구·다이시도 2, 3가 지구)

지중화에 의해 보행공간을 확보하고 있음. 트랜스 등의 지상기기를 택지 내에 설치하고 있음

3) 주요 생활도로의 대책

주요 생활도로는 소방활동을 배려해 가능한 한 폭 6m 이상의 도로가 바람직하다. 그러나 폭 6m의 보도가 없는 도로가 되는 경우는 이하의 사항들에 대하여 주의가 필요하다.

- 2차선의 상호통행으로 하는 경우는, 보도를 설치할 수 없다. 이 때문에 일방통행 규제에 의해 보행공간을 확보해, 속도억제 시설물들을 설치하는 것이 바람직하다.
- 일방통행 도로의 편성에 의해 통과교통을 배제하는 것이 바람직하다.
- 상호통행으로 보도를 설치할 수 없는 경우는, 가로 가장자리 구역을 칼라포장으로 한다. 자전거의 가로 가장자리 구역 주행의 속도억제 등, 안전한 보행공간의 확보에 근무한다.
- 부정형인 교차로나 전망의 나쁜 교차로에서는, 주의환기하기 때문에 교차로 앞의 좁음, 험프, 교차로에의 험프의 설치가 바람직하다.

일체적인 포장에 의한 소규모의 전선 공동구를 정비하고 있음. 지상기기는 가로등에 설치하고 있음

사진 3.2.8 무전주화에 의한 보행공간의 확보
(도쿄도 분쿄구·센다기3·4·5가 지구)

3.2.3 밀집시가지의 생활도로 대책의 사례

(1) 도쿄도 세타가야구 다이시도 지구

1) 지구의 경위와 과제

다이시도 2, 3가 지구는 지진 재해 시 위험한 지역이다. 1980년 방재마을 조성의 모델 지구의 지정을 받아 마을조성협의회가 주체가 되어 주민참가형의 방재마을 조성이 시작되었다. 수복형의 방재마을 조성을 진행시키기 위해서 구 조례에 근거하는 지구마을조성계획이나 지구계획을 책정하고 있다. 이 계획에서는, 소방활동과 피난활동의 원활화와 연소지연 효과를 기대해 폭 6m의 주요 구획도로를 설정했다. 또한 인접하는 미슈쿠 1가 지구도 마을조성협의회에 의하여 1995년에 지구마을 조성 계획이 책정되었다. 폭 6m 이상의 주요한 생활도로의 정비에 임해서 보행

자의 안전 확보와 통과교통의 억제를 하는 것이 지구마을 조성 계획에 명기되어 있다.

그 후, 2003년에 지구 내에 대규모 개발의 움직임이 있어, 개발 지구로부터 발생하는 자동차 교통에의 염려나 개발 지구를 포함한 일대를 피난장소로 하는 「철거지 주변 마을 조성 계획」의 책정을 계기로 생활도로 구역의 지정을 받았다. 이 대화의 장소로서 3개의 현지 마을조성협의회 · 단체와 전문가나 행정이 멤버가 되어 「생활의 가로 연구회」가 설립되었다.

2) 존 전체의 계획 수립

생활의 가로 존의 지정을 받은 지구는 개발 지구와 그 주변뿐이지만, 「생활도로연구회」에서는 외곽도로가 되는 간선도로를 존 경계로서 지구교통계획의 검토를 시작하였다. 연구회에서는 전문가에 의한 스터디 그룹과 타 사례의 견학에 의해 지구교통에 대해 학습하고, 히야리지도 설문조사와 공장에 의해 지역의 특징과 과제를 파악했다.

그 결과로부터 이 지구의 특징을 근거로 한 지구교통의 방침을 정했다. 예를 들어, 「미혹도는 즐거운 가로」로서 좁은 도로가 주행속도 억제나 통과교통 억제를 하고 있는 것으로 일정한 안전이 유지되어 깨는 것을 확인하고 있다. 한편, 「개선해야 할 곳은 개선한다」라고 하여 교통안전이나 방재상의 문제는 집중적으로 개선 · 보수해 나가는 것으로 하고 있다.

게다가 현상의 자동차의 이용이 많은 노선과 정비예정의 노선을 지구 내의 골격적 도로 네트워크로서 통과교통 대책을 검토했다. 그 결과 일방통행의 도로를 조합해 지구 전체의 네트워크 계획을 책정했다.

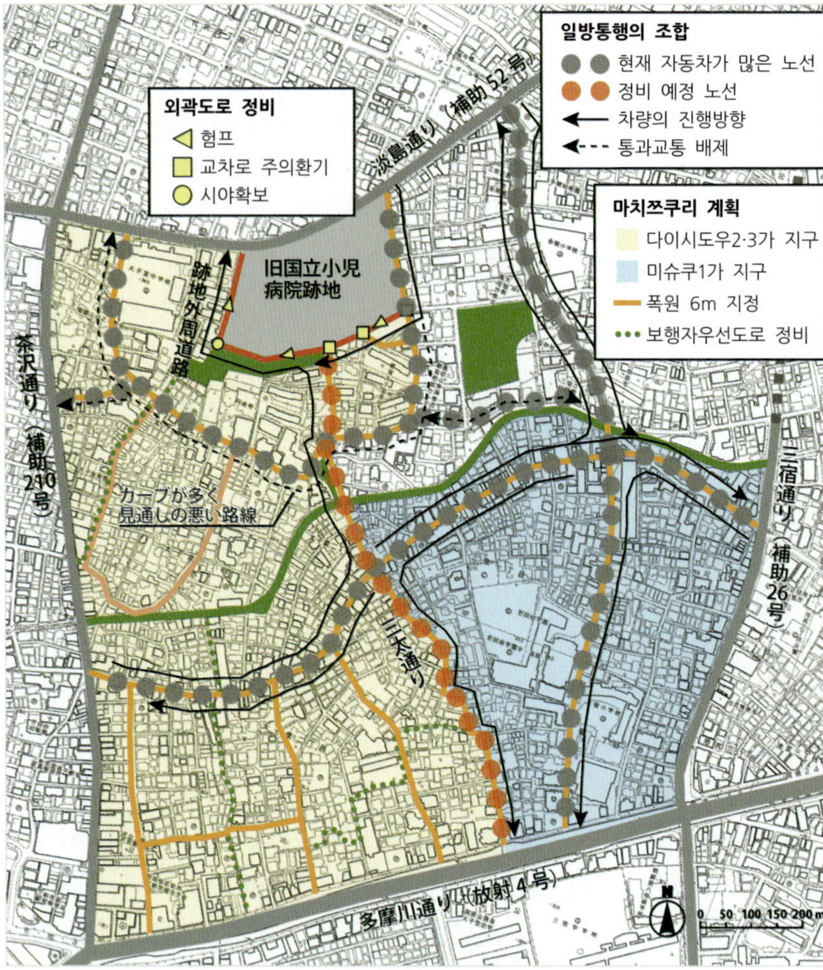

그림 3.2.1 지구 전체 계획과 외곽도로의 정비

3) 면정비 사업에 있어서의 정비 사례

2003년 지구 북단에 위치하는 구 · 국립 소아병원 철거지(33,200㎡)의 재개발과 인접하는 도쿄도 주택공급공사의 다이시도 주택(10,700㎡) 개축계획이 분명해졌다. 게다가 재개발지구에 정비되는 신도로는 당초 상호통행의 폭 6m 도로로서 계획되고 있었다. 이 개발로부터 발생하는 자동차 교통이 지구 내에 유입하는 것, 새로운 도로에서 지구 내에의 유입하는 통과교통이 발생하는 것의 2가지가 지구 주민의 염려사항이었다.

연구회에서는 이러한 염려사항을 수요예측과 조사로부터 분석하여 정량적으로 분명히 했다. 그리고 통과교통이나 개발로부터 발생하는 교통의 유입을 막기 위해서, 철거지 외곽도로를 상호통행은 아니고 일방통행 규제로 할 필요가 있는 것이 확인되었다.

이러한 검토를 전제로서 2006년 안전하고 쾌적한 보행공간과 방재기능을 겸비한 철거지 외곽도로가 정비되었다. 일방통행화한 것으로 6m의 한쪽 편에 2m의 보도를 마련해 한층 더 주택측의 환경빈터(세타가야구 건축물의 건축과 관련되는 주환경의 정비에 관한 조례 제18조)와 아울러 4m의 보행공간이 확보되었다. 차도부는 대형의 소방차의 통행이 가능해지도록, 회전반경 6.2m의 궤적 폭을 확보하고 있다.

험프는 폭 3m의 좁음 도로와 함께 설치되었다. 설치 위치는 100m를 넘는 직선구간의 중간지점 2개소로 교차로의 앞 한 개소이다. 신설도로이기 때문에 사회실험을 거치지 않고 설치되었지만, 공용 후 4년간은 험프에 대한 불평은 없다. 고무제의 활모양 험프가 설치되어 있다.

사진 3.2.9 일방통행화에 의한 보도 확보

사진 3.2.10 교차로 바로 앞 험프

좌: 2m 보도와 2m의 환경공지에 의해 쾌적한 보행공간이 확보되고 있다.

우: 교차로 바로 앞에 험프와 폭좁힘을 설치해 속도억제를 도모하고 있음

사진 3.2.11 방재상의 배려
(대형차량)

사진 3.2.12 방재상의 배려
(일시 피난장소)

좌: 대형 소방차의 통행이 가능하도록 확폭하고 있음

우: 개발된 주택지 내에 일시 피난장소가 되는 정원이 설치되어 있음

3.3 관광마을 만들기와 생활도로 대책

3.3.1 관광지의 생활도로 과제

관광지에 있어서의 교통문제는, 관광지에의 접근교통량의 일시적 집중이나 주차대기에 의한 정체, 관광지 내의 이동의 하기 어려움(이동수단 부족, 이동환경, 안내 부족 등) 을 들 수가 있다. 생활도로에 관해서는 관광지이기 때문에, 관광객, 현지 주민, 상업자 등의 각각의 시점에 유의할 필요가 있다.

표 3.3.1 관광지에 있어서 생활도로의 문제

	관광객	현지 주민	상업자
관광지에 있어서의 생활도로의 문제	• 관광교통 집중에 의한 교통지체 • 보행자, 자전거, 자동차 등의 출동에 의한 사고의 위험 • 주유(周遊) 시 매력 있는 보행환경 등의 정비의 미비	• 생활도로에의 관광교통(통과교통)의 유입 • 교통사고의 위험성의 증대 • 노상주차의 증가 • 지역 환경의 악화(소음이나 배기가스)	• 반입, 반출시의 하역 주차공간의 확보

3.3.2 관광지의 생활도로 대책

(1) 관광지 내의 교통 근선의 적정화

1) 자동차 이용을 인정하는 경우

관광지내에서 자동차 이용을 인정하는 경우는, 교통안전의 향상에 배려하여 보행자 분리에 의해서 보도를 충분히 확보하고, 자동차 동선과 보행자 동선을 별선으로서 설정하는 것이 바람직하다. 보행자 동선이 자동차 동선과 겹쳐, 보차분리를 할 수 없는 도로의 경우는, 자동차의 유입 억제 대책이나 속도억제대책을 실시하고, 보행자나 자전거의 안전성에 배려한다.

2) 관광지 내를 보행자 우선화하는 경우

관광지나 주요 관광노선에 자동차 교통을 억제한다. 그 경우 파크앤드 패스 놀이기구, 외곽지 주차장 설치 등의 대중교통에의 전환 정책과 일방통행이나 유입규제 등의 하드웨어적 수법과 소프트적 수법을 조합해 실시한다.

(2) 보행자 동선상의 생활도로공간 정비의 개념

관광지 내나 관광시설을 주유하는 보행자나 자전거 동선의 노선이 생활도로와 겹치는 경우는 경관이나 지역 특성에 배려해, 휴식시설이나 활기차 시설 등과의 일체적인 도로공간 정비를 실시하는 것이 바람직한 동선 설정에 대응한 도로공간의 재배분(보행자 공간의 확보)

- 유니버설 디자인에 배려한 보행환경 정비
- 경관이나 활기차 배려한 도로공간 정비(도로디자인, 휴게시설)

(3) 보행자 동선상의 생활도로 디자인의 유의점

관광지에서는 관광객이 즐겁게 보낼 수 있는 공간을 제공하는 것이 중요하다. 이 때문에 생활도로의 디자인에 대해도 교통안전에의 배려와 함께 경관이나 활기 창출에 배려해 나갈 필요가 있다.

예를 들면, 도로의 포장이나 폭에 변화를 주는 것으로 활기를 느껴지는 디자인으로 하는 것이나, 물리적 디바이스와 체류 스페이스를 조합하는 등 즐겁게 쉴 수 있는 장소를 많이 제공하는 것이 바람직하다. 또, 길가 건물과 도로와의 중간영역을 잘 활용하는 것도 중요하다. 다음 페이지에 보행자를 우선한 생활도로의 사례를 나타낸다.

유람선의 배 선착장 장소나 점포가 있는 광장과 일체적으로 도로를 정비하고 있음

사진 3.3.1 배 선착장 장소나 광장과 일체가 된 도로공간(일방통행 규제)
(시마네현 마츠에시·카라코로 광장)

연도 시설이나 공원과 일체적으로 도로를 정비하고 있음. 방화대로서 기능을 함

사진 3.3.2 연도 시설이나 공원과 일체가 된 도로공간
(나가노현 이다시·린고 가로수)

좌: 휴식시설과 일체적으로 도로를 정비하고 있음
우: 상점과 접하는 광장과 일체적으로 도로를 정비하고 있음

사진 3.3.3 휴식시설과 도로공간의 일체화(보행자용 도로)
(도쿄도 쵸후시·진다이지)

사진 3.3.4 광장과 도로공간의 일체화
(시가현 히코네시·욘반쵸 스퀘어)

(4) 관계자와의 합의 형성

관광지의 시책 실시에서는, 시장, 상업 관계자, 교통사업자, 행정관계자 이외에 관광객, 여관 등의 관광사업자 등 일반적인 시가지와 다른 다양한 관계자와의 합의 형성을 실시해 나갈 필요가 있다. 유입 규제 등에 의해서 기존의 교통동선을 크게 변경해 나가는 경우는 사회실험 등의 수법을 통해서 합의를 도모하는 것이 바람직하다.

3.3.3 관광지의 생활도로 대책의 사례

(1) 에히메현 마츠야마시 도우고 온천 지구

1) 지구의 과제

도우고 온천 지구에서는, 도우고 온천 본관이나 도우고 온천역 주변에

있고, 자동차 동선과 보행자 동선이 혼재하여 충분한 모임공간도 없는 것으로부터 관광객 등이 위험을 느껴서 체재 시간도 짧다고 미의 과제가 있었다.

2) 정비 내용

도우고 온천 지구의 「여유 있게 걸을 수 있는 공간」을 제공하고 지구의 유람성을 높이기 위해, 도우고 온천 본관 앞을 통과하고 있던 자동차 주동선을 변경해, 도우고 온천 본관 주변에 모임 공간이나 보도의 정비를 실시했다(사진 3.3.5, 3.3.7)

또한 도우고 온천역 앞에 대해서는, 차선의 감소와 시간제의 차량 진입 규제를 실시하는 것으로 통과교통을 배제해, 모임 공간이나 보도의 정비를 실시했다(사진 3.3.6)

3) 대처 체제

1998년 '도우고 온천 본관 주변 경관 정비계획', '도우고 그랜드 디자인 21-Do! Go! 21' 등 계획책정을 계기로, 현지 조직의 생활의 가로 만들기 협의회가 발족했다. 이 기존 협의회로부터 「종합 마을 만들기 계획」의 지구협의회로 발전하고 있다. 협의회는 여관조합, 상점가 진흥회, 지구대표, 공익사업자, 시, 그 외 행정관계, 학식경험자 등에 의해 구성되어 있다.

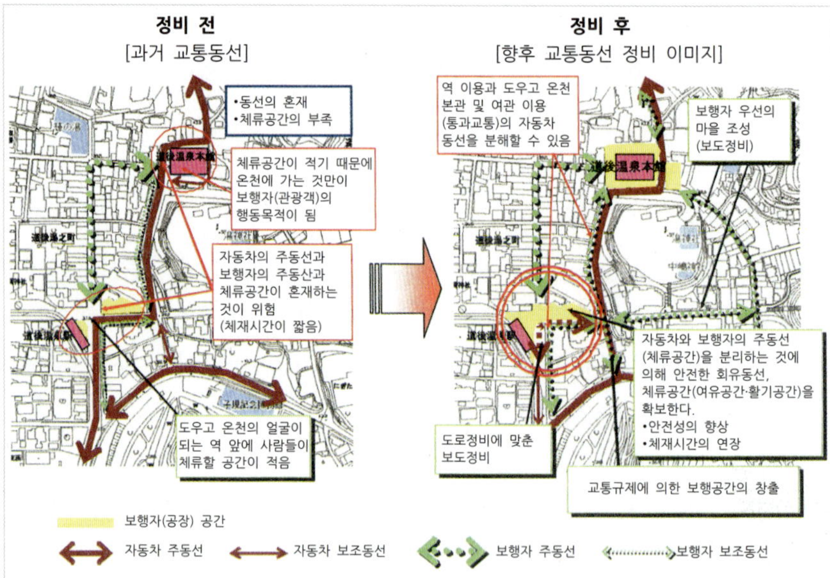

출처: 마츠야마시 자료

그림 3.3.1 도우고 지구의 동선 변경

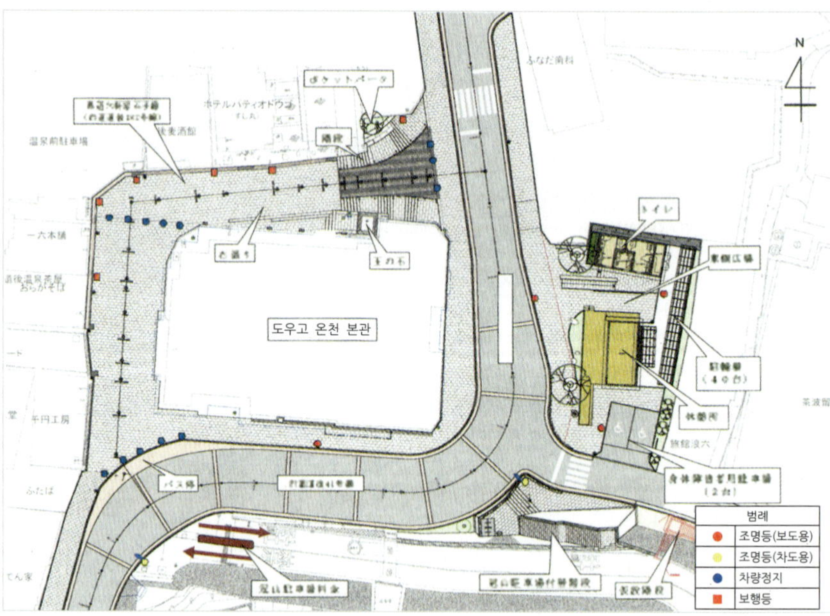

출처: 마츠야마시 자료

그림 3.3.2 도우고 온천 본관 주변의 정비도
(정비 후)

사진 3.3.5 도우고 온천 본관
(정비 전)

사진 3.3.6 도우고 온천역 앞
(정비 후)

출처: 마츠야마시 HP

사진 3.3.7 도우고 온천 본관
(정비 후)

(2) 야마가타현 츠루오카시 아쯔미 온천 지구

1) 지구의 과제

관광지의 메인 스트리트에, 대형관광패스, 관광객의 차, 여관이나 상점에 반출입하는 업자의 차량 등이 유입해, 보행자와 차가 착종해, 관광객 등이 천천히 산책할 수 있는 상황은 아니었다. 아쯔미 온천에서는 1990년을 피크로 관광객이 감소 경향에 있고 온천마을의 매력을 높여 관광객으로 거리가 활기찬 활기 있는 온천 마을 만들기를 위한 시책이 요구되고 있었다.

2) 정비 내용

사람을 우선으로 한 도로공간의 창출을 목표로 해, 관광지 에리어에서 30km/h의 존 규제를 실시하고 있다. 도로공간의 정비에서는 도로의 중심부에 체류 공간(다리를 더운 물에 담금, 휴식 벤치 등)의 설치나, 카와바타 도로의 회전경기형 시케인과 휴식시설의 편성, 집객시설과 도로공간을 일체화한 휴식시설 설치 등을 실시하여 사람을 우선의 도로공간 정비에 의해서, 관광지로서의 활기를 연출하고 있다.

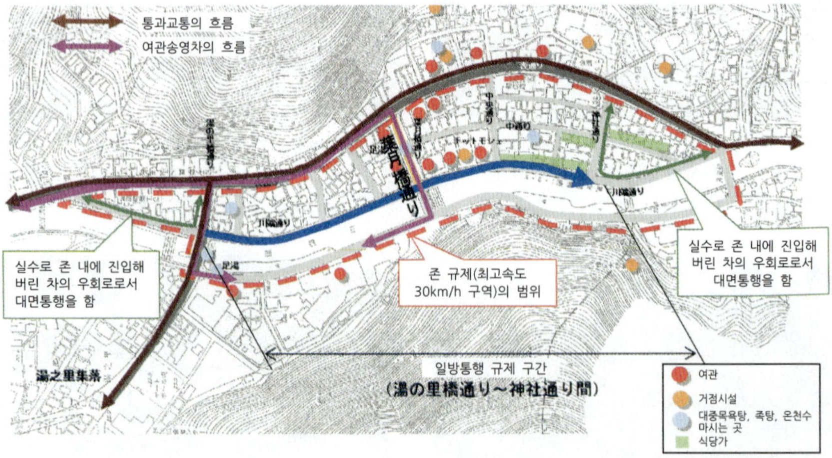

그림 3.3.3 정비 방침도

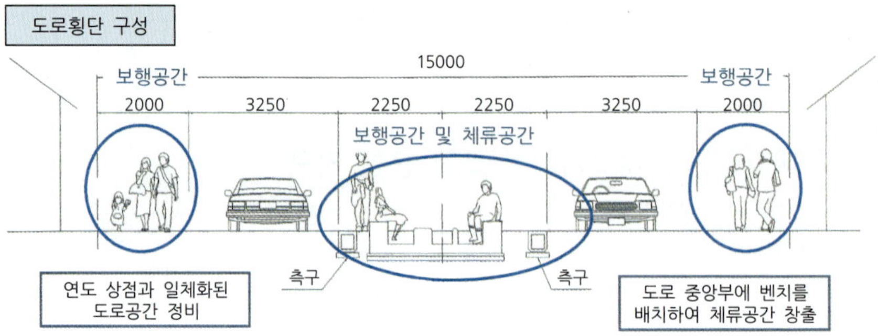

그림 3.3.4 도로 횡단면 구성도

아쯔미 온천 지구는 생활의 도로구역으로 지정되어 있어 존 내에는 뜨거운 물의 마을 재생사업, 아쯔미 온천 활성화 시설 사업, 편안한 하천정비 사업, 무전주화 사업, 도로개량사업 등 관련 사업이 있어, 이러한 다양한 사업을 횡단적, 종합적으로 조정해 보행자 중심의 마을 만들기를 실현한다.

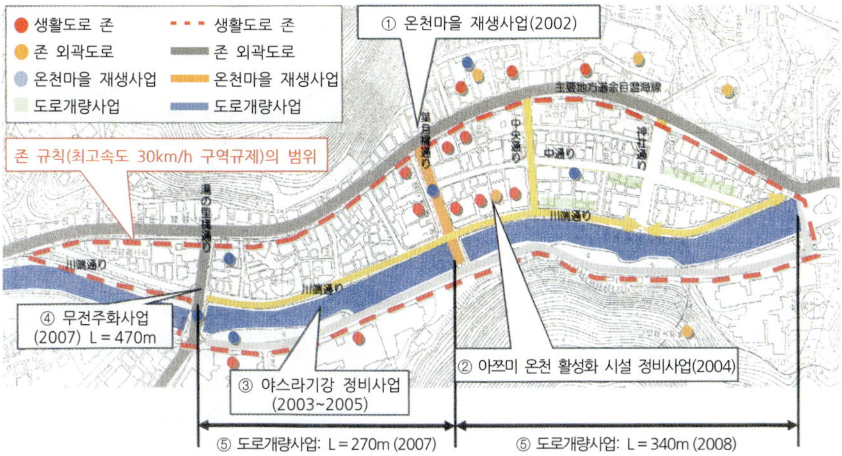

그림 3.3.5 사업의 횡단적 종합적인 조합

사진 3.3.8 도로 중앙 족욕탕, 융설시설의 활용
(하즈키하시 도로)

사진 3.3.9 카와바타 도로의 휴식시설

사진 3.3.10 휴식시설을 시케인으로 활용

3) 정비 효과

2005년 사람을 우선으로 한 도로 공간 정비를 실시한 것에 의해서, 공동목욕탕의 이용객은 약 1.7배(2007/2005), 온천 활성화 시설의 매상은 1.4배(2007/2005)가 되고 있다.

사진 3.3.11 족욕으로 활기찬 활성화 거점시설 칫트·모시

4) 대처체제

온천마을의 쇠퇴에 위기감을 안은 현지 자치회가, 2001년에 「뜨거운 물의 마을경관 정비 검토 위원회」를 시작해 「뜨거운 물의 마을 재생사업」 계획에 참가했다. 그 후, 2002년도부터 「아쯔미 온천 매력 만들기 추진 위원회」로서 조직화해, 추진위원회가 지자체와 일체가 되어 관련 사업이나 현지 조정을 실시했다.

3.4 베리어프리와 생활도로 대책

3.4.1 베리어프리화에 관한 과제

(1) 배경

본격적인 고령사회를 맞이한 현재, 고령자 등이 사회, 경제에 참가할 기회를 확보하는 것이 요구되고 있다. 2001년 11월에 '고령자, 신체장애자 등의 공공 교통기관을 이용한 이동의 원활화의 촉진에 관한 법률'인 교통 베리어프리법이 시행되고 2006년 12월에 시행된 '고령자, 장애자 등의 이동 등의 원활화 촉진에 관한 법률'인 베리어프리법에서는 '고령자, 신체장애자 등을 원활히 이용할 수 있는 특정 건축물의 건축의 촉진에 관한 법률'과 일체가 되어 고령자 등의 이동이나 시설 이용의 편리성이나 안전성의 향상을 촉진하게 되어 있다.

도로에 관해서는 이동 등 원활화의 촉진에 관한 기본방침에 대해 2021년까지 주요한 생활경로를 구성하는 도로에 도착하고, 이동 등 원활화를 실시하는 것이 정해져 있다. 또한 국토교통대신이 지정하는 「특정도로」의 신축이나 개축 시에는 '이동 등 원활화를 위해서 필요한 도로의 구조에 관한 기준을 정하는 장관령'인 이동 등 원활화 기준에 적합하지 않으면 안 된다. 또한 그 외의 모든 도로에 대해서 기준 적합의 노력 의무가 개략적으로 다루어지고 있다.

(2) 현황

지금까지 베리어프리화를 도모할 필요가 있는 다수의 고령자 등이 이동하는 도로 가운데 보도가 없는 도로에 대해서는, 이동 등 원활화 기준에 적합할 수 없기 때문에, 보도가 설치되어 있는 경로로 한정해 생활관련 경로를 설정한 예를 많이 볼 수 있었다.

그 때문에, 시 · 읍 · 면이 책정한 기본구상에는, 이동 등 원활화 기준에 정해진 유효 폭의 확보가 가능한 보도를 설치 가능한 도로만을 특정 경로로서 네트워크를 설정한 것을 많이 볼 수 있다. 그러한 계획에서는 연속한 보행공간 네트워크가 형성되지 않고, 고령자 등의 이동에 있어서의 편리성의 향상에는 반드시 기여하지 않는 것을 생각할 수 있다.

3.4.2 베리어프리와 생활도로 대책

베리어프리법 시행 시에 베리어프리 경로의 네트워크화가 조금이라도 추진되도록, 이동 등 원활화 기준의 경과조치로서 '보도에 대신하고, 차도 및 이것에 접속하는 벼랑의 가장자리의 노면에 있어서의 볼록부, 차도에 있어서의 폭좁힘부 또는 굴곡부 그 외의 자동차를 감속시켜 보행자 또는 자전거의 안전한 통행을 확보하기 위한 도로의 부분을 마련할 수 있다'가 더해져 당면의 교통안전대책을 실시하는 것으로써, 베리어프리화를 도모할 수 있게 되었다.

차량의 속도억제대책 등 교통안전대책을 지구전체로 실시하는 것으로써, 보도를 설치하지 않은 도로도 포함하고, 지구 전체의 안전성이 높아지는 것과 동시에, 베리어프리화를 도모할 수 있게 된다. 이와 같이 시책을 제휴해 실시하는 것으로, 교통안전과 베리어프리화를 동시에 달성하는 것이 가능해진다.

이때 폭좁힘의 볼라드에 의해서 보행자의 통행 가능한 폭이 확보되어 있지 않은 험프가 급구배로 부드러운 이동을 실시할 수 없는 등, 생활도로 대책으로서 설치되는 물리적 디바이스가 적절히 정비되지 않는 경우에는, 이동의 원활화에의 영향에 유의할 필요가 있다.

(1) 교통안전대책의 예

1) 단단면 도로구간(그림 3.4.1)

- 험프, 노면 요철 포장, 폭좁힘, 시케인, 가로 가장자리 구역의 색채화, 중앙선 없앰

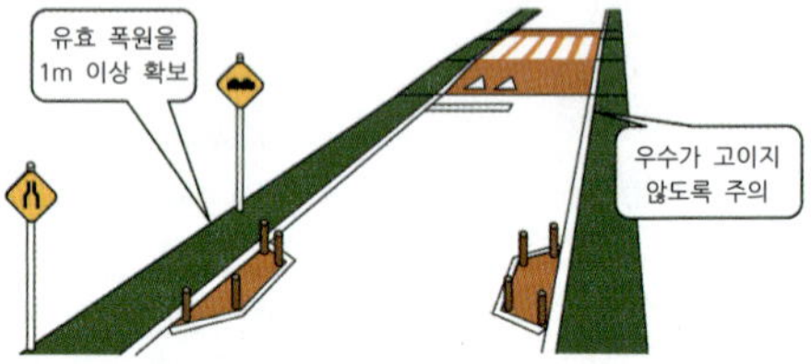

그림 3.4.1 단단면 도로구간

2) 교차로(그림 3.4.2)

- 교차로 전면 험프, 일시정지 규제, 교차로 크로스 마크

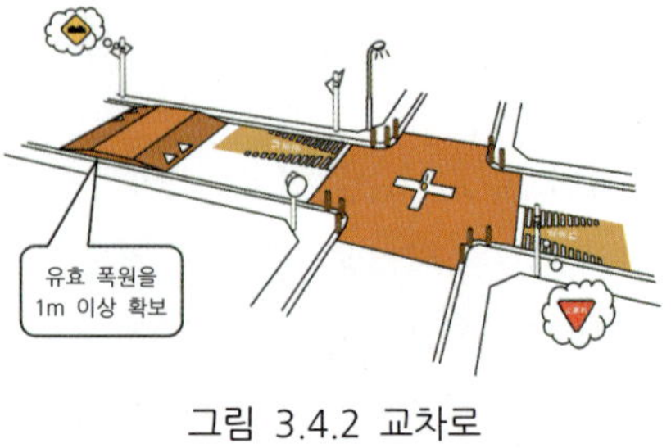

그림 3.4.2 교차로

3) 지구 유입부

- 교차로 입구 험프(스무스 횡단보도 등), 속도구역 규제

그림 3.4.3 지구 유입부

(2) 정비에 해당하는 유의점

- 보행공간은, 유효 폭을 최저 1m(가능한 한 1.5m 이상) 확보한다.
- 휠체어가 엇갈리는 구간을 확보한다.
- 횡단구배는 1% 이하로 해, 빗물 등 없는 듯한 포장이나 구조로 한다.
- 보행공간과 일체적으로 험프를 설치하는 경우는, 험프의 기울기는 5% (어쩔 수 없는 경우는 8%) 이내로 해, 급구배가 되지 않게 배려한다.

[참고]

「도로의 이동 등 원활화 정비 가이드라인」(재단법인 국토기술연구센터)에 기재되어 있는 유의점

■ 보행자의 통행공간의 평탄성의 확보

횡단 구배가 큰 경우, 휠체어 사용자에 있어서는 통행이 곤란하게 된다. 휠체어 사용자등의 통행을 고려해, 보행자의 통행공간의 평탄성을 확보하는 것이 필요하고, 원칙으로서 횡단구배를 1% 이하로 해야 한다. 지형의 상황 등 그 외의 특별한 이유에 의해 어쩔 수 없는 경우에 대해서도 2% 이하로 해야 한다.

■ 보행자의 통행공간의 유효 폭

보행자의 통행공간에 대해서는, 고령자나 장애자등이 원활히 통행할 수 있는 평탄성을 확보한 유효폭을 최저 1m 확보해야 하지만, 베리어프리화의 관점으로부터, 가능한 한 1.5m의 유효 폭을 확보하는 것이 바람직하다.

■ 포장의 구조

포장의 구조는 보행자의 통행공간의 배수구배를 작게 하기 위해서, 보도와 같이 도로의 구조, 기상상황 그 외 특별한 상황에 의해 어쩔 수 없는 경우를 제외해, 빗물을 노면 하에 원활히 침투시킬 수 있는 것으로

해야 한다. 또 경년변화에 의한 포장재의 요철이 생기지 않는 것을 채용하는 등의 배려도 필요하다.

■ 도로변 시설과의 연결

생활 관련시설 등의 출입구에 대해서는 카와미조의 종류를 검토하는 등에 의해 단차 해소의 궁리를 하는 것이 필요하다.

■ 시각장애자 유도용 블록의 부설

보차도 비분리 구조를 채용하는 도로에 있어 시각 장애자 유도용 블록을 부설하는 경우는, 보차도 비분리 구조가 어쩔 수 없는 경우의 경과 조치로서 설치된 제도이며, 이동 등 원활화를 실시하는 도로로서는 어디까지나 보도의 설치가 원칙인 것에 유의하여 이하의 점에 배려하는 것이 필요하다.

- 기준 성령의 보도에 관한 규정을 모두 만족한 보도의 설치가 곤란한 경우에서도, 조금이라도 안전한 보행자 공간의 확보를 도모할 수 있도록, 보행자의 통행공간의 명확화를 도모하는 등에 의해 보행자와 차량의 착종을 막기 위한 구조로 하는 것
- 시각장애자가 잘못해 도로의 중심부에 나와 버리는 것이 없게, 시각장애자 유도용 블록의 도선 상에 식수대, 볼라드 등의 공작물을 설치하지 않는 것

(3) 폭 구성의 이미지

보행공간은, 적어도 한쪽 편에 있고, 반드시 휠체어 사용자를 통행할 수 있는 폭(1m)을 최저 확보하는 것과 동시에, 휠체어가 엇갈리는 구간을 일부 확보하는 것이 필요하다. 휠체어 사용자를 통행할 수 있는 폭이나 일부에 엇갈릴 수 있는 폭을 확보한 4종 4급 또는 4종 3급도로의 정비패턴을 예로서 나타내 보인다.

표 3.4.1 폭원 구성의 패턴 분류

휠체어 엇갈림 개소	보도(보행공간) 설치 장소	보행자 공간(보도)의 차도와 물리적 분리			
		분리		비분리(컬러분리대)	
		1차선	2차선	1차선	2차선
전노선 확보	양측	패턴 1-1	패턴 1-2	패턴 5-1	패턴 5-2
	편측	패턴 2-1	패턴 2-2	패턴 6-1	패턴 6-2
일부확보	양측	패턴 3-1	패턴 3-2	패턴 7-1	패턴 7-2
	편측	패턴 4-1	패턴 4-2	패턴 8-1	패턴 8-2

표 3.4.2 폭원 구성의 패턴별 도로 구조의 예

휠체어 엇갈림 개소		전 노선 확보		일부 확보	
보도(보행공간) 설치 장소		양측	편측	양측	편측
1차선도로	분리	패턴 1-1 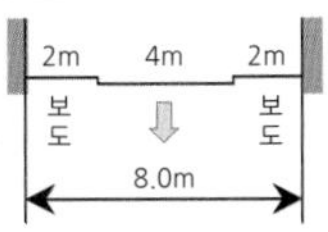	패턴 2-1 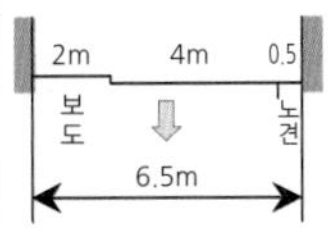	패턴 3-1 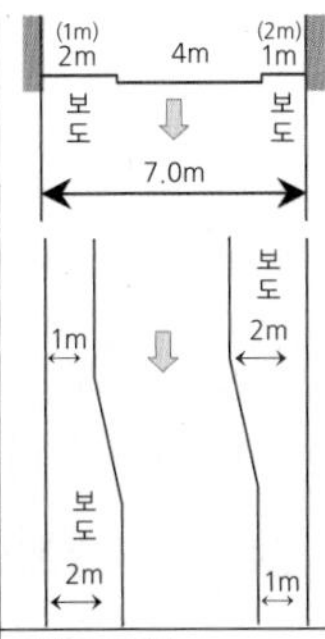	패턴 4-1 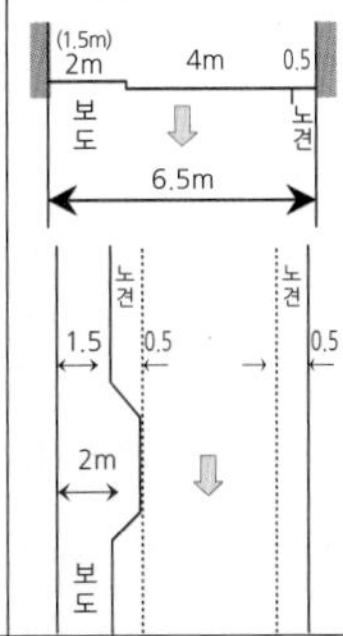
	비분리	패턴 5-1 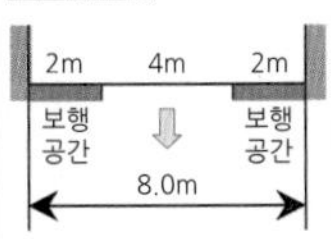	패턴 6-1 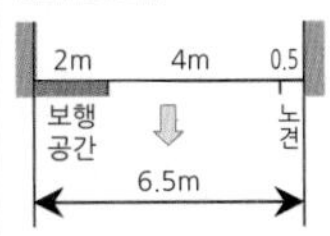	패턴 7-1 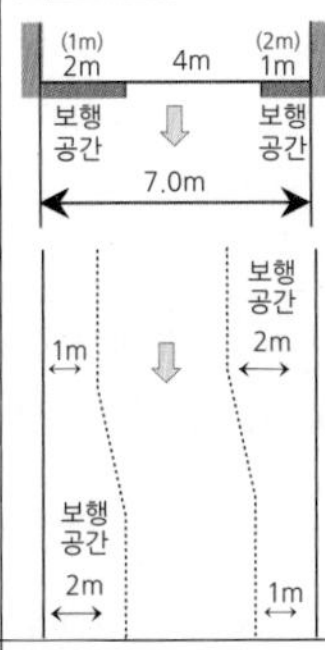	패턴 8-1 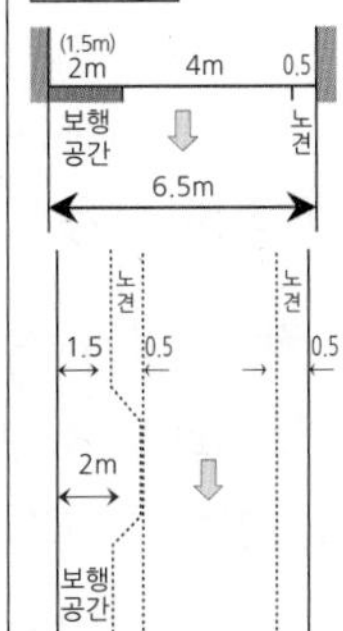
2차선도로	분리	패턴 1-2 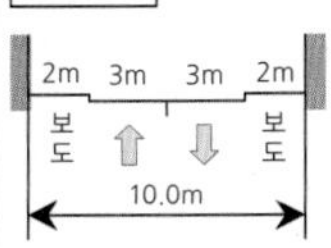	패턴 2-2 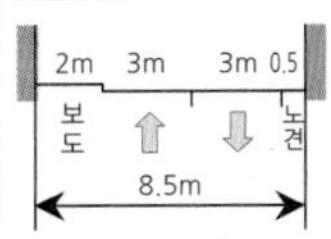	패턴 3-2 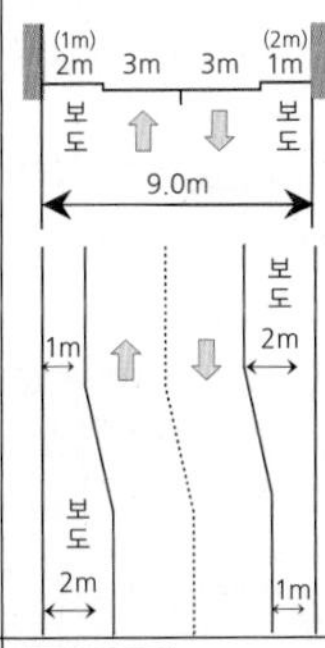	패턴 4-2 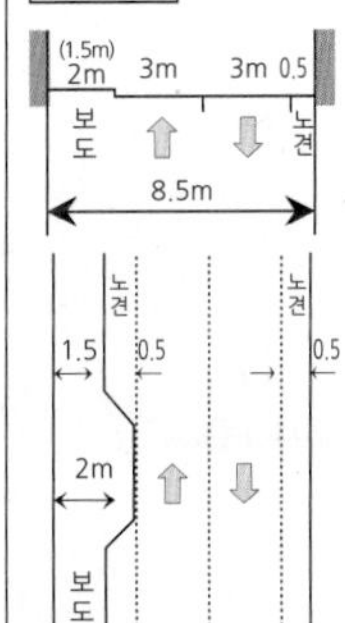
	비분리	패턴 5-2 	패턴 6-2 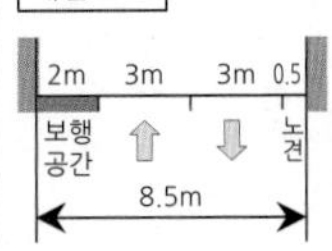	패턴 7-2 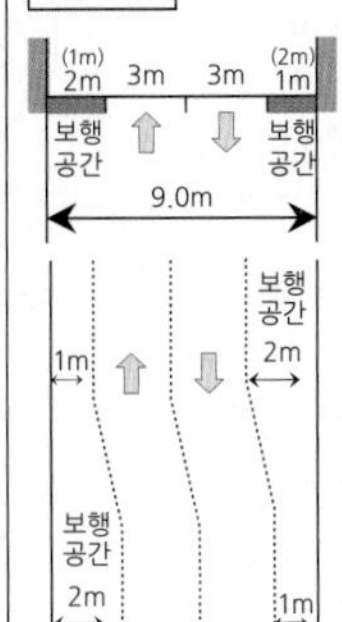	패턴 8-2 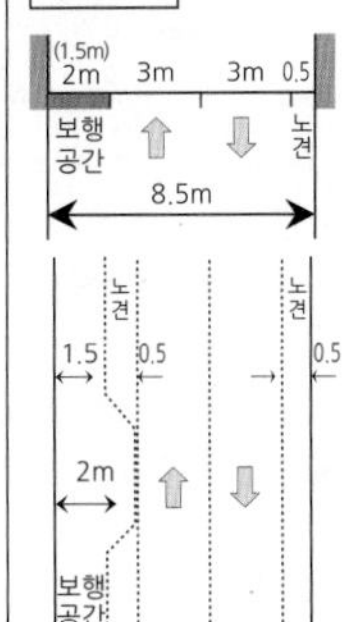

3.4.3 베리어프리화와 생활도로 대책 실시 사례

(1) 키타큐슈시 야하타니시구 쿠로사키 지구

1) 지역의 과제

쿠로사키 지구는 키타큐슈시의 부도심 지구로서, JR 카고시마선 및 치쿠호우 전철의 쿠로자키역·파스타미날 등이 모이는 교통의 요소인 것과 동시에, 키타큐슈시 제2의 상업집적지이다. 최근에는 교외에 대규모 쇼핑센터가 복수 진출하고 있어, 중심상점가의 쇠퇴가 염려되고 있다.

쿠로사키 지구는 베리어프리 기본구상의 중점정비지구인 것과 동시에, 안심 보행 에리어에도 지정되어 있다. 또 「쿠로사키가로 재생 사업」에 대해 지구의 기존 도로를 살린, 교통안전대책과 보행공간의 베리어프리화의 대처를 하고 있다.

2) 정비 내용

지구 내의 도로는 단계적으로 정비되고 있어 베리어프리 기본구상의 생활 관련 경로나 보도를 확보할 수 있는 폭의 노선에는 보도를 설치해, 시케인이나 교차로의 색채화 등의 차량 속도를 억제하는 대책을 실시하고 있다. 보차비분리의 단단면 도로에 있어서는, 가로 가장자리 구역의 칼라포장화 등의 정비를 실시하고 있다.

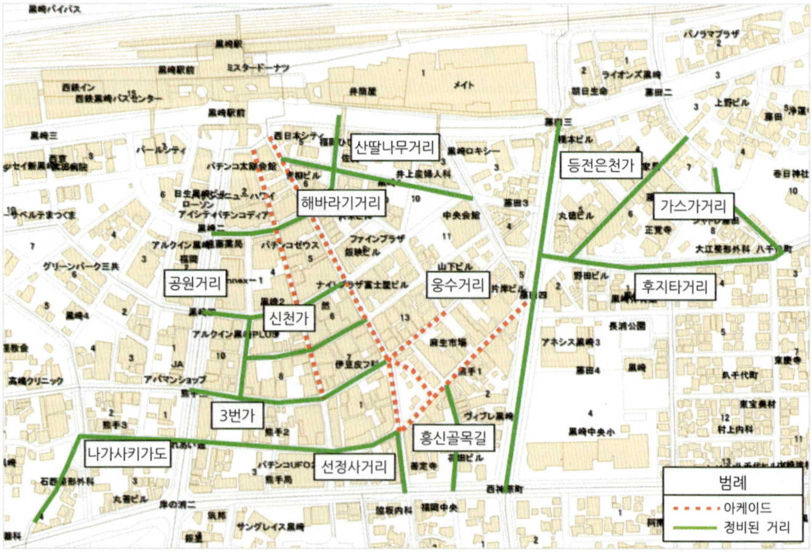

(C) INCREMENTP.CORP

그림 3.4.4 키타큐슈시 쿠로사키 지구

사진 3.4.1 하나미즈키 도로
(시케인)

사진 3.4.2 하나미즈키 도로
(교차로 칼라포장)

사진 3.4.3 히마와리 도로

사진 3.4.4 히마와리 도로
(크랭크형 시케인·주차대)

사진 3.4.5 공원도로
(노측대 칼라포장)

3) 대처 체제

지구 전체적으로 의견의 집약은 어려운 것으로부터, 반상회 등 합의 형성이 이루어진 지구로부터 차례차례 정비를 진행하고 있어, 정비완료 지구는 미정비 지구의 참고사례로써 활용되고 있다. 구체적으로는, 반상회 등에서 정비의 요망을 받아 시에 의해서 정비 계획안을 작성해, 반상회 등 현지 설명회에서 의견을 받은 조정을 실시한 후 정비를 개시하고 있다.

3.5 자전거와 생활도로 대책

3.5.1 자전거의 통행 방법

자전거는 도로교통법 상, 경차량으로 자리 매김되어 있기 때문에 보도 또는 도로변과 차도의 구별이 있는 도로에서는 차도 통행이 원칙이 되어, 차도를 지날 때는 그 중앙으로부터 왼쪽의 부분을 그 좌단에 따라서 통행해야 한다. 아울러 「도로표식 등에 의해 보도를 통행할 수 있는 것으로 되고 있는 경우」, 「운전자가 13세 미만의 아이나 70세 이상의 고령자 등인 경우」, 「차도 또는 교통의 상황에 비추어 자전거의 통행의 안전을 확보하기 때문에 어쩔 수 없는 경우」는 자전거가 보도를 통행 하는 것이 가능하다. 게다가 도로의 측대는 보행자의 통행에 큰 방해가 되는 경우나 보행자용 가로 가장자리 구역을 제외해, 자전거의 통행도 가능하다. 또한 일방통행 규제가 있는 도로에서는 다른 차량과 같이 일방통행이 되지만, 많은 생활도로에서는 일방통행 표지에, 보조표지 「자전거를 제외하다」 등이 부설되어 자전거는 일방통행의 대상으로부터 제외되고 있는 것이 많다. 이와 같이, 법적으로 통행위치가 정해져 있지만 자전거의 통행위치가 준수되지 않는 경우가 대부분이다.

덧붙여 2011년 9월 「도로표식, 구획선 및 도로 표시에 관한 명령」이 개정되어 자전거도로 또는 보도에 있어서의 자전거의 일방통행 규제를 가능하게 하는 규제표지 「자전거 일방통행」이 신설되고 있다. 단, 적용하는 도로는 생활도로가 아니고, 간선도로가 주로 되면 상정된다(관계 법령: 도로교통법 제17조, 제17조의2, 제18조, 제63조의4, 도로교통법 시행령 제26조).

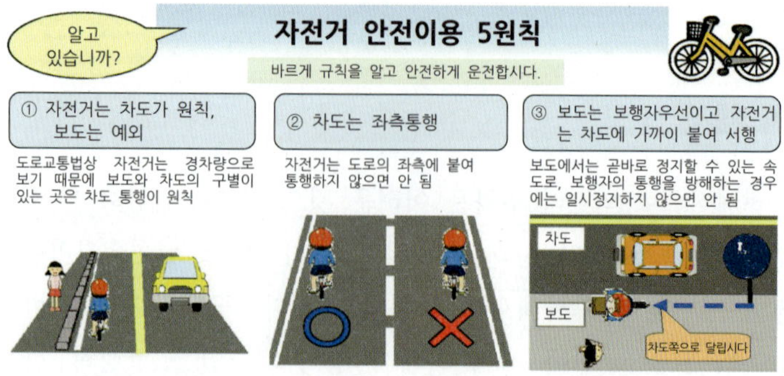

출처: 경시청 HP

그림 3.5.1 자전거 안전이용 5원칙(발췌)

3.5.2 자전거 이용 과제

자전거 이용의 과제는, 법적으로는 통행위치가 정해져 있지만, 그 통행위치는 여러 가지 형태여서 다소 복잡하고, 통행위치나 통행방법 등의 기준이 충분하게 지켜지지 않은 것이 많다. 그 때문에, 자전거 관련의 교통사고의 발생이 많은 것을 들 수 있다. 생활도로에 한정한 교통사고 통계는 별로 정리되어 있지 않기 때문에, 모든 도로에 있어서의 자전거 이용의 과제에 대해 말한다.

경찰청의 통계에 의하면, 자전거 승용 중 제1 당사자, 제2 당사자의 사상자 수 가운데, 어떠한 위반이 있는 사람의 비율은, 사상자 전체의 약 3분의2를 차지하고 있다. 또, 자전거 관련 교통사고 건수는 근년 감소하고 있지만, 그 외의 교통사고 건수의 감소가 보다 큰 일도 있어, 자전거 관련사고의 구성 비율(약 20%)이 증가하고 있다.

게다가 자전거 대 보행자의 사고 건수에 대해서도, 최근 몇 년 간신히 옆걸음 경향이 되었지만 10년 정도의 기간에 보면 증가 경향에 있다. 덧붙여 자전거 대 보행자의 사고 건수에 대해서는, 경찰청의 통계에 의하면 연간 약 2,800건(전체 자전거 관련 교통사고의 약 2%)이지만, 경찰에 신고되지 않은 사고가 많은 것이 상정된다.

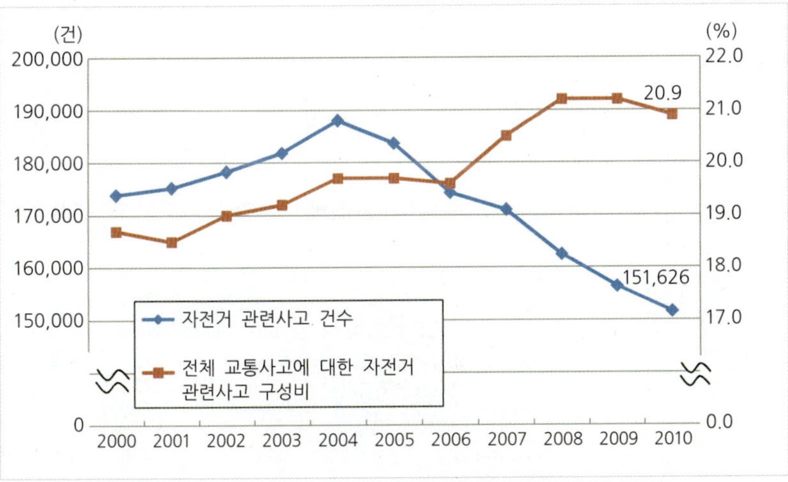

출처: 2010년 중의 교통사고 발생 상황, 경찰청 교통국

그림 3.5.2 자전거 관련사고 건수 및 구성비율의 추이

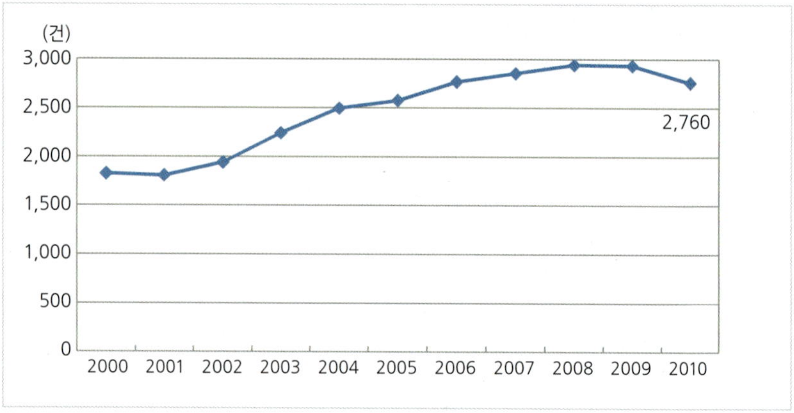

출처: 2010년 중의 교통사고 발생상황, 경찰청 교통국

그림 3.5.3 대인 자전거 사고 건수의 추이

자전거 관련사고 중 약 70%는 교차로에서 발생하고 있다고 하는 연구나, 시 · 읍 · 면도에 있어서의 자전거 관련 교통사고 가운데 약 70%는 머리사고가 되고 있다는 연구도 있다. 또한 생활도로의 외곽에 해당하는 간선도로와 좁은 도로와의 교차로에서 발생하는 자전거와 자동차의 충돌사고에 대해서, 자동차와 같은 방향으로 진행하는 자전거와 역방향으로 진행하는 자전거에서는, 역방향으로 진행하는 자전거의 사고의 발생 확률이 높아지는 경향이 있다는 보고(그림 3.5.4 참조)도 있다.

생활도로에서는 자동차, 자전거, 보행자가 혼재하는 것이 많기 때문에, 자전거 이용자의 경우 자전거는 자동차와 같은 차량으로 간주되며, 보행자 우선이라는 인식을 가져, 각각의 통행 룰의 준수의 철저와 매너의 주지가 요구된다. 게다가 근년의 건강의식이나 환경의식의 고양으로부터, 향후는 자전거 이용의 증가가 전망되기 위해, 한층 더 주의가 필요하다.

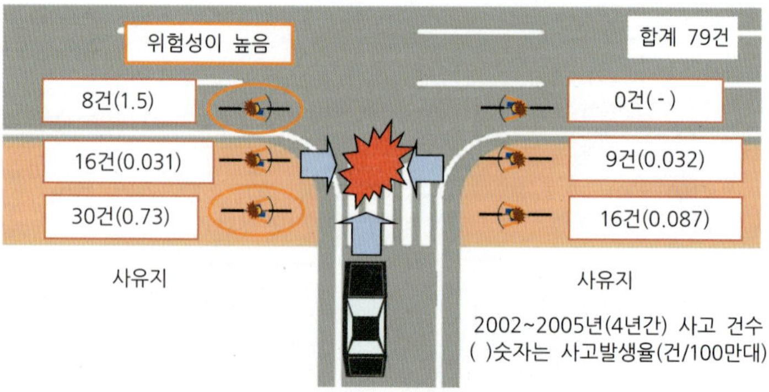

그림 3.5.4 간선도로와 지구 내 도로 교차로의 자전거·자동차 대면 충돌사고의 발생 상황

3.5.3 자전거와 생활도로 대책

생활도로 가운데 주로 타입 E, E의 단단면의 도로를 상정해 자전거 대책이 놓치고 있는 사례를 소개한다. 덧붙여 타입 I에서는, 자전거 주행공간을 자전거 전용 통행대등으로 확보하는 일도 생각할 수 있다

(1) 물리적 디바이스의 설치

보도가 없는 도로에 험프를 설치하는 경우, 「2.2.2 물리적 디바이스(하드적 수법) (1) 험프」에 기재되어 있는 싸인 커브를 이용한 험프를 이용하는 것으로, 종단 구배는 5% 미만이 되어 자전거는 지장 없게 넘는 것이 가능하다. 그 경우에 도로 전체 폭원에게 험프를 설치하는 경우와 차도 부분에만 험프를 설치하는 경우의 두 방법을 생각할 수 있다. 그러한 경우에 자전거는 보행자의 통행을 방해하지 않는 한 도로변의 통행도 인정되는 것부터, 자동차와 엇갈릴 때에 자전거가 도로변을 통행할 가능성이 있는 것, 휠체어 등의 도로변의 통행을 고려하고, 도로변의 폭원(또는 관민 경계와 험프의 문의 폭)을 1m 이상 확보할 필요가 있다. 덧붙여 험프 정부와 도로변에 최대 10cm의 단차가 생기기 위해, 고무 등에 의해 험프로부터 차량이 일탈하지 않게 주의를 환기할 필요가 있다.

또 보도가 없는 도로에 볼라드 등의 시설물에 의해 폭좁힘 또는 시케인을 설치하는 경우에는, 험프의 경우와 마찬가지로 자전거는 가로 가장자리 구역의 통행도 인정되고 자동차와의 엇갈림 시 자전거가 가로 가장자리 구역 부분을 통행할 가능성이 있는 것이나 휠체어 등의 가로 가장자리 구역의 통행도 고려하고, 가로 가장자리 구역 폭(또는 관민 경계와 디바이스의 문의 폭)을 1m 이상 확보할 필요가 있다.

사진 3.5.1 험프 설치에 의한 가로 가장자리 구역의 통행이 곤란한 경우 사례

(2) 법정외표시의 설치

보도가 없는 도로에 있고, 자전거의 통행위치나 진행 방향을 명확화하는 것은 전망의 확보 등의 관점으로부터 교통사고의 감소에 기여하는 것이라고 생각할 수 있다. 이 때문에, 필요에 따라서 차도 좌측단을 자전거가 통행 하는 것을 나타내는 법정외표시 등을 설치하는 것을 생각할 수 있다. 아울러 자전거의 진행 방향이 자동차와 동일한 것을 법정외표시 등에 의해 유도하는 것도 유용하다.

사진 3.5.2 차도 내 자전거가 주행하는 위치를 명확히 한 사례 1

사진 3.5.3 차도 내 자전거가 주행하는 위치를 명확히 한 사례 2

(3) 도로변 확폭과의 병용

생활도로에서는, 자동차의 주행속도의 억제를 위해 도로노견 확폭을 하는 일이 있다(「2.2.1 교통규제 등 소프트적 수법 (6) 도로변의 설치·확폭」 참조). 자전거의 통행이 많은 생활도로 등에서는 이 도로변 측대 확폭과 조합하고, 도로변에 자전거를 주행시키는 것을 생각할 수 있다. 덧붙여 노견을 통행하는 보행자가 많은 경우에는 (2)의 법정 소토모테시에 의한 방법으로 대응하는 일도 고려한다.

사진 3.5.4 자동차 속도를 억제하기 위해서 가로 가장자리 구역을 확폭한 사례

3.6 한국의 지구 내 도로 개선 대책

3.6.1 한국의 생활도로 개선 대책의 역사

(1) 생활도로의 개선 대책의 시작

한국의 지구 내 도로의 개선 대책은, 1995년 「도로교통법」으로 제정된 "어린이보호구역 지정 및 관리에 관한 규칙"에 의해 초등학교, 유치원 주변 반경 500m 구역 내의 속도 규제나 보행자 안전 대책을 집중적으로 실시하는 「어린이보호구역」 도입이 최초의 정책이었다.

초기에는 「어린이보호구역」에 대한 시민의 인지도가 낮고, 존 내에서의 위반이 많았다. 그러나 등하교 시의 PTA에 의한 캠페인과 횡단보도에서의 아이들의 보호 활동, 경찰의 현장 동행에 의한 위반 감시 등을 통해 「어린이보호구역」에 대한 인식은 서서히 확대되었다. 최근에는 위법행위에 대한 감시와 치안 유지를 목적으로 한 CCTV의 설치가 전국적으로 퍼지고 있으며, 2011년부터는 존 내에서의 속도나 주정차 위반에 대한 범칙금을 일반도로의 2배로 증액하는 등 정부, 경찰, 학교가 연계한 지속적인 활동을 통해, 그 효과를 높이며 성공적인 정책으로서 평가받고 있다.

사진 3.6.1 어린이보호구역의 모습

(2) 전국적인 보급과 교통안전 시책으로서의 한계

「어린이보호구역」의 전국적인 보급과 함께 학교 주변뿐만이 아니라 보행자 안전과 보행환경의 개선에 대한 시민의 요구는 높아져, 1999년 서울시에서는 시민이 안전하고 쾌적한 보행환경에서 생활할 수 있을 권리를 규정하는 "보행권 확보와 보행환경 개선에 관한 기본 조례"를 제정하였다. 이 조례를 기초로 2001년에는 가로 단위로 보행환경의 개선을 실시하는 「걷고싶은거리」 사업을 서울 시내의 12개소에서 시험적으로 시행하였다. 이 사업을 계기로 학교 주변에 한정되지 않고 일반 생활도로를 대상으로 하는 보행환경 개선책으로서 「걷고싶은거리」 사업은 지방의 지자체까지 확대되었다.

그러나 「걷고싶은거리」 사업은 가로 일부 구간의 보도 포장 형식의 변경, 식재, 스트리트 퍼니쳐를 설치하는 정도로서 보행환경의 미적 개선을 위주로 시행하였기 때문에 교통안전면의 시민 만족도의 향상이나 실제의 교통사고의 저감 효과 등은 제한적이었다. 현재는 단순한 보도 개선 사업의 성격을 가지는 정책으로서 인식되기도 하고 있다. 또한 국가법령상에 규정되어 있지 않으므로 전국적 일반화가 어려웠고, 필요성을 느끼는 지자체에 한해 조례로 제정하여 실시하고 있다.

(3) 생활도로 개선 대책의 현황

「걷고싶은거리」 사업이 미적 환경 개선 면에서 어느 정도의 평가를 얻었으나, 안전 및 교통약자에 대한 배려 면에서는 큰 효과를 내지 못하고 일부 지역의 실시에 머문 점을 개선하기 위하여, 2006년 제정된 「교통약자 이동 편의 증진법」을 바탕으로, 가로 단위의 개선뿐만이 아니라 일정 범위의 면적 구역의 보행환경을 종합적으로 개선하기 위한 「보행우선구역」 제도가 2008년부터 시행되고 있다.

그 외에 지자체의 독자적인 개선 대책으로서 생활도로 내의 불법주차에 의한 보행환경 악화를 합리적인 주차공간의 창출에 의해서 개선하고자 하는 「그린파킹 사업」(서울시, 2006년~), 노인의 인구밀도가 높은 구역의 교통안전대책으로써 「노인보호구역」(경기도, 2008년~) 등이 높은 평가를 얻고 전국적으로 확대되고 있다.

사진 3.6.2 걷고싶은거리 및 노인보호구역의 모습

3.6.2 한국의 생활도로 대책

(1) 보행우선구역

1) 사업의 개요

① 사업의 정의

보행우선구역이란 차보다 보행자가 우선이 되는 보행 우선 도로와 주요 시설 및 교통 결절점을 유기적으로 연결하는 보행자 중심의 생활구역이다. 지금까지의 차량 중심의 도로 체계로부터 탈피하여 보행자를 우선시 하는 것이 이 대책의 목적이다. 따라서 주택지 내의 좁은 도로에서는 보도와 차도의 분리를 통해 보행자와 차량이 공존할 수 있도록 하면서, 보행자가 우선임을 강조하고 있다. 구역 내의 교통안전을 위해 다양한 교통정온화 수법 중에서 현장에 적절한 방안을 적용하며, 도로의 포장, 식재, 스트리트 퍼니쳐, 조명 시설을 개선하여 보행환경의 질적 수준을 높인다.

② 사업의 필요성 및 대책 개요

보행우선구역의 필요성과 그에 대한 대책은 이하와 같다.

표 3.6.1 보행우선구역의 필요성과 대책

필요성	대책 개요
· 보행자 교통사고의 감소	→ 차량의 속도 저하 및 통과차량의 억제
· 열악한 보행환경의 질적 개선	→ 보행자의 편의시설(벤치, 안내표지 등)의 신설, 식재 설치에 따른 환경개선
· 보행자가 우선시 되는 도로의 네트워크화	→ 구역 내의 주요시설(학교, 병원, 구청 등)까지의 경로상에서 차량으로부터 보호될 수 있는 네트워크의 구성
· 성숙한 교통문화의 배양	→ "차량보다 사람이 우선"이라는 교통문화의 사회적 확산
· 도로 이용자의 요구에 대한 다양한 대응	→ 일반 보행자뿐만 아니라 고령자나 어린이와 같은 교통약자, 자전거 이용자가 이용하기 쉬운 도로환경의 창출

③ 기존 대책과의 차별성

기존의 보행환경 개선 사업에 대한 한계를 바탕으로 보행우선구역 사업에서 개선된 점은 이하와 같이 정리할 수 있다.

a) 정책 추진의 근거가 명확: 「교통약자 이동 편의 증진법」으로 보행우선구역의 근거를 지정

b) 누구에게도 이득이 되는 사업: 교통약자를 포함한 보행자 전원이 쾌적하게 이용 가능

c) 주민 참가 및 문제 해소가 최우선: 계획 · 설계 · 시공 · 유지관리의 모든 단계에서 주민 참가

d) 기존 보행환경 개선 사업을 통합: 사업의 범위가 특정의 지점이나 가로로 한정되지 않음

2) 사업의 계획

① 사업의 흐름

보행우선구역의 사업 전체의 흐름은 그림 3.6.1과 같다.

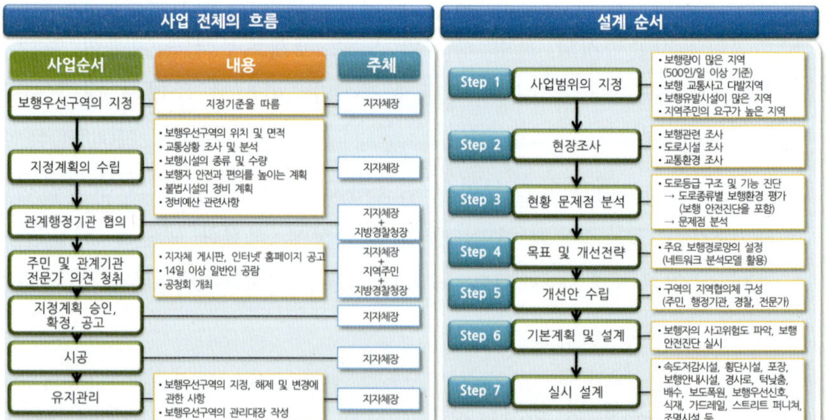

그림 3.6.1 보행우선구역 사업의 흐름

② 보행우선구역의 설정 시 유의점

a) 보행우선구역의 총면적은 1㎢를 넘지 않게 설정

b) 경계는 간선도로 또는 보조간선도로에 의해서 둘러싸이도록 설정

c) 구역 범위가 넓은 경우는 단계별로 추진할 수 있도록 단계별 구역을 세분화

d) 대중교통과의 연계를 고려

e) 지역의 관련 계획을 검토하여 본 사업에 포함시킬지 결정

③ 보행우선구역의 계획 스텝

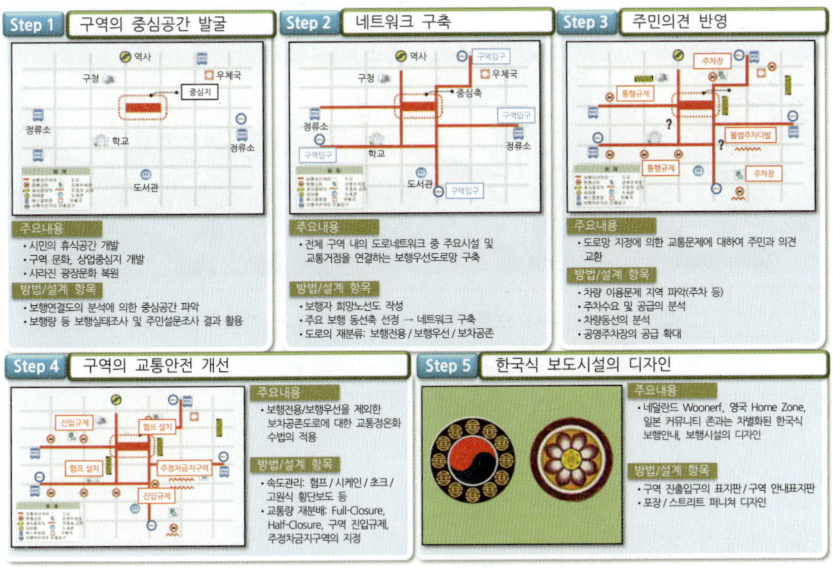

그림 3.6.2 보행우선구역의 계획

3) 보행우선구역의 사례

2008년부터 매년 시험 지구가 선정되어 2010년까지 전국 21개소의 설계가 시행되었다. 전주시의 사례는 다음과 같다.

그림 3.6.3 전주시 보행우선구역의 설계안과 한옥마을 사례

(2) 그린파킹

1) 사업의 배경

① 차고지 증명제도

「차고지 증명제」란 차량의 주차공간을 확보한 상태에서 차량의 이용을 가능케 하는 제도로서 차의 신규·변경·이전 등록 시에 차고지의 확보 증명서류를 제출하는 것이 의무화하는 제도이다. 일본의 경우 이 제도를 1962년부터 도입하고 있다. 한국에서는 서울시에서 과거 1989년, 1997년, 2001년, 3회의 「차고지 증명제」 특별법의 제정을 신청했지만 자동차 업계의 반발, 허위신고, 위장전출 등의 문제가 염려되어 도입에 실패하였다. 「차고지 증명제」의 미도입을 현재, 거주밀집지역에서 발생하는 불법주차와 그로 인한 보행환경 악화의 원인이라고도 할 수 있다.

② 사업의 필요성

a) 행정기관에서 건설하는 공공주차장만으로는 증가하는 차량수요를 수용할 수 없음(주차장 1면 당 건설비용은 4,000~5,000만원)

b) 주차장을 확보하지 못한 사람을 위해서 시민 전체가 주차장 건설

비용을 부담하는 것은 불합리

c) 생활도로 내의 무질서한 불법주차 및 통과 차량에 의한 보행환경의 악화

d) 교통사고 전체에서 보행자 사고의 73.8%가 주택지 내 도로에서 발생

e) 자가용 주차장을 스스로 확보하려고 하는 시민의식의 전환 필요

2) 사업의 개요

① 사업의 내용

a) 담장 허물기 사업: 집 앞의 담장을 허물어 집 안쪽을 주차공간으로 활용하고 남은 공간에는 식재 등을 조성

b) 생활도로 개선 사업: 도로의 기능을 보행자 중심으로 전환하기 위하여 불법주차를 방지하고 보행자가 안전하게 걸을 수 있는 보도의 설치와 녹지를 확충함. 또한 치안유지와 불법주차의 감시를 위해 CCTV 설치

② 참가 희망자에 대한 지원

주택 1건, 주차장 1면 당 700만원(2면 850만원, 1면 추가 시 100만원씩 증액, 최고금액 한도 1,650만원)을 지자체가 지원한다.

③ 사업의 효과

주택가의 심각한 주차문제를 해소하고 마을의 거주환경을 개선하여 마을 전체의 공동체의식 회복이 기대된다.

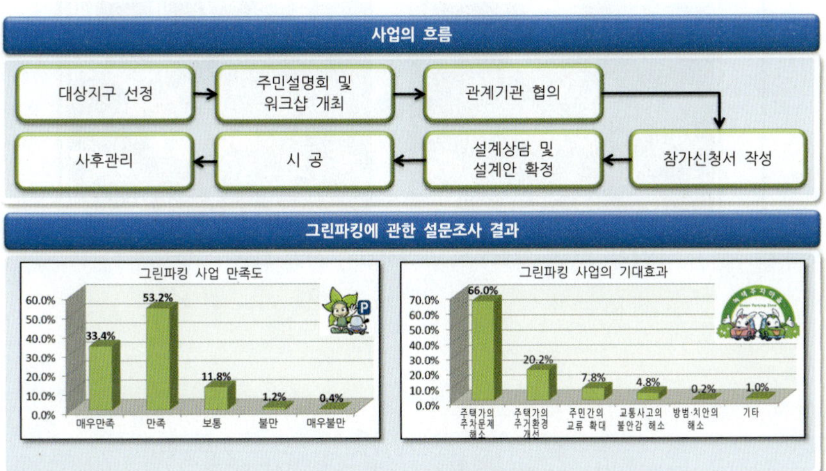

그림 3.6.4 그린파킹 사업의 흐름 및 주민평가

3) 사업 사례

담장 허물기 사업과 생활도로 개선 사업의 사례는 다음과 같다.

사진 3.6.3 담장 허물기 사업의 시공 전·후 모습

사진 3.6.4 생활도로 개선사업의 시공 전·후 모습

참고자료

STOP
thinking
signal
law
Sustainable Transport
manual
Traffic Calming
Community Road
30
ZONE
direction

1. 커뮤니티 존 대책의 추진에 대하여

1996년 6월 24 일자 경찰청 정규발 제74호 · 경찰청정 도교발 제2호 경찰청 교통국 교통규제과장 · 도시교통대책과장 통지

커뮤니티 존 대책에 대해 제6차 교통안전시설 등 정비 사업의 중점 시책으로서 수행하게 되어 있으며 시책의 시행 시 다음 항목에 유의하여 효과적인 추진이 되도록 한다.

다 음

1. 대책의 개요

1996년을 첫해로 하는 제6차 교통안전시설 정비 사업 5개년 계획의 중점 시책으로서 생활 장소의 안전 확보가 있으며, 그 구체적 시책으로서 공안위원회, 도로관리자가 연계하여 구역을 정해 실시하는 교통의 규제(이하 「존 규제」라고 한다.)와 험프나 초크 등의 정비에 의한 도로 정비를 적절히 조합한 시책의 추진을 도모하여 주거지구의 안전성 · 쾌적성 · 편리성 향상을 위해 노력할 것

2. 대책의 추진

(1) 대상 지구의 선정

주택지역, 상점가 등 일상생활이 이루어지는 지역에서 비교적 교통량이 많고 보행자 · 자전거 관련의 사고가 다발, 쾌적한 생활환경의 저해 혹은 장래 이러한 점들의 발생의 우려가 있어 시급하게 대책을 강구할 필요가 있는 지역에 대하여 도로관리자와 연락 · 조정을 도모하여 커뮤니티 존의 설정 대상 지구로서 선정할 것

(2) 커뮤니티 존의 설정 범위

커뮤니티 존은 일상생활권이나 초등학교권 등, 설정 범위가 하나의 지구로서 정리될 수 있도록 하며, 대체로 25~50ha 정도의 면적으로 설정한다.

(3) 커뮤니티 존의 명시 방법

커뮤니티 존인 것을 명시하기 위해 구역 규제표식을 존 경계부에 설치할 것

(4) 존 내의 규제 실시

가. 속도 규제

원칙적으로 최고속도 30km/h의 존 규제를 실시할 것

나. 주차 규제

지구의 실정에 따라 면적으로 주차금지 규제가 가능한 구역에는 존 규제를 실시할 것

다. 효과적인 규제의 조합

대형차 통행금지 규제, 지정 방향 이외 진행금지 규제, 일방통행 규제 등을 효과적으로 조합하고, 통과교통을 배제할 것

(5) 주변 도로의 대책

존 경계가 되는 도로 및 주변 도로에 대해서는 통과교통의 존 내 진입을 억제하여 존 규제의 효과를 높이고 그와 동시에 교통안전과 원활을 도모할 수 있도록 신호기의 고도화, 교통규제의 재검토, 주차 대책 등을 추진한다.

2. 노변 확폭에 의한 교통사고 억제 대책

실시요령의 제정에 대하여

2003년 10월 8 일자 경찰청 정규발 제72호 경찰청 교통국 교통규제과장 통지

교통사고의 억제를 위해 관계 각 기관의 연계 하에 교통안전시설의 정비나 도로구조의 개량을 적극적으로 추진하고 있고 2002년 교통사고에 의한 사상자수가 2001년에 비해 감소했으나 1,176,181명으로 역대 2위를 기록하여 10년 전에 비하여 약

37%가 증가하는 등, 과거 최악의 수준으로 집계되고 있다. 이 중 보행자 사고는 총 사상자의 약 과반수가 65세 이상의 고령자와 15세 이하의 아이가 차지하고 있어 저출산·고령화가 진행되는 와중 생활도로상의 고령자와 어린이의 안전한 통행을 확보하기 위한 방안이 요구되고 있다.

이러한 어려운 교통 정세 하에 교통 관리 기본계획(2002년 8월 27일자 경찰청 병규발 제75호, 병교기발 제129호)에서는 보행자의 안전한 통행권 확보를 매우 중요한 과제로 하여 그 대책 중 하나로서 노변 확폭에 의한 교통사고 억제 대책을 추진하게 되었다.

본 대책은 공사 기간이 짧고 효과가 바로 나타나는 이점을 가지는 반면, 실시에 앞서 유의해야 할 사항이 적지 않으므로 별첨에 노변 확폭에 의한 교통사고 억제 대책 실시요령을 제정했으므로, 도도부현 경찰은 본 실시요령을 바탕으로 교통사고 억제에 임해야 한다.

더불어 본 실시요령에 대해서는 국토교통성과 조정이 완료되었다.

별첨. 「노변 확폭에 의한 교통사고 억제 대책 실시요령」

1. 목적

본 실시요령은 보행자 및 자전거 이용자(이하 「보행자 등」이라고 한다.)의 교통의 안전을 확보하기 위해 노변 확폭에 의한 교통사고 억제 대책(이하 「노변 확폭 대책」이라고 한다.)의 실시에 필요한 사항을 정하는 것을 목적으로 한다.

2. 대책 도로

(1) 노변 확폭 대책을 실시하는 도로는(이하 「대책도로」라고 한다.) 통과교통을 억제할 필요가 있는 도로 가운데, 다음의 어느 것에도 해당하는 것으로 한다.

가. 주거지구 및 상업지구, 혹은 편도 1차로 도로, 중앙선에 의해 차선이 분리되어 있지 않은 도로일 것

나. 보도가 설치되어 있지 않고(편측 설치인 경우를 포함한다.) 도로 상황상 단기간 내 보도 설치가 곤란할 것

다. 원칙적으로 아래 어느 항목에 해당하는 것

(가) 안심보행구역 내에 있는 것

(나) (가) 이외의 도로 중 노변 폭원이 1.5m 미만인 것. 단, 교통사고의 발생 실태, 교통량, 보행자등의 통행 실태, 주민의 요구로부터, 노변 확폭 대책의 필요가 없다고 인정되는 경우를 제외

(다) 그 외 노변 확폭 대책의 필요가 있다고 인정되는 것

(2) (1)에 관계없이 노변 확폭 대책을 실시했을 경우 다음의 어느 항목에 해당하는 도로는 원칙적으로 대책 도로로 지정하지 않는다.

가. 대형차의 통행이 많아 차량의 교행 시 차량이 노변을 주행할 우려가 높은 도로

나. 커브 도로의 모퉁이 부근에서, 차량의 교행 시 차량이 노변을 주행할 우려가 높은 도로

다. 노외주차장의 정비로 인해 노변에 주정차가 예상되어 주정차 차량을 피한 차량이 노변을 주행할 우려가 높은 도로

라. 길가가 전답으로서 시인성이 좋고 교통량이 극단적으로 적어서 노변 확폭 대책을 통해 중앙선을 삭제할 경우차도 폭원이 확장되어 차량의 주행속도가 높아질 우려가 있는 도로

3. 노변 확폭 대책의 실시 방법

(1) 실시 방법

가. 차량의 교행 시 교통안전과 원활 통행을 고려하며 가능한 한 노변을 확폭하고 그로 인해 차도 폭원을 원칙적으로 5.5m 미만으로 할 것

나. 대책 실시 후 차도 폭원을 5.5m 미만으로 했을 경우 편도 1차로의 도로는 중앙선을 삭제하는 것으로 한다.

다. 이에 관계없이 신호 교차로 또는 대책 도로에 일시정지의 교통규제를 실시하고 있는 교차로는, 차량의 교행 시 교통안전과 원활한 통행을 확보하기 위해 필요할 경우에는 교차로 앞에 중앙선을 남겨둘 수 있다.
더불어 차도 폭원이 5.5m 미만인 도로는 구획선인 「차도 중앙선」을 설치할 수 없으므로(도로표식, 구획선 및 도로 표시에 관한 명령(1960년 총리부령 · 건설성령 제3호) 별표 제3) 필요에 의해 중앙선 남겨두었을 경우에는 도로 표시인 「중앙선」으로서 도도부현 공안위원회의 의사결정이 필요하다.

라. 대형차의 통행을 위해 대책 실시 후 차도 폭원 5.5m 이상인 경우에는 중앙선을 남기는 것으로 한다.

(2) 노변 확폭과 병행 실시해야 할 조치

대책 도로의 보행자 등의 교통안전 확보를 위해 다음 조치의 실시에 대해 검토해야 할 것

가. 교차로 크로스 마크(「법정외표시의 적절한 운용에 대하여」(1998년 10월 21일 경찰청 정규발 제91호, 정도교발 제105호)(주의 「법정외표시의 설치지침에 대하여」 2006년 7월 26일 경찰청 정규발 제52호에 개정)의 교차로 크로스 마크 표시를 의미한다.) 등에 의한 교차로의 명시

나. 노변 교차로 크로스 마크의 고휘도화

다. 주차금지 또는 주정차 금지의 교통규제

라. 대책 도로와 교차하는 도로에 둘 수 있는 일시정지의 교통규제

마. 기타 노변 확폭 대책과 병행하여 실시함으로써 그 효과를 증대시킬 수 있는 것

(3) 실시 연장

노변 확폭 대책의 실시 연장은 500m 정도를 기준으로 한다.

4. 유의사항

(1) 도로관리자와의 긴밀한 제휴

도로관리자와 긴밀한 연계를 통해 노변 확폭 대책을 보다 효과적으로 수행하기 위하여 필요에 따라 반사경이나 노변 칼라포장화 등을 요구할 것

(2) 주민의 이해와 협력의 확보

가. 노변 확폭 대책을 실시함으로써 도로 교통환경이 변화하기 때문에 사전 경찰서 협의회나 길가 주민, 도로 이용자를 위한 설명회를 실시하여 대책 내용의 설명을 실시하고 이해와 협력을 얻을 것

나. 길가 주민이나 도로 이용자에 대한 계발을 실시하여, 확폭한 노변상의 불법주차에 의한 보행자등의 동선이 끊기지 않도록 하게 할 것

3. 생활도로의 교통사고 억제 대책의 추진에 대하여

2005년 11월 17일 경찰청 정규발 제66호 · 정교기발 제260호 경찰청 교통국 교통규제 과장 · 교통 기획 과장 통지

교통사고 발생 건수 및 교통사고 부상자수가 증가하고 있는 생활도로의 교통사고 억제 대책을 위해 대책 매뉴얼을 별첨과 같이 작성하였으므로 각 도도부현 경찰은

본 매뉴얼을 참고하여 시 · 읍 · 면(특별구를 포함한다.)과 관계 기관과의 연계를 통해 효율적이고 효과적인 대책을 적극적으로 추진한다.

더불어 본 안에 대해서는 국토교통성과 조정 완료되었으며 본 안에 대한 궁금한 점에 대해서는 본 안 담당자에게 조회할 수 있다.

별첨. 「생활도로 사고 억제 대책 매뉴얼」

시작하며(생략)

제1장 교통사고의 현황(생략)

제2장 생활도로 대책의 추진(생략)

제3장 생활도로 대책의 진행방식

생활도로는 시 · 읍 · 면이 관리하는 도로이며 생활도로 대책을 추진 시 시 · 읍 · 면과 경찰 간의 긴밀한 연계가 중요하고 각 도도부현에 설치되어 있는 「도도부현 도로교통환경 안전 추진 연락 회의」와의 연계도 필요하다. 본 장에서는 필요한 연계 체제(예를 들어 시 · 읍 · 면 및 경찰서의 직원 외, 도도부현(토목부), 도도부현 경찰 본부, 국토교통성(지방 정비국) 등 관계 기관의 직원을 구성원으로 하는 시 · 읍 · 면 회의)가 구축되었을 경우의 예를 들어 대책 진행방식에 대하여 기술한다.

더불어 대책 추진 시 전장에서 언급한 점에 유의한다. 또한 연계 체제를 구축하지 않는 경우에는 본 장을 참고하여 관계 기관이 연계 대책을 추진할 수도 있다.

1. 대책 지점 · 노선의 선정

대책 지점 · 노선은 교통사고 발생 상황, 경찰 및 도로관리자 각각의 문제의식, 지역주민의 안전 의식 등을 바탕으로 시 · 읍 · 면 회의에서 선정한다.

구체적 선정 방법으로서 우선 교통사고의 발생 상황을 생활도로와 밀접한 관계를 가질 것으로 사료되는 주민의 의견을 집약하기 쉽도록 지구 단위로 추출하고, 그 중에서 교통사고 발생율이 높은 지구 순서로 지점 · 노선을 선정한다.

더불어 교통사고 발생 상황을 이용하여 분석 · 평가를 실시할 경우, 변동 오차를 작게 하기 위하여 과거 5년 정도의 교통사고 발생 상황(사상사고 · 물건 사고) 자료를 이용하는 것이 바람직하다.

또한 지역주민의 안전 의식과 관련하여 경찰서나 파출소에 전달된 의견이나 엽서, 인터넷에 의해 도도부현 경찰, 시 · 읍 · 면에 전달된 의견 등, 이미 파악된 정보에 대해서도 고려한다.

대책 지점 · 노선의 범위는 도도부현 경찰 및 시 · 읍 · 면의 조직 체제나 예산 상황 등에 따라 가능한 범위 내 실효성이 높은 대책을 우선적으로 실시하고, 이후의 예산 조치 상황에 따라 순차적으로 대책을 실시해 나가는 것이 적절할 것이다.

2. 현장 진단을 실시하는 지점의 선정

대책을 실시하는 지점 · 노선 후보를 결정하고 교통사고의 발생 상황 분석 결과, 지역주민의 교통안전과 관련한 의견을 바탕으로 현장 진단을 실시할 개소를 시 · 읍 · 면 회의에서 선정한다.

교통사고 분석 시, 「교통사고 분석표」(양식 제1)을 사용하여 후보 지점 · 노선에 관련된 모든 교통사고를 대상으로 발생 일시 및 장소 이외에도 도로 형상, 사고 유형, 과실 형태 등, 현장 진단 개소 선정이나 대책 입안 시 유용한 정보에 대해 비교 대조가 쉽도록 정리한다. 또한 현장 진단 개소의 선정이나 대책 입안 시 유용한 정보로서 활용할 수 있도록 시 · 읍 · 면 회의 구성원이 자신의 의견을 공유할 수 있도록 한다.

더불어 현장 진단 실시 지점 선정 시, 과거에 실시한 교통안전 총 점검 결과나, 자치회에서 작성한 위험인지지점 지도를 반영하는 등, 기존 자료를 활용할 수 있도록 하고 지역주민의 폭 넓은 의견을 반영할 수 있도록 한다.

3. 현장 진단

현장 진단 실시 지점을 선정한 후, 시·읍·면 회의 구성원이 현장 진단을 실시한다.

현장 진단 시 「현장 진단 대조표」(양식 제2-1, 제2-2)을 사용하여 진단 개소의 사고 형태마다 교통안전상의 문제점 및 그 개선책에 대한 대조표를 작성하고 그 후, 대조표에 기재된 사고 형태에 따른 개선책을 「현장 진단표」(양식 제3)에 집약하여 도식화한다.

또한 현장 진단 시 자치회나 학교 PTA의 대표자가 참가하거나 교통안전 총 점검 자료를 활용하는 방안도 고려할 수 있다.

4. 대책안의 작성

현장 진단 결과에 의해 시·읍·면 회의에서 대책안을 작성한다.

대책안은 현장 진단 지점마다 작성된 현장 진단표의 개선책을 바탕으로 대책 구역별로 공안위원회 사업과 도로관리자 사업으로 구분하여 정리한다.

5. 주민참가형 협의회의 검토

시·읍·면 회의에서 대책안을 작성한 후 대책안에 대한 폭넓은 시점의 검토를 통해 합의 형성을 도모하기 위한 시·읍·면, 경찰, 지역주민으로 구성되는 주민참가형의 협의회(이하 단지 「협의회」라고 한다)를 설치하여 대책안을 협의하는 것이 유용하다.

협의회의 표준적인 구성원 예시는 다음의 기관·단체의 직원·관계자가 있으며 도도부현, 도도부현 경찰 본부, 국토교통성 직원의 참가를 유도할 수 있다.

시·읍·면/경찰서/자치회/학교 PTA/신체장애자 단체

더불어 도로 교통환경 정비 시 지역주민의 의사를 반영시키기 위한 협의회가 이미 설치되어 있는 경우는 이를 활용할 수 있다.

협의회는 시·읍·면 회의 시 작성된 대책안을 일방적인 설명하는 형태로 진행하지 않고 지역주민, 도로 이용자로부터의 적극적인 의견을 받아들여 대책안에 반영시킬 수 있도록 한다.

또한 험프 등의 물리적 디바이스 중 가설가능 한 것에 대해서는 시험적 가설을 통해 어느 정도의 기간이 경과한 후 영구적인 설치 여부에 대한 지역주민, 도로 이용자등의 평가·합의를 얻을 수 있도록 검토한다.

6. 퍼블릭 코멘트·앙케이트 조사

협의회를 개최하지 않았던 경우나, 협의회에서 의견을 피력할 수 없었던 지역주민 등이 대다수인 것으로 판단되는 경우에는, 광범위하게 지역주민의 의견을 파악하기 위해 도도부현 경찰 및 시·읍·면의 홈 페이지 등을 활용하여 대책안에 대한 공공의견 수렴을 실시한다.

특히, 대책 지구·노선으로 정해진 생활도로에 기반을 갖고 있는 주민에 대해서는 게시판, 회람판 등에 의해 공공 의견수렴을 실시하고 있음을 알리는 동시에 필요에 따라 설문조사를 실시한다. 또한 인터넷을 사용하고 있지 않는 사람에 대해서도 의견 제출의 기회가 확보될 수 있도록 엽서 등에 의한 의견의 접수도 실시한다.

7. 대책의 결정

협의회의 검토, 공공의견 수렴을 통한 의견을 바탕으로 시·읍·면 회의에서 대책을 결정한다.

더불어 결정까지의 경위 등에 대한 폭넓은 이해를 얻기 위해 6의 방법으로 주지시키는 것이 바람직하다.

8. 대책의 실시

경찰과 시·읍·면이 각각 시·읍·면 회의에서 결정한 대책을 실시한다. 이때, 실시 현황 등을 공고하는 것이 바람직하다.

실시한 대책은 「생활도로 대책 실시표」(양식 제4)에 기입하여 정리한다.

9. 대책의 평가

대책 평가 시, 「생활도로 대책 실시 결과 평가표(양식 제5)를 사용하는 등, 대책 실시 개소에 대한 교통사고(사상사고 · 물피 사고)의 발생 상황을 정리해야 한다. 이 때, 시책의 효과를 비교 대조하기 위하여 대책 실시 전후 1년간의 교통사고 발생 상황을 조사하는 것이 바람직하다.

더불어 교통사고 발생 상황뿐만 아니라 위험인지지점 지도를 참고하였을 경우에는 시책 실시 후 위험인지 경험의 보고 상황을 바탕으로 한 평가도 실시해야한다. 또한 평가 시에는 시책의 장점뿐만이 아니라 시책 실시에 의한 불만(편리성 저하 등)의 유무 등 단점에 대해서도 검토하고, 평가 결과는 공고하도록 한다.

양식 제1~양식 제5(생략)

제4장. 생활도로 대책 방안

생활도로 대책의 구체적인 대책 메뉴 및 그 효과 기준으로 다음의 표의 내용을 고려할 수 있다. 경찰 및 시 · 읍 · 면은 각각의 역할 수행에 앞서 현장 진단 결과에 의한 대책 필요 지점 · 노선에 대하여 아래 메뉴를 참고로 하여 교통 특성과 주변 상황 등 지역의 실정을 감안하고 효과적으로 조합하여 대책을 실시한다.

구체적 대책 메뉴 일람표(각 대책 메뉴의 상세한 내용은 생략)

대책 메뉴명	적용구분						지점			시간대		정비구분	
	차선이탈방지	정면충돌사고방지	추돌사고방지	교통량억제	속도억제	보행자안전확보	가로부 직선구간	가로부 커브구간	교차로	야간대	종일	공안위원회	도로관리자
점멸식신호기(1구)		●			●				●		●	●	
대형발광표지판, 고휘도표지판에 의한 교통규제		●			●		●	●	●		●	●	
정지표시		●			●				●		●	●	
컬러포장	●	●			●		●	●	●		●		●
이미지 험프		●			●		●		●		●		●
험프		●		●	●		●		●		●		●
경계표지판	●	●	●		●		●	●	●		●		●
도로반사경		●					●	●	●		●		●
도로조명등	●	●	●			●	●	●	●	●			●
교차로 콤팩트화		◎			◎	◎			◎		◎	◎	◎
틈라인 표시		◎			◎	◎			◎		◎	◎	◎
교차로 크로스마크 표시		◎			◎				◎		◎	◎	◎
자발광식 교차로 표지병		◎			◎				◎	◎		◎	◎
볼라드	◎		◎	◎	◎	◎	◎	◎	◎		◎	◎	◎
방호책	●		●			●	●	●	●		●		●
챗터바	●						●	●			●		●
리브식 노면표시	●						●	●			●		●
시선유도표지	●							●			●		●
초크				●	●		●				●		●
노측대 확폭, 중앙선 삭제				◎	◎	◎	◎				◎	◎	◎
감속마크 표시	◎	◎			◎		◎	◎			◎	◎	◎
통과교통을 억제하기 위한 교통규제				●	●	●	●	●	●		●	●	

※ ◎는 공안위원회 및 도로관리자 쌍방이 실시할 것

4. 법정외표시의 설치 지침에 대하여(안)

2006년 7월 26일자 경찰청 정규발 제52호 경찰청 교통국 교통규제 과장 통지

법정외표시의 설치에 대해서는 「법정외표시의 적정한 운용에 대하여」(1998년 10월 21일 경찰청 정규발 제91호, 정도교발 제105호. 이하 「구 통지」라고 한다.)에 근거하여 취급해 왔으나, 최근의 교통 정세를 감안하고 구 통지 지침을 근거로 하여 별첨 1과 같이 한다. 구 통지와의 차이점은 아래와 같으므로 사업 처리 시 혼란이 없도록 한다.

더불어 본 지침을 기점으로 구 통지는 폐지한다.

다 음

1. 요지

생활도로 사고 억제 대책이나 여러 가지의 교통사고 방지 대책 등에 대해 법정외표시에 대한 수요가 늘어나고 있고 새롭게 통일화를 도모하는 법정외표시에 대한 추가와 동시에 각 도도부현 경찰이 새로운 법정외표시를 고안하여 설치 시 유의사항, 절차 등을 정하였다.

2. 새로운 통일화를 도모할 것(험프 노면표시의 추가, 구 통지 2(1) 관련)

험프는 차도에 설치한 요철형 노면으로서 2001년부터 도로 구조령에 포함되었다.

험프 설치 목적은 운전자에게 사전에 험프의 존재를 인식시켜 차량의 속도를 저감시키는 것에 있고 운전자에게 험프의 존재를 인식시키기 위해 이번에 험프 노면표시를 추가하였다.

더불어 험프 노면표시의 역할과 기능은 다음과 같다.

- 운전자에게 험프와 그 위치를 알려 속도억제를 촉구한다.
- 험프로 인해 차가 상하방향으로 흔들리는 이미지를 운전자에게 전달함으로서, 험프 구조를 인지시킨다.

3. 시정 조치 대상(구 통지 2(3) 관련)(생략)
4. 새로운 법정외표시의 고안 및 설치(생략)

별첨 1. 「법정외표시의 설치 지침」(발췌)

1. 목적

본 지침은 법정의 도로표식에 의한 교통규제 효과를 명확하게 하여 운전자가 도로 상황 또는 교통 특성에 관한 주의환기를 실시하는 등, 교통안전과 통행 원활화에 이바지하는 것을 목적으로 하여, 법정외표시를 설치하는 경우의 일반적 사항을 정하는 것을 목적으로 한다.

2. 용어

법정외표시란 도로표식, 구획선 및 도로 표시에 관한 명령(1960년 총리부 · 건설성령 제3호, 이하 「표시령」이라고 한다.), 도로교통법 시행 규칙(1960년 총리부령 제60호), 재해 대책 기본법 시행 규칙(1962년 총리부령 제52호), 대규모 지진 대책특별조치법 시행 규칙(1979년 총리부령 제38호)에서 정해진 것 이외의 간판, 표시 등으로서 교통의 안전과 원활을 도모하기 위해서 설치하는 것을 말한다.

3. 법정외표시의 설치

법정외표시 등을 설치할 수 있는 경우는 다음과 같다.

(1) 도로교통법에 근거하여 교통규제를 실시하는 경우, 표시령상의 도로표식 또는 도로 표시의 몇 가지만이 규정되어 있는 교통규제에 대해서 그 실효성을 높이는 것을 목적으로 하여 설치하는 표시
   - 사례: 「주차금지」 규제 표시에 추가한 적용 시간표시 등

(2) 도로 상황 또는 교통 특성에 관한 주의환기를 실시하여 간접적으로 안전한 통행 방법을 유도하는 표시

- 사례: 감속 마크 표시 등

(3) 교통 방법에 관한 주의환기를 위하여 교통규제의 실효성을 높이는 것을 목적으로 하는 표시

- 사례: 「정지」의 문자 표시 등

(4) 직접적으로 교통안전과 통행 원활화에 기여하는 것은 아니지만, 재해 발생 시의 긴급통행로 확보 등, 교통 관리상 필요도가 높은 표시 등

- 사례: 재해 대책 기본법에 근거한 교통규제의 예고 간판 등

(5) 그 외 교통안전과 통행 원활화를 위하여 필요하다고 인정되는 표시 등

4. 법정외표시의 운용

(1) 통일화를 도모할 것

가. 「정지」 문자 표시

일시정지의 교통규제를 실시하고 있는 장소에 원칙적으로 「정지」 문자 표시를 설치한다.

(가) 사양

a. 「세로 표시」를 원칙으로 한다.

b. 문자색은 백색으로 하고 표준 치수 및 위치도는, 양식 1과 같이 한다. 더불어 도로의 상황 따라 축소할 수 있다.

(나) 기타

a. 「정지」 문자 표시의 강조 시, 다른 도로 표시에 지장을 미치지 않도록 한다. 강조 표시는 백색으로 하여 표준 양식은 양식 2와 같다.

b. 「정지」 문자 표시는 그 효과를 높이기 위하여 미끄럼방지식의 칼라포장과 조합하여 실시할 수 있다.

나. 교차로 크로스 마크 표시

원칙적으로 중앙선이 없는 도로가 교차하는 +형태, T형태 교차로에서 도로 상황에 따라 도로의 교차로 불명확한 경우 교차로 크로스 마크를 설치한다.

더불어, 다지·변형 교차로 및 중앙선이 있는 도로에는 교차로 크로스 마크를 설치하지 않는 것을 원칙으로 한다.

(가) 사양

a. 사용색은 백색으로 한다.

b. 표준 치수는 양식 3과 같고 교차로의 중심점에 설치한다.

(나) 기타

시인성이 낮은 사고 다발 교차로에서는 교차로 크로스 마크 표시에 미끄럼방지 칼라포장(운전자등에의 주의환기를 위하여 탄화규소 등을 도포한 포장)을 조합하여 실시할 수 있다.

다. 점선 표시

원칙적으로 비신호 교차로에서 차도 외측선을 교차로 내에 파선으로 연장하여 자동차의 통행 부분을 명시하는 것이 바람직한 경우에 설치한다.

(가) 사양

사용색은 백색으로 하고 표준 양식은 양식 4와 같다.

(나) 기타

통행우선 관계의 표시로 오인될 우려가 있으므로 통행우선 관계가 명확하지 않은 교차로에는 설치하지 않는 것을 원칙으로 한다.

라. 험프 노면표시

험프가 설치되어 있는 장소에 설치한다.

(가) 사양

a. 사용색은 시인성 확보를 위하여 험프 노면의 색상과 대조적인 색상을 사용한다. 단, 황색은 사용하지 않는다.

b. 험프 노면표시의 형상에는 삼각형을 병렬로 2개 설치한다.

c. 표준적인 치수는 양식 5와 같다.

(나) 설치 위치

a. 험프 진입부에 설치하는 것을 기본으로 한다.

b. 험프 노면표시는 차량통행방향의 험프진입부에 배치한다.

따라서 차도 중앙선이 없는 양방통행의 도로에서는 왼쪽 맞춤으로 차도의 중앙을 넘지 않는 범위 내에서 적절히 노면표시를 배치하고, 일방통행의 도로에서는 중앙 주변에 노면표시를 배치한다.

마. 「진행 방향별 통행 구분」의 예고 표시(생략)

바. 차도 중앙부의 zebra 표시(생략)

사. 감속 마크의 표시(생략)

(2) 칼라포장의 운용

칼라포장은 보행자, 자전거 이용자 등의 안전을 확보하여 교통정온화를 도모함과 동시에, 버스전용차로나 우선차로에 대해 일반 운전자에게 그 존재를 명확하게 인식시켜 노상주차의 억제, 차로내의 진입 억제, 회피 의무를 인식시키는 것 이외에 교통사고의 억제를 목적으로 실시하며 도로관리자와의 긴밀한 연계를 통해 교통 관리를 위한 유용한 시책으로서 추진한다.

가. 시행 장소

(가) 존 · 구역 대책 관계

다음에 해당하는 도로 또는 도로구간 및 일부에 칼라포장을 실시할 수 있다.

a. 안심보행구역, 커뮤니티 존, 생활 존, 스쿨 존, 실버 존 등의 구역 내 도로

b. 생활도로 및 몰, 아케이드가 설치되어 있는 도로

c. 시(구)민센터, 초등학교, 공원 등의 공공시설 주변 도로 또는 이러한 시설에 접속하고 있는 도로

d. 상기 이외의 도로에서 보행자, 자전거 이용자 등의 보호를 위한 효과가 인정되는 도로

(나) 버스차로 관계(생략)

나. 설치 방법

(가) 존 · 구역 대책 관계

a. 칼라포장을 단구간(대개 30미터 미만)에 설치하는 경우, 존 입구 혹은 교통규제 시점부에 맞출 것

b. 포장 재질에 대하여 보행자의 미끄럼방지를 충분히 고려한 재질로 할 것

(나) 버스차로 관계(생략)

다. 색상

(가) 존 · 구역 대책 관계

a. 차도부 포장 색상은 흰색 또는 황색 이외로 하며 도로 표시의 시인성을 확보할 수 있는 색으로 할 것

b. 차도부 및 보도부 모두 단일색을 기본으로 하며 지자체 마다 통일하는 것을 원칙으로 함

(나) 버스차로 관계(생략)

5. 새로운 법정외표시의 고안 및 설치

각 도도부현이 새롭게 법정외표시를 고안 및 설치하는 경우에는 다음의 점들에 유의함

(1) 보행자 및 차량 등의 운전자가 직관적으로 그 의미를 이해할 수 있어야 하며 표시령 등에 근거한 도로표식 양식과 유사한 형태(도안 등)로 하지 않을 것
(2) 마을 만들기 계획 등과의 정합성을 감안하여 주변 환경과 조화시킬 것
(3) 설치 효과가 지속적이고, 보행자 및 차량 운전자에게 과도한 자극을 주지 않을 것
(4) 노면표시를 실시하는 경우, 차량 등의 통행 안전 및 경관, 소음, 진동 등 주변 환경에의 영향도 충분히 검토하여 표시재의 선정을 실시할 것
(5) 설치 시에는 지역주민, 도로 이용자 등의 의견을 감안할 것
(6) 설치 전 충분한 홍보를 실시하여 지역주민, 도로 이용자 등에게 충분히 알릴 것

[양식 1]

표준 치수도

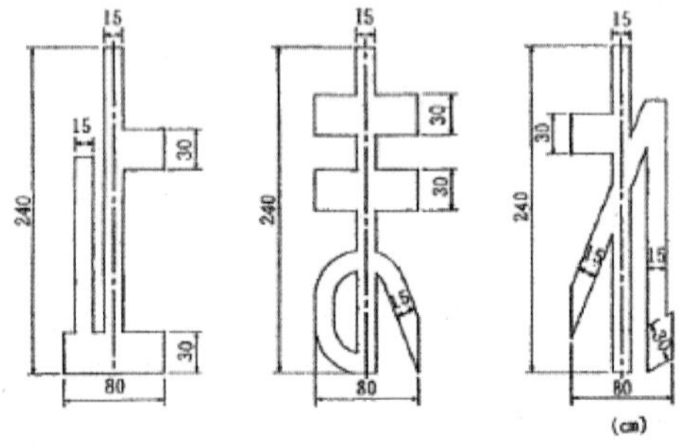

위치도

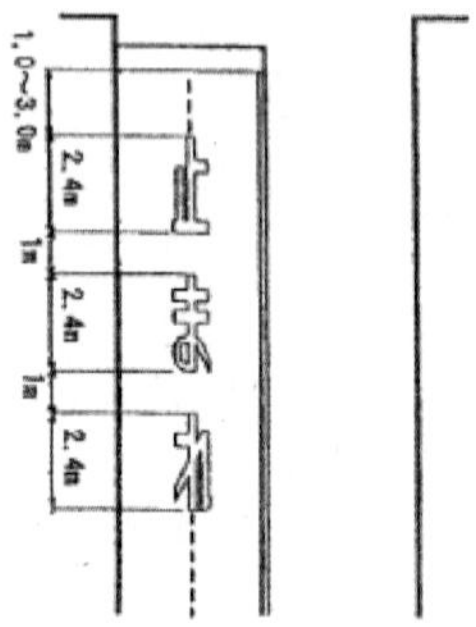

[양식 2]

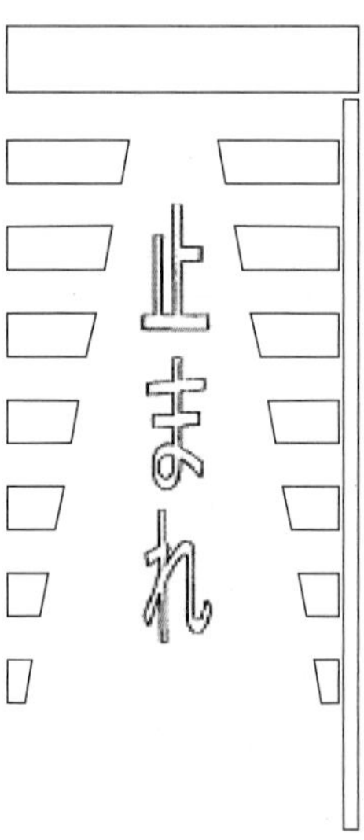

[양식 3]

표준 치수도

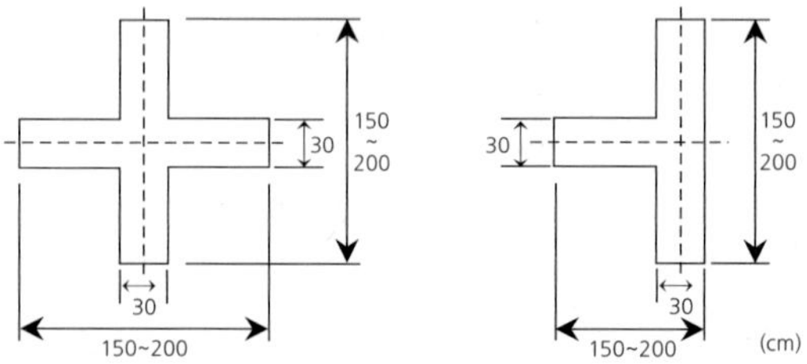

위치도

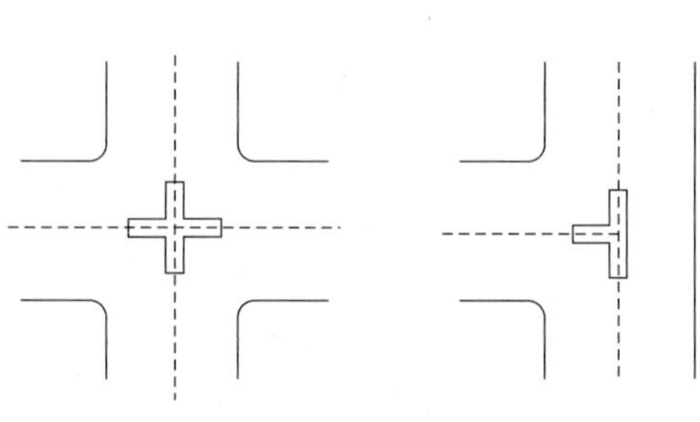

[양식 4]

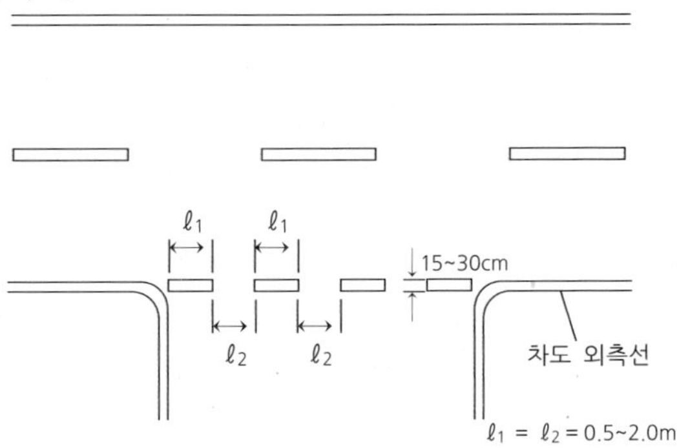

[양식 5]

차도 폭원 4m, 험프 진입부 2m의 험프 노면표시 사례

○ 차도 중앙선이 없는 양방통행 도로

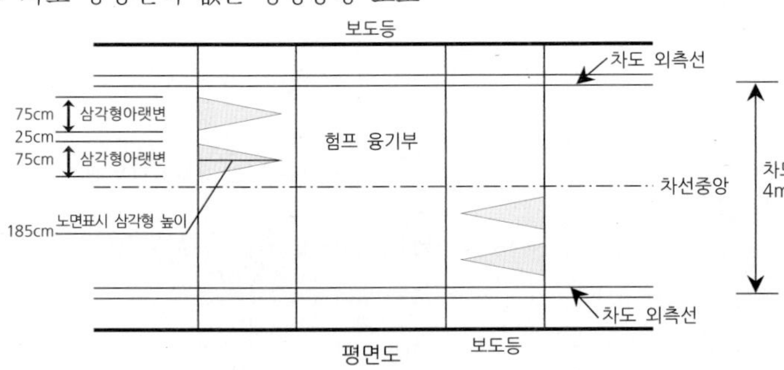

○ 일방통행 도로

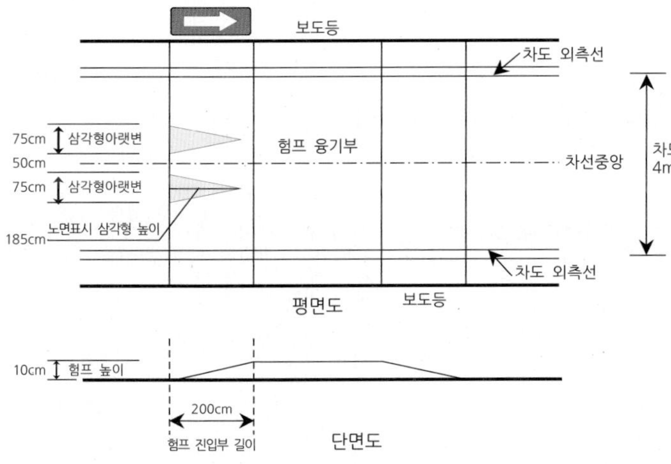

[주의]

◎ 삼각형 밑변은 일반적으로 75cm로 설정한다.

◎ 삼각형 높이는 일반적으로 험프 진입 시작지점부터 정점까지의 길이에 약간의 여유 만큼을 뺀 정도로 설정한다.

- 험프 노면표시 삼각형 높이는 험프 진입부 길이에 따라 다르다.
- 험프 노면표시 삼각형의 간격은 차도 폭원에 따라 다르다.

[양식 6~양식 11] 생략

별첨 2. 「새로운 법정외표지를 고찰 설치할 경우의 전체 순서도」 (생략)

5. 「교통규제 기준」의 개정에 대해(안)

2011년 2월 4일자 경찰청 병규발 제3호 · 병교기발 제10호 경찰청 교통국장 통지

교통규제를 실시하는 경우의 표준에 대하여 「교통규제 기준」(1999년 10월 25일 경찰청 병규발 제28호, 병도교발 제21호 별첨)에 제시되고 있었으나 이번에 같은 기준의 전면적인 재검토를 실시하여 별첨 1과 같이 개정한다.

도도부현 경찰은 원칙으로서 본 통지에 의한 개정 후 「교통규제 기준」에 준거하여 교통규제를 실시하는 것으로 하여 도로표식 등에 관해 이전보다 한층 적절한 설치 및 관리를 위해 노력해야 한다.

더불어 별첨 2의 통지는 폐지한다.

별첨 1. 「교통규제 기준」(초)

목차

별첨 2. (폐지 통지)

- 교통규제 기준의 제정에 대하여(1999년 10월 25일자 경찰청 병규발 제28호 · 병도교발 제21호)
- 「교통규제 기준」의 일부 개정에 대하여(2009년 10월 29일자 경찰청 병규발 제23호)
- 「교통규제 기준」의 일부 개정에 대하여(2010년 8월 19일자 경찰청 병교기발 제102호 · 병규발 제15호)
- 「교통규제 기준」의 일부 개정에 대해(2010년 12월 17일자 경찰청 병규발 제22호)

제33 최고속도(구역, 자동차 전용 도로 및 고속국도 제외)

규제목적

구간을 지정하여 실시하는 최고속도 규제는 차량의 최고속도를 지정하여 균일한 교통류를 확보함으로써 교통안전과 통행 원활화를 도모하고 도로 교통에 기인하는 장애를 방지한다.

근거등

법 제22조 표지 최고속도 323
특정종류 차량의 최고속도 323의2 및 503-A
표시 최고속도 105

규제실시기준 — 규제속도의 결정방법

1. 일반도로(생활도로 및 자동차의 통행 기능을 중시한 구조의 도로를 제외)는 아래와 같은 기준속도 일람표에 의해 기준 속도를 설정한다.

표준속도 일람표

<table>
<tr><th>구분</th><th>지역</th><th>차선수</th><th>중앙분리대</th><th>보행자교통량</th><th>기준속도</th></tr>
<tr><td>1</td><td rowspan="6">시가지</td><td colspan="2" rowspan="2">2차로</td><td>많음</td><td>40km/h</td></tr>
<tr><td>2</td><td>적음</td><td>50km/h</td></tr>
<tr><td>3</td><td rowspan="4">4차로 이상</td><td rowspan="2">설치</td><td>많음</td><td>50km/h</td></tr>
<tr><td>4</td><td>적음</td><td>60km/h</td></tr>
<tr><td>5</td><td rowspan="2">미설치</td><td>많음</td><td>50km/h</td></tr>
<tr><td>6</td><td>적음</td><td>50km/h</td></tr>
<tr><td>7</td><td rowspan="6">비시가지</td><td colspan="2" rowspan="2">2차로</td><td>많음</td><td>50km/h</td></tr>
<tr><td>8</td><td>적음</td><td>60km/h</td></tr>
<tr><td>9</td><td rowspan="4">4차로 이상</td><td rowspan="2">설치</td><td>많음</td><td>60km/h</td></tr>
<tr><td>10</td><td>적음</td><td>60km/h</td></tr>
<tr><td>11</td><td rowspan="2">미설치</td><td>많음</td><td>50km/h</td></tr>
<tr><td>12</td><td>적음</td><td>60km/h</td></tr>
</table>

- 시가지: DID(인구집중지구), 비시가지: DID 이외
- 차로수: 상하행선 합계. 차로의 경우 2차로의 기준 속도에 준하여 설정한다.
- 중앙분리대: 물리적 디바이스(연석, 방호책 등)에 의해 채터 바나 포스트 콘에 의한 것은 미설치로 한다.
- 보행자교통량: 규제속도 결정 시점 최신의 도로 교통 센서스(census)의 자료를 사용한다.
  더불어 도로 교통 센서스(census) 자료가 없는 도로는, 실측에 의한 자료를 사용하며, 신설 도로의 경우 도로 교통환경이 유사한 도로의 보행자 교통량을 참고로 한다.
- 보행자교통량 많음: 시가지 701명/12h 이상, 비시가지: 101명/12h 이상
- 보행자교통량 적음: 시가지 700명/12h 이하, 비시가지: 100명/12h 이하

2. 기준 속도 일람표로 설정한 기준 속도를 최대한 따르며 아래와 같은 보정요인의 예시를 참고로 하여 현장 상황에 따른 보정을 실시한다. 원칙적으로 기준 속도로부터 ±10km/h 단위로 규제속도를 결정한다.
   더불어 이러한 경우 현행 규제속도가 실제 속도(85% 속도*1)와 큰 차이를 보일 경우(일반적으로 시속 20km/h 이상), 적절한 규제속도가 되도록 검토한다.

85% 속도*1: 구간을 주행하는 차량의 속도를 낮은 차례로부터 늘어놓았을 경우 전체의 85%가 포함되는 속도의 값

규제실시기준

규제속도의 결정방법

3. 생활도로*2의 속도 규제는 보행자·차량의 통행 실태나 교통사고의 발생 상황을 감안하고, 주민, 지방공공단체, 도로관리자 등의 의견을 충분히 반영하여 속도억제 대상 도로를 선정하고, 이러한 도로의 최고속도는 시속 30km/h를 원칙으로 한다.
   더불어 관계기관과의 연계를 통한 물리적 디바이스의 설치를 검토 후 실시한다.
4. 자동차의 통행 기능을 중시한 구조의 도로*3이고 안전이 확보된 도로의 경우 최고속도는 시속 70km/h 이상을 원칙으로 한다.

생활도로*2: 일반도로 중 주로 지역주민의 일상생활에 이용되는 도로
자동차의 통행 기능을 중시한 구조의 도로*3: 일반도로 중 도로 구조의 수준이 높고, 주행상의 위험 요소가 적은 자동차 주행성을 중시한 도로

보정 요인의 예시

보정 시의 시점	기준속도를 하향 보정하는 경우	기준속도를 상향 보정하는 경우
안전성의 확보	교통사고가 많음 중대사고의 발생비율이 높음	교통사고가 적음 중대사고의 발생비율이 낮음
생활환경의 보전	주택, 상점이 많음 통학로가 존재함 대기오염, 소음을 고려해야 함	주택, 상점이 적음 통학로가 없음
도로구조	보도 미설치 시거 확보 미비 도로선형이 나쁨 길어깨 미확보	보도 설치 시거 확보 도로선형 양호 길어깨 확보
연도상황	길가 유출입구가 많음 교차로 간격이 짧음	길가 유출입구가 적음 교차로 간격이 김
교통특성	대형차종 비율이 높음 보행자, 자전거가 많음 실제속도가 낮음	대형차종 비율이 높음 보행자, 자전거가 적음 실제속도가 높음

※ 본 표의 요인이 유일한 판단자료가 아니므로 이외 요인에 대한 보정도 가능함
※ 본 표에 제시한 모든 요인에 해당되지 않는다고 해서 보정하지 않아도 되는 것은 아님

대상

차량 등

유의사항

1. 규제속도 값은 시속 10km/h 단위로 증감하며 30km/h 미만의 최고속도는 지정하지 않는다. 일반도로는 원칙적으로 70km/h 이상의 최고속도는 지정하지 않는다(자동차의 통행 기능을 중시한 구조의 도로는 제외).
2. 원칙적으로 60km/h 최고속도 지정은 하지 않는다. 단, 다음에 해당하는 일반도로로는 고속국도로 오인될 우려가 있으므로 필요시 최고속도 60km/h의 도로표지판을 설치할 수 있다.
   (1) 고속국도로 접속되는 일반도로
   (2) 공용구간 내 일부에 최고속도 60km/h를 넘는 규제하고 있는 일반도로

규제 실시 기준

3. 대상 시간은 원칙적으로 종일로 한다. 단, 도로 교통 상황에 따라 필요시 주야간이나 일요일별로 구분하여 실시할 수 있다.
4. 규제 기간은 원칙적으로 연중으로 한다. 단, 동절기에 노면의 압설·동결이 있는 도로 혹은 관광 시즌에 교통량의 증대로 인해 필요가 인정되는 도로는 기간을 정하여 규제할 수 있다.
5. 시간 또는 기간을 지정하여 실시하는 최고속도의 변경 규제는 원칙적으로 가변 표지판에 의해 운영해야 한다.
6. 동일 노선의 빈번한 규제속도의 변화는 교통류에 영향을 미치므로 규제 구간 길이에 유의해야 한다.
7. 도도부현 경계 부근의 규제속도는 동일화를 위해 도도부현 경찰 상호간의 조정을 실시한다.
8. 생활도로가 집적해 있는 경우는 구역을 지정하여 규제를 검토한다.
9. 자동차의 통행 기능을 중시한 구조도로라 하여도 원칙적으로 80km/h를 넘는 최고속도는 지정하지 않는다.
10. 자동차의 통행 기능을 중시한 구조도로는 원칙적으로 다음 도로이다.
   (1) 설계 속도가 60km/h 이상일 것
   (2) 입체 교차로화되어 있을 것
   (3) 상하행선이 분리되어 있을 것
11. 시속 70km/h 이상의 최고속도를 지정할 경우 교통사고 발생 상황을 고려함과 동시에 보행자, 경차량 및 50cc 미만 이륜차의 통행금지 규제를 실시해야 한다.
12. 주야간 속도규제는 아래 주야간 속도규제 실시 기준에 의해 실시한다.

주야간 속도규제 실시 기준

목적	야간(일몰시부터 일출시까지의 시간) 및 주간(야간 이외의 시간)을 구분하여 실시하는 최고속도 규제(이하 주야별 속도규제라 칭함)의 실시에 대하여 필요한 일반 사항을 정하는 것을 목적으로 함
대상 도로	1. 산간부 굴곡의 야간 교통사고가 다발하거나 다발 위험이 있고, 야간 속도를 저감시킬 필요가 있는 도로 2. 소음, 진동 등 도로 교통에 의한 장애가 발생하고, 야간의 정온한 생활환경의 보전이 필요한 도로 3. 도로조명이 없거나 도로구조상 위험한 장소 및 그 전방 구간으로서 야간 속도를 저감시킬 필요가 있는 도로 4. 속도규제의 재검토를 통해 주간에 한하여 속도를 저감시킬 필요가 있는 도로
운영의 기본	1. 주야별 속도 규제는 원칙적으로 주간에 비해 야간의 속도를 저감시키는 것으로 하며 그 속도차이는 10km/h 단위를 기준으로 한다. 2. 주야별 속도 규제는 일출, 일몰 시간에 의한 자동적 변환 기능을 가지는 도로표지판을 이용하는 것으로 한다.
실시상의 유의사항	1. 각 도도부현의 일출 및 일볼의 구체적인 시간은 도도부현청 소재지의 시각(단, 홋카이도는 쿠시로, 키타미 방면에서는 네무로의 시각, 삿포로, 하코다테 및 아사히카와 방면에서는 삿포로의 시각)을 사용한다. 2. 주야별 속도규제 구간 전후의 속도규제는 원칙적으로 주야별 속도 규제 구간의 주간의 속도규제와 동일하게 한다. 3. 주야별 속도규제는 속도규제 구간의 가변 표지판의 일체적 운영이 필요하기 때문에 정기 점검과 일상 점검을 철저히 시행하고 적정한 보수 관리를 위한 노력을 해야 한다.

설치기준	도로표지	설치장소	1. 도로표지 323 최고속도 최고속도를 지정하는 구역 또는 도로의 전 구간 혹은 구간 내 필요지점의 좌측 노변 2. 도로표식 323의2 특정 차량의 최고속도 차량의 종류를 특정하여 최고속도를 지정하는 구역 또는 도로 전 구간 혹은 구간 내 필요지점의 좌측 노변
		설치방법	1. 도로표식 323 최고속도 (1) 본 규제 구간의 시종점부에 좌측노변에 도로표지 「최고속도(323)」를 설치하여 시점부에는 보조표지 「시작(505-A · B)」, 종점부는 보조표지 「해제(507-A · B · C)」를 각각 부설하고, 해당 도로가 간선도로로 교통량이 많은 경우에는 필요에 따라 오버행, 오버헤드 방식을 사용한다. (2) 최고속도를 지정하는 구간이 연속되고, 각각의 지정 구간의 최고속도가 다른 경우에는 전방의 최고속도를 지정하는 구간의 종점표지를 생략하고 다음 지정 구간 시점표지를 설치하는 것으로 한다(도면 참조). 2. 도로표식 323의2 특정 차량의 최고속도 최고속도 지정 시 차량 종류를 특정하여 최고속도 지정을 실시하는 경우에는 보조표지 「차량 종류(503-A)」를 부설하고 도로표지 「특정차량의 최고속도(323의2)」를 설치하며 설치에 관한 사항은 1과 같다.
		설치방법	도면. 서로 다른 최고속도를 지정하는 구간이 연속될 경우 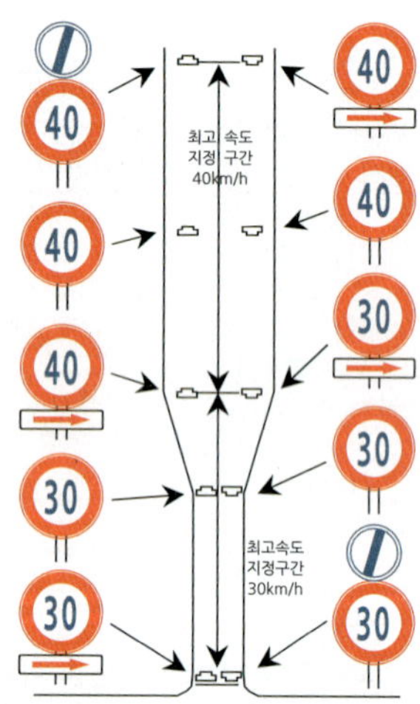
		유의사항	1. 가변표지는 문자를 백색 또는 황색, 바탕을 흑색으로 LED를 이용한다. 2. 80km/h 이상의 최고속도 구간에서는 원칙적으로 가변 표지를 설치하여 기후 불량 시와 같은 경우 임시 교통규제를 실시한다. 단, 80km/h 최고속도 구간의 도로 선형, 고기능 포장의 시공 상황, 교통사고 발생 상황, 기상 조건 등을 감안하여 교통 관리상의 문제가 적다고 인정되는 경우는 고정 표지를 설치할 수 있다.
	도로표시	설치장소	최고속도를 지정하는 구역 내 혹은 도로구간 내 필요 지점
		설치방법	필요에 따라 도로표지 「최고속도(323)」 대신, 혹은 병행하여 도로표시 「최고속도(105)를 설치한다.

제34 최고속도(구역)

<table>
<tr><td rowspan="5">규제실시기준</td><td colspan="2">규제목적</td><td>구역을 지정하여 실시하는 최고속도 규제는 지역 전체의 주행속도를 억제하고 교통안전과 통행 원활화를 도모하며 도로 교통으로부터 기인하는 장애를 방지한다.</td></tr>
<tr><td colspan="2">근거 등</td><td>법 제22조 표지 최고속도 323
특정 차량의 최고속도 323의2 및 503-A
표시 최고속도 105

</td></tr>
<tr><td colspan="2">구역, 도로구간 혹은 장소</td><td>1. 생활도로
원칙적으로 생활도로의 교통사고 억제를 위한 존 대책을 실시해야 할 구역으로 한다.
2. 광범위한 경우
원칙적으로 시가지나 주택가로 하지만 도로 및 교통의 상황으로부터 필요가 있다고 인정되는 지역도 대상으로 할 수 있다.</td></tr>
<tr><td colspan="2">대상</td><td>차량 등</td></tr>
<tr><td colspan="2">유의사항</td><td>1. 생활도로를 대상으로 한 구역 결정시, 관계자(주민, 지자체, 도로관리자 등)와 협의·조정을 실시할 것
2. 해당 구역 규제가 「시내 전역」 등과 같이 광범위한 경우, 규제지역의 경계는 일반 운전자가 인지하기 쉬운 하천, 행정구역 경계 등으로 할 것
3. 규제지역 내에서도 도로 및 교통 상황으로부터 필요하다고 인정되는 경우에는, 구간 규제속도를 높이거나 낮출 것</td></tr>
<tr><td rowspan="2">설치기준</td><td rowspan="2">도로표지</td><td>설치장소</td><td>1. 도로표식 323 최고속도
최고속도를 지정한 구역 혹은 도로 전 구간, 도로구간 내 필요지점의 좌측 노변
2. 도로표식 323의 2 특정 차량의 최고속도
차량의 종류를 특정하여 최고속도를 지정하는 구역 또는 도로 전 구간, 도로구간 내 필요지점의 좌측 노변</td></tr>
<tr><td>설치방법</td><td>1. 생활도로 구역의 경계부에 구역규제 표지를 설치하는 경우는 원칙적으로 받침판을 이용한 구역규제 표지를 좌측의 노변에 설치한다.
더불어 관문의 형태를 갖게 하기 위하여 존 입구 우측의 노변에도 설치할 수 있다.
2. 도로 및 교통의 상황에 따라 필요한 경우에는, 오버 행 방식 또는 오버 헤드방식에 의해 설치한다.
3. 구역 경계부에 구역 바깥으로부터 구역 안으로 진입하려는 차량에 대해서 시점 표지를 설치하는 경우에는 보조표지 「시작(505-C)」를, 구역 안에서 구역 바깥으로 진행하는 차량에 대해서는 보조표지 「해제(507-D)」를 각각 부설하는 것으로 한다(도면(1) 참조).
4. 구역을 지정하여 교통규제를 실시하는 경우에 설치하는 구역 내 표지에 대해서는, 보조표지 「구역 내(506의 2)」를 부설 하며 원칙적으로 받침판을 이용하지 않는 것으로 한다(도면(1) 참조).
5. 구역 내 도로에 지정 구역 내 최고속도와 다른 최고속도를 지정한 도로가 교차하는 경우에는 다른 최고속도 지정 구간과 지정 구역의 도로와의 경계 지점에 설치하는 지정 구역 및 지정 구간 종점 표지는 생략 하는 것으로 한다(도면(2) 참조).</td></tr>
</table>

설치기준	도로표지	설치방법	도면(1) 구역을 지정해서 실시하는 경우 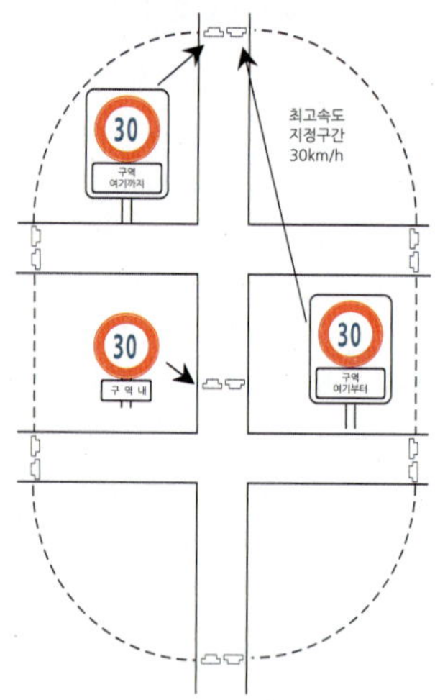 도면(2) 지정구역 중 다른 최고속도 지정을 한 구간이 있는 경우 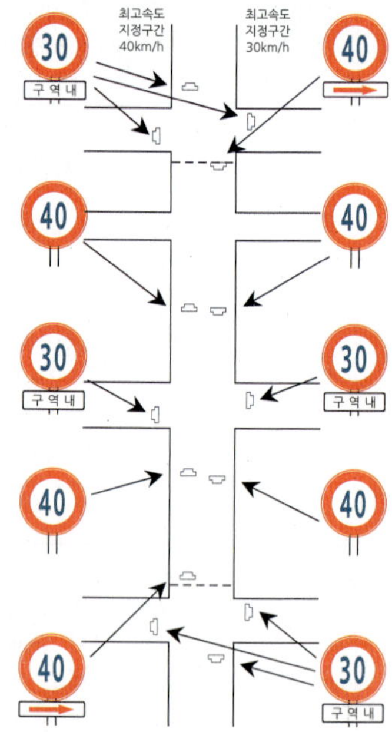
	도로표시	설치장소	최고속도를 지정한 구역 내 혹은 도로구간 내 필요 지점
		설치방법	제33 최고속도(구역, 자동차전용도로 및 고속국도를 제외)와 동일
		규제종별	표지령 별표 제2 비고 4의(1)의 5 구역규제 표지를 이용할 수 있는 규제는 생활도로 대책 등으로 실시하는 아래의 것으로 한다. 1. 통행금지 관계 통행금지(301), 차량통행금지(302), 이륜차 이외의 자동차 통행금지(304), 대형 트럭 등 통행금지(305), 특정 최대 적재량 이상의 트럭 등 통행금지(305의 2), 대형 승용차 등 통행금지(306), 이륜차 · 원동기 부착 자전거 통행금지(307), 차량(조합) 통행금지(310) 2. 주차 관계주정차 금지 주정차금지(315), 주차금지(316), 주차여지(317) 3. 속도 관계 최고속도(323), 특정의 종류의 차량의 최고속도(323의2)

[참고] 구역을 정해 실시하는 규제

설치기준	도로표지	구분	내용
설치기준	도로표지	설치방법	1. 구역(존) 경계부에 구역규제 표지를 설치하는 경우는 받침판을 이용한 구역규제 표지를 좌측 노변에 설치하는 것으로 한다(도면(1) 참조). 더불어 관문의 형태를 갖게 하기 위하여 존 입구 우측의 노변에도 설치할 수 있다. 2. 구역 경계부에 구역 바깥으로부터 구역 안으로 진입하려는 차량에 대한 시점 표지를 설치하는 경우에는 보조표지 「시작(505-C)」를, 구역 안에서 구역 바깥으로 진출하는 차량에 대한 종점 표지를 설치하는 경우에는 보조표지 「해제(507-D)」를 각각 부설하는 것으로 한다. 3. 구역을 지정하여 교통규제를 실시하는 경우에 구역 내 표지에 대해서는 보조표지 「구역 내(506의2)」를 부설하고 원칙적으로 받침판을 이용하지 않는 것으로 한다(도면(2) 참조). 4. 받침판을 설치한 구역규제 표지의 치수는 원칙적으로 도면(3)과 같다. 5. 구역규제 표지의 받침판 색채는 원칙적으로 백색을 이용한다. 도면(1) 구역규제 표지 설치 사례 도면(2) 구역 내 표지 설치 사례  도면(3) 참고 규격 
		유의사항	1. 구역 시·종점을 표시하는 보조표지와 그 이외의 보조표지(시간 규제 등)는 병행 표시하지 않는 것으로 한다. 2. 구역규제 표지의 치수 중 받침판 안에 표기된 최고속도 규제 등 본 표지의 치수는 표지령에 정하는 본 표지의 표준 치수를 축소한 것이며 축소기준은 표지령 별표 제2 비고 1의 (2)의 9에서 규정을 따라 표준 치수(직경 60cm)의 2분의1까지 가능하다. 따라서 받침판을 설치한 구역규제 표지의 설치 시에는 도면(3) 참고 규격으로 나타낸 치수를 축소하여 이용해서는 안 된다.

6. 존 30의 추진에 대하여

2011년 9월 20일자 경찰청 정규발 제21호 경찰청 교통국장 통지

주거지구의 커뮤니티 존 형성에 대해서는 「커뮤니티 존 대책의 추진에 대하여」(1996년 6월 24일 경찰청 정규발 제74호, 정도교발 제72호)에 의해 추진되고 있지만 전국적인 확대에는 이르지 않았다. 한편, 제9차 교통안전 기본계획(2011년 3월 31일 중앙안전 대책 회의 결정)에서 종전의 커뮤니티 존 대책과 같은 생활도로 존 대책의 중요성이 재차 지적되었다.

따라서 경찰청에서는 2007년 10월부터 3회에 걸쳐 「생활도로의 존 대책 추진 조사연구 검토 위원회」를 개최하여 존 대책 실시요령의 책정을 염두에 두고, 존의 설정 방법, 존 입구의 명시 방법, 존 내 생활도로 대책에 대한 조사연구를 진행하여 올해 3월에 조사연구 결과의 보고서를 제출 받았다.

향후, 해당 조사연구 결과를 근거로 이하의 요령에 의한 생활도로 존 대책의 적극적인 추진을 도모하기 위해 각 도도부현 경찰은 계획적인 존 정비를 위한 노력을 기울여야 한다.

더불어 본 건은 국토교통성 도로국과 조정이 완료되었다.

다 음

1. 기본적 구상

종전의 커뮤니티 존 대책은 교통규제와 험프 등 물리적 디바이스의 설치를 조합한 대책을 추진함으로서 주거지구의 안전성 · 쾌적성 · 편리성 향상을 도모하며, 그 중요성이나 효과에 대해서는 변함이 없다.

그러나 주민의 합의 형성의 어려움이나 재정적 제약으로 인하여 일방통행 규제의 실시나 험프 등의 설치가 곤란한 경우도 있으므로 이러한 경우에는 커뮤니티 존을 설정할 수 없는 상황도 발생한다.

따라서 향후 조사연구의 성과를 바탕으로,

- O 보행자 등의 통행을 최우선으로 하여 통과교통을 가능한 한 억제시키는 기본적인 컨셉에 대한 지역주민의 동의를 얻을 수 있도록 유연하게 존을 설정한다.
- O 존 내에는 최고속도 30km/h의 구역 규제의 실시를 전제로 하여 그 외의 대책에 대해서는 주민의 의견이나 재정적 제약을 바탕으로 실현 가능한 시책부터 차례대로 실시해 나간다.

이러한 2가지 구상을 바탕으로 「존 30」을 추진한다.

2. 대책의 구체적인 추진 방법

(1) 존 30의 설정

존 30은 아래와 같이 설정한다.

가. 존 설정 순서

① 스텝 1(블록의 설정)

시가지(시구읍면 등의 행정구획이나 인구집중지구 등을 단위로 하는 도시지역, 시가지로부터 선정)의 2차로 이상의 간선도로 또는 하천, 철도 등 물리적 경계에서 구획된 장소를 블록으로 선정한다.

② 스텝 2(블록 내의 검토)

블록 내의 1차로 도로 안에서 주로 지역주민 등의 일상생활에 이용되는 도로로서 자동차의 통행보다 보행자 · 자전거의 안전 확보가 우선되어야 할 도로를 생활도로로 선정한다.

또한 블록 내의 2차로 도로일지라도 현장의 교통 상황 등을 감안하여 보행자 · 자전거의 안전 확보가 필요하다고 인정되는 도로는 장래, 중앙선을 삭제하여 1차로화

하는 것을 전제로 생활도로로 선정한다.

③ 스텝 3(존의 설정)

생활도로가 집적하고 있는 구역을 존으로 설정한다.

존의 경계가 되는 도로는 원칙적으로 2차로 이상의 도로 또는 존 내 도로와 비교하여 길가 상황 등의 변화가 운전자에게 용이하게 인식될 수 있는 1차로 도로로 한다.

미리 한정된 장소를 대상으로 하여 존을 설정하는 경우에는 스텝 1 · 2를 생략할 수 있다.

나. 존 설정상의 유의점

① 존 30의 설정은 지역주민의 요구가 높은 장소를 우선적으로 실시하여 지역주민, 지자체, 도로관리자, 경찰로 구성된 협의회를 여는 등 주민의 원활한 합의 형성이 이루어지도록 노력해야 한다.

② 일상생활권, 초등학교권 등의 지구로서 구획되거나 25~50ha 정도의 면적이 되어야 한다는 커뮤니티 존의 요건에 구애 받지 않고 좁은 구역일지라도 존 내의 통과교통과 자동차의 주행속도를 억제하는 것에 대하여, 주민의 합의를 형성할 수 있는 구역은 우선적으로 존을 설정한다.

③ 운전자로 하여금 존 내 최고속도 30km/h의 구역 규제의 준수를 촉구하기 위하여 존 내의 도로는 1차로의 도로로 구성하여 길가 상황 등으로부터 존 내인 것을 인식할 수 있도록 한다.

(2) 존 30의 대책

가. 종전의 커뮤니티 존 대책에서 실시해 온 일방통행 규제, 대형 자동차등 통행금지 규제, 물리적 디바이스의 설치 등의 대책은, 모두 유효한 방안이며, 존 30에서도 추진되지만, 존 30에서는

- 존 내의 최고속도 30km/h의 구역 규제
- 노변 구역의 설치, 확폭과 차도 중앙선의 삭제

를 전제로 하며 그 외의 대책은 주민의 의견과 재정적 제약을 바탕으로 실현 가능한 대책부터 차례로 진행한다.

나. 이때 보도의 설치, 확폭 및 물리적 디바이스의 설치가 곤란한 경우에는 이것을 대신하여 차도 외측선의 조정을 통한 초크, 크랭크, 슬라롬형 시케인, 칼라포장이나 크로스 마크 등을 설치하며 교차로 나 노변의 명확화 조치에 특히 유의한다.

더불어, 노변 구역의 설치, 확폭을 실시하는 경우에는 보행자등의 통행에 충분한 폭원을 확보해야 한다.

다. 존 경계 도로 및 주변 도로의 교통 원활화 대책

존 입구에는 최고속도 30km/h의 받침판에 부착된 구역규제 표지 및 존 전용 심볼 마크의 간판이나 노면표시를 설치하고 존 입구를 명확하게 해야 한다.

존 경계 도로 및 주변 도로의 교통 원활화 대책으로서 신호기의 신설 · 고도화, 좌우회전 전용차로의 설치를 위해 노력해야 한다.

(3) 도로관리자와의 연계

도로관리자와 긴밀한 연계를 도모하여 존 내의 대책을 추진하며, 특히 노변의 설치 · 확폭 대책에 대해서는 보다 효과적인 수행을 위하여 도로관리자와 함께 노변 폭원에 대해 조정함과 동시에, 필요에 따라 노면의 칼라포장 등을 요구한다.

3. 존 30의 홍보

존 30의 취지 및 설정 개소를 운전자에게 인지시켜 통과교통과 자동차 주행속도의 억제를 도모하기 위하여 경찰 및 지자체의 홈페이지나 각종 홍보지 등을 활용하여

적극적인 홍보를 위해 노력해야 한다.

더불어 경찰청에서는 각 도도부현 경찰이 설정한 존 30의 설치 개소를 집약하여 카 네비게이션 사업자에 정보를 제공함으로써 카 네비게이션에 의한 존의 인지를 도모하는 것을 검토 중이다.

4. 국고 보조

존 30이 교통안전시설 등 정비 사업의 추진에 관한 법률 시행 규칙 제1조 제1호로부터 제3호까지 규정하는 도로로서 지정된 도로인 경우 그 비용을 국고 보조의 대상으로 한다.

5. 정비 목표

종래의 커뮤니티 존과 합쳐 2016년도 말까지 전국 약 3,000개소의 정비를 목표로 한다. 각 도도부현의 정비 목표는 별지와 같이 한다.

6. 추진 체제의 확립

존 30을 착실하고 계획적으로 추진하기 위하여 경찰 본부 및 경찰서는 각각 추진 책임자를 지정하는 등, 적절한 조직 체제를 확립해야 한다.

또한 도로관리자나 지자체 등과 연락 창구를 일관적으로 구성하기 위하여 경찰 본부 및 경찰서 모두 추진 책임자 외 연락 담당자를 지정하여 도로관리자 등과 적극적으로 정보교환을 실시하고 존 대책과 관련되는 요구를 파악함으로서 존 30의 원활한 정비를 위해 노력한다.

7. 효과 검증 등

존 30에 의해 존 내의 통과교통이나 자동차의 주행속도가 억제되어 자동차 통행보다 보행자·자전거의 안전 확보가 우선되는 도로공간이 되고 있는지, 추가 실시해야 할 생활도로 대책이 없는지를 지역주민의 의견을 반영하면서 정기적으로 검증하여 필요시 재검토를 실시한다.

8. 보고 등

2016년도까지 정비 계획과 관련된 보고 등에 대해서는 별도 지시한다.

(별지 생략)

[참고] 존의 설정 순서도

생활도로의 존 대책 추진 조사연구 보고서(2011년 3월, 생활도로의 존 대책 추진 조사연구 검토 위원회) 인용

스텝 ①	시가지 등 광역적인 범위의 간선도로로 구분된 범위를 블록으로 선정

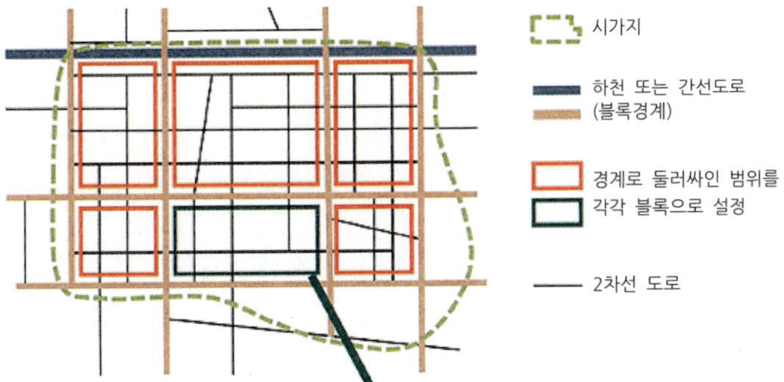

스텝 ②	블록 내의 도로에서 생활도로를 선정

스텝 ③	생활도로가 집적하고 있는 구역에 존 규제를 검토

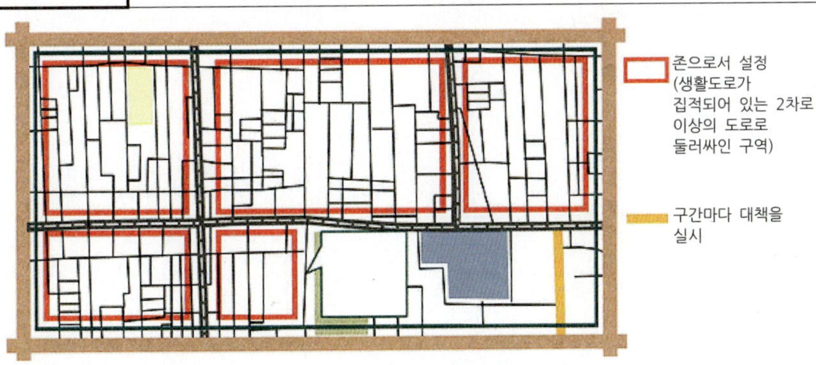

생활도로에 관한 검토 소위원회 명단

2011년 12월 현재

위원장	久保 田尚	埼玉大学大学院理工学研究科
위 원	伊藤 将司	(株)福山コンサルタント
	上野 俊司	国際航業(株)
	金子 俊之	(株)福山コンサルタント
	沢田 章夫	警察庁交通局
	(奥野 雅義)	
	鈴木 通仁	国土交通省 都市·地域整備局
	(福本 仁志)	
	竹本 由美	(財)国土技術研究センター
	(岸田 真)	
	寺内 義典	国士舘大学 理工学部
	浪川 和大	警視庁 交通部
	花村 嗣信	国際航業(株)
	林 隆史	(財)国土技術研究センター
	平井 親一	国土交通省 道路局
	(岡本 雅之)	
	(篠田 宗純)	
	平川 貴志	(株)ドーコン
	細見 明彦	国土交通省都市·地域整備局
	(神田 昌幸)	
	本田 肇	国土交通省 国土技術政策総合研究所
	牧野 幸子	(株)ケー·シー·エス
	松原 淳	交通エコロジー·モビリティ財団
	望月 拓郎	国土交通省 道路局
	(竹林 秀基)	
	(大江 真弘)	
	山本 俊雄	(株)長大
	横山 哲	(株)ドーコン

※ ( ) 안은 전임위원, 위원은 오십음 순

지구교통계획 매뉴얼 생활도로의 존 대책

발행일 초판 1쇄 인쇄 2013년 6월 24일
초판 1쇄 발행 2013년 6월 30일

지은이 일반사단법인 교통공학연구회
옮긴이 정병두 · 권영인 · 정현정 · 김준용
펴낸이 신일희
펴낸곳 계명대학교 출판부
주 소 704-701 대구광역시 달서구 달구벌대로 1095
전 화 053-580-6233 | **팩 스** 053-580-6235
등록번호 1970. 9. 1.(신고번호 제347-1998-1호)
홈페이지 www.kmupress.com

ISBN 978-89-7585-637-2 93530

잘못된 책은 교환하여 드립니다.
정가 26,000원